ハイ・スピード・アナログ回路設計 理論と実際

繊細な高速信号を上手に導く高周波センスを身につける

ANALOG DEVICES アナログ・デバイセズ株式会社
石井 聡 著

CQ出版社

はじめに

「アナログ回路設計 理論と実際」の第2弾をご提供させていただく運びとなりました．本書はアナログ・デバイセズのWebサイトに掲載されている『一緒に学ぼう！石井聡の回路設計WEBラボ』にある技術ノート記事の中から，特にハイ・スピードなアナログ電子回路を実現するために有益と思われる記事を厳選して取り上げ，その内容を再度十分に推敲して一冊の書籍としてまとめたものです．

現代の電子回路設計はどんどん高速化が進んでいます．システムに要求される信号帯域が拡大しているからです．そのためこれまでは注意を払ったり，応用する必要がなかった「高周波的な回路技術」を，一般の電子回路においても適用し，適切にシステムを構成する必要が出てきています．この「高周波的な回路技術」は理解するのが難しいと考えられており，敬遠されるきらいがありましたが，事実は単なる電子回路の振る舞いです．基本的なしくみを知ってしまえば，適切に応用でき，最適なシステム設計が可能になります．

本書は大きく分けて，高ダイナミック・レンジの高速アナログ信号の取り扱い方，ミックスド・シグナル回路で活用できるディジタル回路のノウハウ，伝送線路，マッチング回路とスミス・チャートの考え方，詳細に記載された文献が少ない電流帰還OPアンプの考察，最後にデカップリング・コンデンサについての息抜き的話題から構成されています．内容は技術解説に終始せず，日常会話的・物語的な語り口としていますので，読者の方々も読みやすいものでしょう．それでも本質は回路理論を基礎において記述しているので，読者の方々が直面するハイ・スピード・アナログ電子回路設計のお役にたつものと考えています．

なお，シミュレーション回路図中の記号表記「V1」などは，本文で参照するところでは「V_1」でシタツキとしてレイアウトしています．表示が異なりますので，事前にお断りさせていただきます．

最後に，本書出版の機会を与えていただいたアナログ・デバイセズ株式会社リージョナルマーケティンググループ ディレクターの舟崎 義一氏，また『一緒に学ぼう！石井聡の回路設計WEBラボ』のウェブ編集作業を長い間ご担当いただいている同グループの山本 祥子氏，そして本書の編集にご苦労いただきましたCQ出版社 今 一義氏に，この場をお借りしてお礼を申し上げます．

2019年6月　石井 聡

目 次

第1章 高ダイナミック・レンジの高速アナログ信号を適切に取り扱う

1-1　高速DACに現れた「これはなんだ？」のスプリアス

■ はじめに

某月某日，某代理店のNさんと超高速DACのAD9789の評価ボードで遊んでみました．といっても….

「Nさん，『遊んでみました』だなんて，お仕事ですから不謹慎な表現でしたね．すいません」「あ，出てくるときに『今日はアナデバの石井さんとAD9789で遊ぶみたいね！』とMさんに言われてきましたよ（笑）」「それは笑っていいやら，笑えないやらですねぇ…（汗）」

■ 高速DAC AD9789の実験開始

というやりとりから，AD9789の基本動作とソフトウェアの使い方を理解するために，2人で実験を開始しました．第一の目的はQuick Start Guideに記載のある120 MHzのCW（Continuous Wave；連続波）スペクトルを発生/測定するためです．

AD9789は超高速DACで，max 2400 MHzのDACクロックで動作します．QAM（Quadrature Amplitude Modulation）の信号処理（ベースバンド信号処理）も可能で，ケーブルTVの通信規格であるDOCSYS 3.0というものに適合しています．製品概要もご紹介しておきましょう．

● AD9789

http://www.analog.com/jp/ad9789

【概要】

AD9789は，柔軟なQAMエンコーダ/インターポーレータ/アップコンバータと，2400 Msps，14ビットのRF用D/Aコンバータ（DAC）の組み合わさった製品です．柔軟なデジタル・インターフェースは，最大4チャンネルの複素データを受け入れることができます．QAMエンコーダは，すべての技術標準に対応するSRRCフィルタ係数を備えた16, 32, 64, 128, 256のコンスタレーション・サイズをサポートします.

内蔵のレート・コンバータは, 広範囲なボー・レートを固定DACクロックとしてサポートします. デジタル・アップコンバータは, チャンネルを0～0.5f_{DAC}に置換できます. このことは, 4つの隣接チャンネルを合成して, DC～f_{DAC}/2のどこにでも置換できることを意味しています.

●「これはなんだ？」の変なスプリアス

測定をセットアップしたようすを**図1**に, スペクトラム・アナライザ（以下「スペアナ」）の波形のようすを**図2**にそれぞれ示します. **図2**は2つの大きなスペクトルが見えていますが, CENTER = 420 MHz, SPAN = 1 GHzということで, 左側の大きなスペクトルは0 HzのLOフィードスルー, 右側の大きなスペクトルが本来の, AD9789から出ている120 MHzのCW信号です. 0 Hzが管面上の左から8 %の位置に見えて, 100 MHz/DIVとなりますので, 20 %の（2目盛り）のぴったり上に120 MHzが見えています.

Quick Start Guide記載のとおりのスペクトルがだいたい得られたのですが, なぜか変な, 小さいスプリアスが**図3**のように, 120 MHzの近傍に出ています.

- 120 MHzキャリア上下の± 76 MHzのところに出ている
- 大体－50～－60 dBc（時変する）
- DAC発生周波数を変えても± 76 MHzのところに出るのは変わらない
- DAC自体のスプリアスであれば, 発生周波数を変えれば出る周波数は変わってくるはず
- f_{DAC} = 2 GHz, IC内の前段ディジタル回路はその1/16で動作. 76 MHzはそれらと整数

図1　AD9789の評価ボードでRF信号（DAC出力）を測定するセットアップのようす

図2　AD9789からの120 MHzの信号をスペアナで観測したようす. 左は0 Hzローカル・フィードスルー, 右が120 MHzの信号（CENTER = 420 MHz, SPAN = 1 GHz）

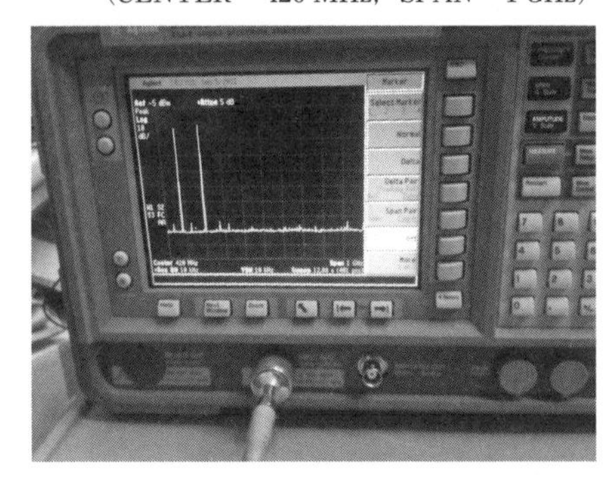

図3　AD9789からの120 MHzの信号の周辺±76 MHzに小さいスプリアスが見える（図2を拡大したもの）

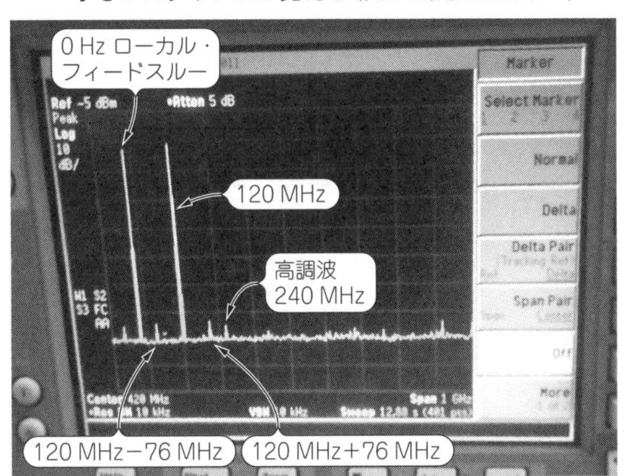

関係にはない
- DAC発生周波数を変えても同じ±76 MHzであれば，出力自体がアナログ的にAMかFMで変調を受けている

ということで，外部からの混入だということは，目星はつけられました．しかし，「東京タワーの近くとはいえ，FM東京の80.0 MHzではないしねえ…」と，某代理店のNさんと2人で「これはなんだろう？」と考えていました．そこへ通りかかったRFスペシャリストのHさんとKさん….

■ アナデバのRFスペシャリスト曰く

Kさん曰く「FM局によって送信アンテナの位置が異なるから，受けるレベル（影響度）も変わってくるはず」なるほど….

「76 MHzかあ…」FM放送は滅多に聞かない私としては，思いを巡らせてみました．同じタイミングで「あ，インターFM！だ」とHさんと叫びました（笑）！

インターFMはさらに滅多に聞かないし，今はDTS（Digital Tuning System…．この用語もすでに古いか…）なのでインターFMの周波数がいくつか記憶にありません．ネットでサーチしてみると「76.1 MHz」．はっはぁー….

つづいてHさん，Kさん，「スプリアスのところを拡大してどんな変調波が乗っているか見てみたら？」たしかに…．ここまでは全域しか見ていないので，完全にこの視点が欠落していました（汗）．そうなんです．どんなスペクトル波形になっているか確認してみて，そのスペクトルで信号源が何かを突き止める…．これ，トラブル・シュートで大事なんですよね….

DAC生成(CW)周波数120 MHz − 76.1 MHz = 43.9 MHzのスプリアスのスペクトルを観測してみると，「おおおー！」たしかにFMの音声変調波のスペクトルが観測されます！スプリアスの中心周波数もこの計算で「ドンピシャ」です．

● どんなスペクトル波形になっているか確認してみた

このAD9789を実験していた日は原因を見つけられたことに喜々としていたため，この43.9 MHzのスプリアスのスペクトルは写真撮影やらキャプチャをしていませんでした．これも「完全にこの視点が欠落していた」というところでしょうか．

後日，76.1 MHzのインターFMの放送波自体をスペアナで観測してみたようすを，**図4**に示します．これはスペアナ前段にプリアンプを接続し，簡易的なアンテナからの信号を観測したものです．無線通信技術がよくわからなかった若いころ，ある人が「このスペクトルはAMだな」と言っていたのを「なんでわかるの？」と思ったものですが，いろいろと理解してくると「まあ，そりゃそうだ」というところに辿りつくわけなのでした．

FMは周波数変調波ですので，中心周波数の76.1 MHzが常時出ているわけではありません．音声アナログ信号情報に応じて，周波数が変化するわけですから，このように「フニャフニャ」したようなスペクトルになるのでした．

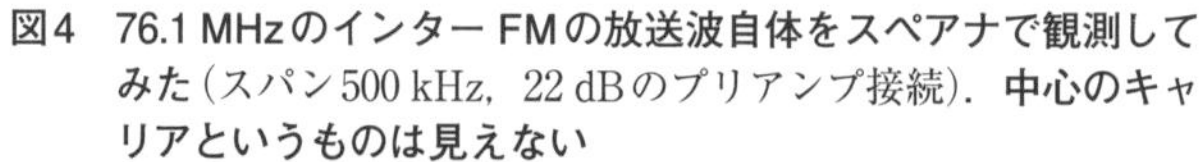

図4　76.1 MHzのインターFMの放送波自体をスペアナで観測してみた(スパン500 kHz，22 dBのプリアンプ接続)．**中心のキャリアというものは見えない**

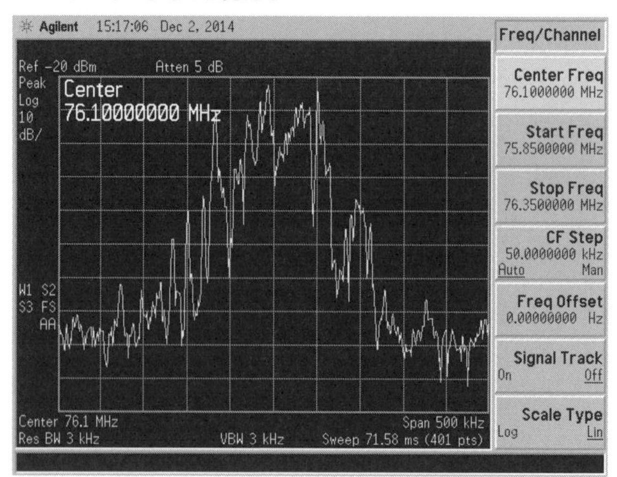

このスペクトル変動のようすを見れば，「これはFM波だ」と断定できるわけで，それにより「どんなスペクトル波形になっているか確認してみる」というアプローチから，そのスペクトル形状で信号源が何かを突き止める…，というトラブル・シュートができるわけなのですね．

インターFMはFM変調波ですので，RBW（Resolution Band-Width; スペアナの分解能帯域幅）を狭くして測定するとレベルが変動して見えることになります．それが先に記載したように「大体－50～－60 dBc（時変する）」の原因なわけです．

● 実験した当時は「東京タワー」．FM放送の今は？

実験した当時は東京スカイツリーは開業（運用）前だったので，送信局は東京タワーというわけでした．といってもWikipedia(1)によると，FM局のうちスカイツリーに移動したのはNHK-FMやJ-WAVEで，インターFMは今でも東京タワーからの送出になっているようですね(注1)．

■「これはなんだ？」の原因の考察

さて，引き続いてこの「キャリアを中心とした上下に，FM放送波の周波数に相当するオフセットでスプリアスが見える」というしくみについて考察してみたいと思います．

ここでは2つのしくみが考えられると思います．ひとつはコモンモード信号（ノイズ）によるもの，もうひとつは磁界ピックアップによるものです．

● コモンモード（同相モード）電圧とは何モノ？

ひとつめのしくみはインターFMの76.1 MHzの東京タワーから直撃の強電界がコモンモード電圧として重畳し，これがコモンモード・ノーマルモード変換により，回路側に影響を与え，DAC生成周波数120 MHzに（インターFMのキャリアが）変調を加えていた，という考えです．

この「コモンモード電圧」とは，**図5**に示すように考えることができます．

ここでは2つの回路基板（もしくはブロック）があるものとして記載しています．2つのブロックのグラウンド間は，一応は接続されていますが，強固なものではなく，抵抗成分やら，インダクタンス成分があるモデルです．たとえば細いケーブルで2つのブロックが接続されているのであれば，それこそその細いケーブルがインダクタンスとなり，2つのブロック間がインダクタンスで接続されることになります．

これにより，2つのグラウンド間に電圧差が生じそうだということは予想できると思いま

注1：また参考文献(2)によると，インターFMは2015年6月30日に89.7 MHzに移行している．

図5　コモンモード電圧は異なるブロック間のグラウンド間に生じる電位差

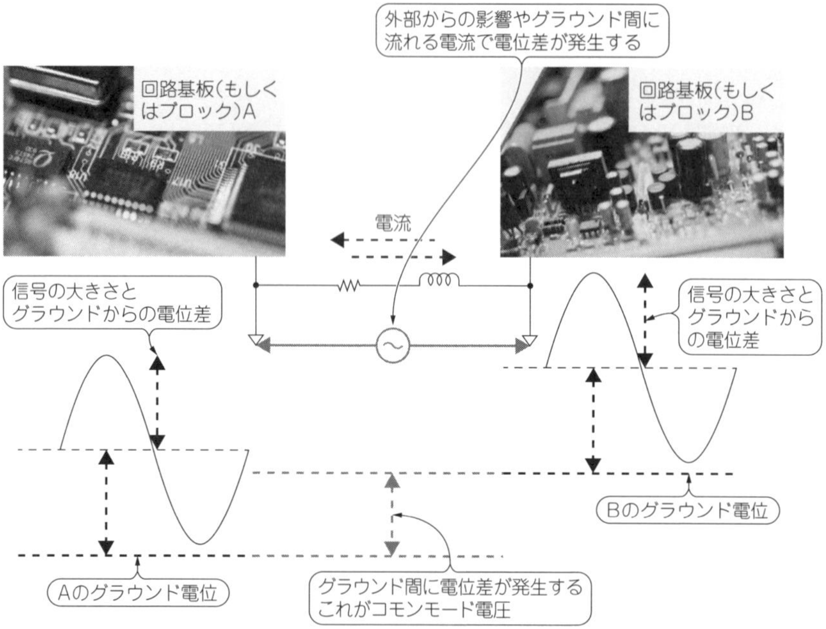

外部からの影響やグラウンド間に流れる電流で電位差が発生する
回路基板(もしくはブロック)A
回路基板(もしくはブロック)B
電流
信号の大きさとグラウンドからの電位差
信号の大きさとグラウンドからの電位差
Bのグラウンド電位
Aのグラウンド電位
グラウンド間に電位差が発生する
これがコモンモード電圧

す．ここにさらに外部からの影響により，それぞれのグラウンドに異なる電圧が加わり，それぞれ異なるかたちで「揺すぶられた」と考えてみましょう．そうするとそれにより（予想どおり）2つのグラウンド内で電位差が生じることになります．この電位差がコモンモード電圧です．

ここでたとえばブロックB内部は強固な1枚グラウンド（という言い方も変だが）となっているとします．B内部の1枚グラウンドはそのグラウンド電位を基準として動作するので，内部の電圧関係が変わることはありません．このようすは，コモンモード電圧との関係として**図6**のように考えることができます．この図はコモンモード電圧のようすをイメージ化してみたものです．ブロックAとブロックBは波間にゆれる2つの船として考えることができます．ひとつの船をブロックBだとして考えてみましょう．この船の床面は当然ながら強固な平板です．つまりこの床面に立つ2人の身長の高さを比較しても正しく観測できることになります．

この床が**図5**での「ブロックB内部の強固な1枚グラウンド」であり，その上でこのグラウンド電位を基準として動作する回路が「2人の背の高さを比較していること」に相当します．つまり内部の電圧関係が変わることはありません．

図6　コモンモード電圧をイメージで考える

しかし**図6**の2つの船の間は波で常時揺れ動いています．相互の床面(つまりグラウンド)の差は一定ではありません．これがコモンモード電圧と同じイメージとして表すことができるものです．

この異なる船の間で人の背の高さを比較しても，波で揺れ動いているため，適切に観測することができないこともわかると思います．

● コモンモードが影響を与えるしくみ

「しかしコモンモード電圧がどのように影響を与えるのか？」については，これまたいまひとつイメージが難しいかもしれません．「ひとつのブロック内では強固なグラウンド」ですから．

ここで**図7**のようなシステムで考え直してみましょう．この**図7**では，**図5**のブロックAを「信号源側」，ブロックBを「負荷回路側」として表しています．このそれぞれのブロック内は強固なグラウンドなわけですが，2つのブロック間は**図5**と同じく，コモンモード電圧V_Cが加わっています．負荷回路側の受けのところは，インタフェース(アナログ・フロントエンド)です．

この**図7**でコモンモード電圧V_Cはケーブルや中間回路の内部インピーダンスZと，負荷回路の負荷抵抗R_Lとで，単純な回路計算のとおり分圧され，それにより負荷回路側の受けで電圧として(本来は検出されるはずのない)コモンモード電圧が「信号」として検出されてしまうのです．このようにモデル化して考えてみれば，コモンモードが影響を与えるしくみは単純な，あたりまえな振る舞いと考えることができるのですね．

図7　コモンモード・ノーマルモード変換によりコモンモード電圧が回路側に影響を与えてしまうしくみ

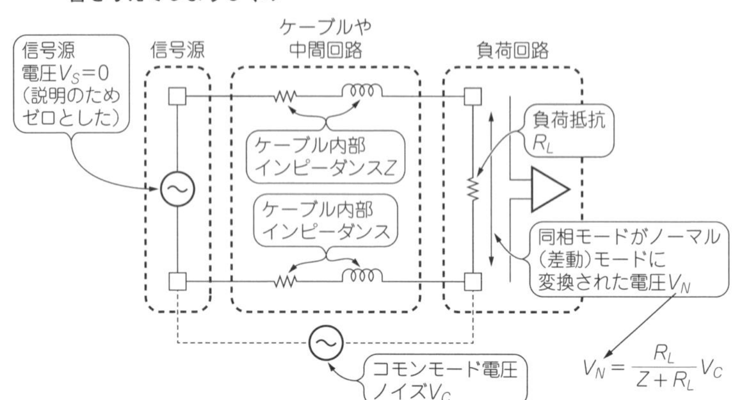

この振る舞いのことを「コモンモードからノーマルモードへのモード変換」と呼びます．その他にもモード変換が発生するしくみ，ケースもありますので注意してください．

もし同一の基板（システム）内で強固なグラウンドになっていない場合は，同様に同一基板内でコモンモード電圧が生じて，全く同じしくみでコモンモード電圧がノイズとして観測されてしまうことになります．

ところで「ノーマルモード」とは一般的に回路内で情報伝達される信号のことで，コモンモードとは違うという意図をこめてこのように呼びます．そういえば私も駆け出しのころ，「（コモンモード電圧のことである）コモンモード・ノイズと（ノーマルモード電圧のことである）ノルマルモード・ノイズというものがある」と，大学教授，のちイトケン研究所の伊藤健一先生の名著，日刊工業新聞社刊の「アース・シリーズ」という書籍（**図8**）を読んで，それらの振る舞いの意味がわからなかったことを思い出しました….

● 磁界ピックアップが影響を与えるしくみ

もうひとつのしくみ，磁界ピックアップについては，AD9789の評価ボードが多層基板であり，内層はグラウンドになっていますので，ここに磁界が通り抜けているということは（ゼロではないが）考えづらいと思われます．

それでも可能性はあるので，説明してみます．この「磁界ピックアップ」とは，高校のころ物理の授業でやった「ファラデーの電磁誘導の法則」のとおり，基板のパターンでできるループ部分に変動磁界が通ることで，そのパターンに起電力が生じるものです（**図9**）．この起電力が回路内に影響を与えてしまうことが考えられるわけです．

図8　大学教授，のちイトケン研究所の伊藤健一先生のアナログ回路で一番大切なグラウンド＝アースに関する名著「アース・シリーズ」という書籍を15冊セットで入手．伊藤先生は私が当時在籍していた大学で別学科を教えていた先生であり，学生のときに先生の授業をわざわざ他学科受講して拝聴させていただいた．これらの「アース・シリーズ」はエンジニア駆け出しのころ数冊購入したものだが，後輩に「参考に読んでみたら」と貸したところ，1冊も帰ってこなかった（涙）．一般的に貸した本は返ってこないので，貸さないほうが無難と思われる（本人に購入してもらうのがベスト）．なおこの書籍シリーズ自体はすでに絶版となっている

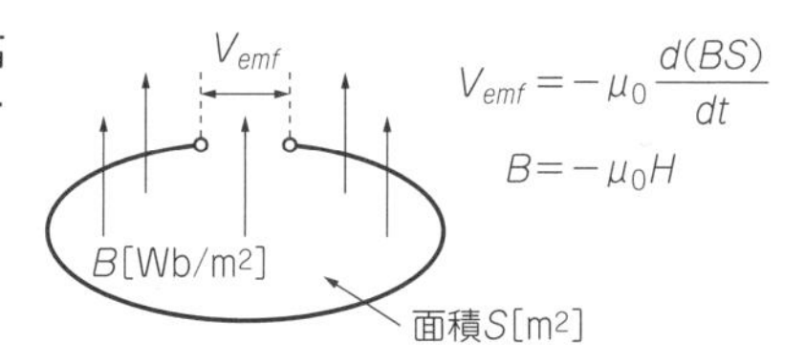

図9　磁界ピックアップの原理モデル．高校の物理の授業でやった「ファラデーの電磁誘導の法則」のとおり

● ピックアップされた信号がキャリア左右に観測される理由

混入していた信号は76.1 MHzでありました．しかし，この（本来観測できたはずの）76.1 MHz自体ではなく，なぜ120 MHzの差分量として76.1 MHzが見えたのでしょうか．ちょっと考えてみると「なんだか不思議だな」と思うのではないでしょうか．

これは回路の非線形性により生じているものなのです．このしくみを説明してみましょう．いま，2つの信号

$$s_1(t) = A_1 \cos(\omega_1 t)$$
$$s_2(t) = A_2 \cos(\omega_2 t)$$

があったとします．$s_1(t)$は120 MHzのキャリア，$s_2(t)$はインターFMの放送波だと思ってください．ω_1，ω_2はそれぞれの角周波数です．$s_2(t)$は本来FMの成分も式中で示すべきかもしれませんが，簡単のためにそれは抜いてあります．この2つの信号がゲインGをもつ増幅系に加わったとして考えると，

$$r = G \times (s_1 + s_2)$$

これでは$\omega_1 \pm \omega_2$の周波数成分というのは生じるはずもありません．これは系が「線形（リニア）」だからです．

一方で以下のような増幅系を考えてみます.

$$r = G_1 \times (s_1 + s_2) + G_2 \times (s_1 + s_2)^2 + G_3 \times (s_1 + s_2)^3$$

これは「非線形」な増幅系というもので, 増幅により生じるひずみの特性を多項式で表したものです. 当然$G_1 \gg G_2$, G_3です. またG_2, $G_3 < 0$(マイナス)となる場合もあります. 非線形特性を表すうえでは, 実際はG_3はマイナスなのが適切でしょう. たとえばこの2次の項を考えてみると, 中学校の数学の授業どおり,

$$(s_1+s_2)^2 = s_1^2 + 2\,s_1\,s_2 + s_2^2$$

と展開できます. ここで$s_1\,s_2$の項がありますね. これに先のcosの式を代入してみると,

$$\begin{aligned} s_1(t)\,s_2(t) &= A_1 \cos(\omega_1 t) \cdot A_2 \cos(\omega_2 t) \\ &= \frac{A_1 A_2}{2} \cos[(\omega_1 + \omega_2)t] + \frac{A_1 A_2}{2} \cos[(\omega_1 - \omega_2)t] \end{aligned}$$

と積和の公式で計算できることになります. なんとこれにより$\omega_1 + \omega_2$の周波数成分と, $\omega_1 - \omega_2$の周波数成分ができているではありませんか!

これが120 MHz ± 76 MHzの「これはなんだ?」のスペクトルとして見えていたのです. つまり系に内在する非線形性(ひずみ)が, この「これはなんだ?」のスペクトルを製造(?)していたわけなのですね.

■ コモンモード・ノイズを軽減させる対策方法

説明してきたコモンモードの混入対策としては, 系(たとえば電源ライン, 同軸ケーブルなど)にコモンモード・チョークを入れることでしょう. **図10**はオシロスコープのプローブにこの対策を施したようすです. このようにケーブルの外皮, 芯線の両方を一緒にコモン

図10 コモンモード・チョークを使ってプローブにコモンモード・ノイズの対策をしたようす

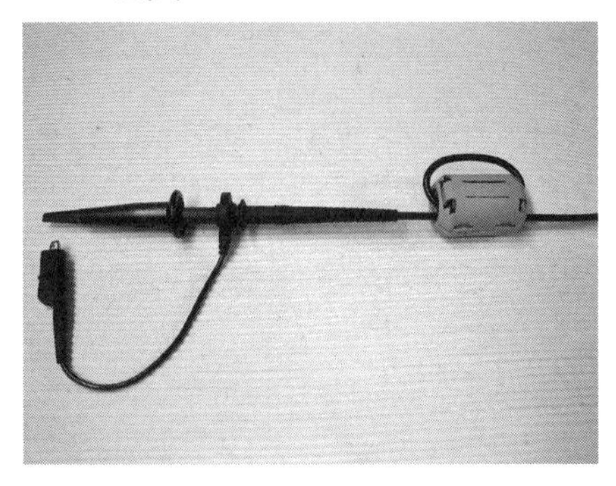

図11 私の席のすぐ後ろの窓から見える東京タワーその1(雨の日は煙って上層がみえない)

図12 私の席のすぐ後ろの窓から見える東京タワーその2(天気の良い日に上層までキレイに見えるようす)

モード・チョークに巻き付けることで，コモンモードによるノイズを軽減させることができます．なお低い周波数(たとえば50 Hz/60 Hz)ではチョークで生じるリアクタンスが十分ではありませんので，阻止量は少なくなってしまいます．

また今回のようなシステムの特性確認をする実験では，電波暗室を使うとか，「弱電界地域まで行ってそこで確認してきますか！」という方法もありますね．

■ ということで…

また余談ではありますが，120 MHzのスペクトルの±76.1 MHzのもう少し外側にも，さらに小さいスプリアスが見えていました．これらはNHKかFM東京のキャリアでしょう．

ということで，東京タワー直近で仕事するエンジニア同士の会話でありました…(**図11**，**図12**)．

1-2 VGAを使用した広帯域かつ高減衰の可変アッテネータ基板の実現(前編：基本構想とシミュレーション)

■ はじめに

CQ出版社から「すぐ使えるディジタル周波数シンセサイザ基板[DDS搭載]」[(3)]という本を2012年9月に出版しました(**図1**)．この本に付属するディジタル周波数シンセサイザ基板はDDS ICのAD9834を利用したものです(DDS; Direct Digital Synthesizer)．私はその執筆・開発プロジェクトの中で，94.5 dBの減衰量をもつ30 MHz広帯域アッテネータを主に担当しました．

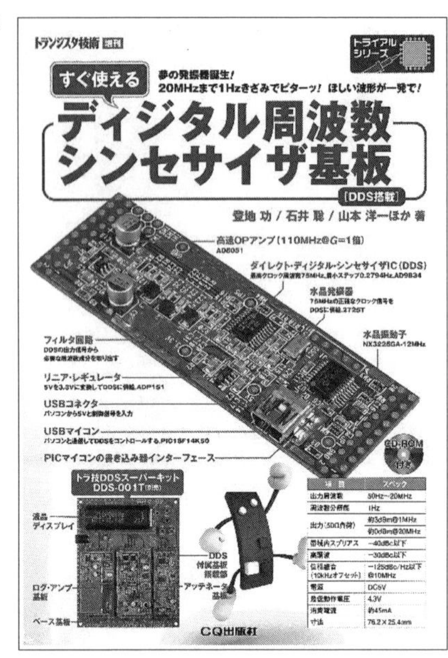

図1　トランジスタ技術増刊　すぐ使えるディジタル周波数シンセサイザ基板［DDS搭載］

図2　AD8369のブロック・ダイヤグラム

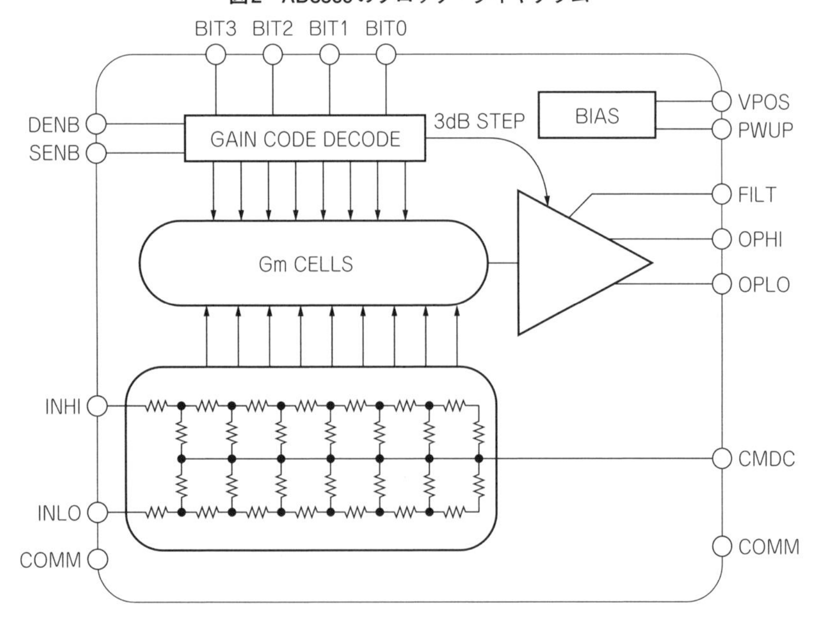

ここでアッテネータ(Attenuator, 以下「ATT」を用います)の機能を実現するために, AD8369というVGA(Variable Gain Amplifier; 可変ゲイン・アンプ)を利用しました. 当初は「これで30 MHz程度までの48 dBステップATTを作ってみますか!」というところでしたが, 可能であれば外部に48 dBの固定ATTをつけて, 全体で95 dB程度まで変化させたいという野望がありました. 飛び込みや段間の迷結合の心配がありますが,「シールド無しで, どうだろうなぁ…」とも思うところでした.

この節と次節では, この94.5 dBステップATT回路の実験・試作ネタ(エンジニア的には, これを「遊び」という場合もある)をご紹介します. まずは使用したVGA IC AD8369についての概要をご紹介しておきましょう(**図2**).

● AD8369

http://www.analog.com/jp/ad8369

【概要】

AD8369は, 高性能のディジタル制御可変ゲイン・アンプであり, セルラ・レシーバ内のIF周波数で使用できるように設計されています. このデバイスは, パラレルまたは3線式シリアル制御のいずれかに設定できる4ビット・ディジタル制御のゲイン制御インターフェースを備えています. ゲイン制御レンジは, 全体で45 dBになり, 3 dBの単位で調整可能です.

AD8369は, ディジタルIFレシーバでの使用に最適で, 70/140/190/240/380 MHzの一般的なIF周波数で動作するように完全に仕様規定しています. ゲインの安定性と平坦性は, 380 MHzで20 MHzのチャンネル帯域幅にわたって0.1 dB未満です.

■ VGAで実現するステップATTの構想を開始!

早速VGA ICのAD8369ARUZをゲットしました(**図3**と**図4**). あわせて**図5**の写真は, 秋月電子で買ってきた16ポジションのロータリ・スイッチです. 16ポジション=4ビットですから, 3 dBステップで48 dB変化させることができます.

これに48 dB固定ATTを追加すれば, 合計約95 dBのステップATTが実現できます. なおAD8369はゲインがあるので, そのゲインぶんを入力で減衰させる必要があります.

● ブロック・ダイヤグラムをまず作ってみた

思考を整理し, レベル配分を考え, 回路図に落とすために, 簡単なブロック・ダイヤグラムを作ってみました. これを**図6**に示します.

VGAのAD8369プラス, もうひとつ48 dB(図では40 dBだが, 最終的には48 dBになる)の固定ATTをスイッチして, 全体で約95 dBを実現するという目論見なのですが, 電子ス

図3　早速入手したAD8369ARUZ（その1：パックいり）

図4　早速入手したAD8369ARUZ（その2：パックから出した静電シート上のようす）

図5　秋月電子で買ってきた16ポジションのロータリ・スイッチ

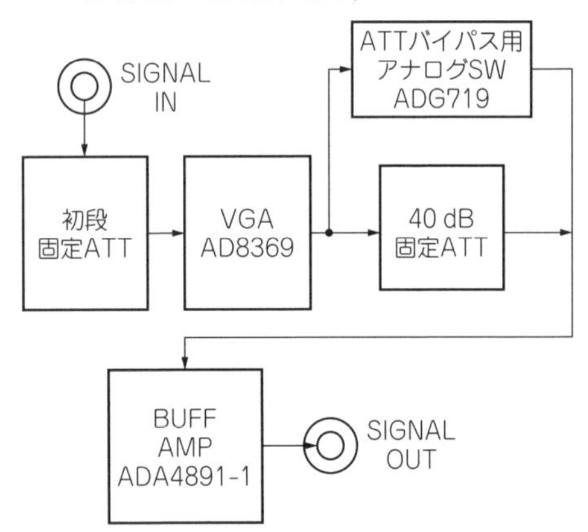

図6　簡単なブロック・ダイヤグラム（最終的には40 dB→48 dBになる）

イッチで実現するのがちょっとやっかいだなあとか（アイソレーションとON抵抗の問題），構想をブレークダウンしながら考えていきました．

● 広い減衰可変範囲を実現するには（ご経験を拝聴する）

構想途中に，執筆でご一緒した筆者の方から，「可変ゲイン・アンプといえば，AD8331というアナログ電圧でゲイン制御をするICを使ったことがありますよ．非常に低雑音なプリアンプも内蔵されていて，ゲイン可変範囲が48 dBなので，これを2段カスケードにして，100 dB以上のゲインと96 dBのゲイン調整範囲を稼ぎました」「全段差動なので，GNDの共通インピーダンスに起因する迷結合などはほとんど無くて，100 dB以上のゲインでもシールドなしで安定して動作しました」「ネットワーク・アナライザで見ながらAGC電圧を変えると，周波数特性はそのままで，きれいにゲインが上下します．可変ATTタイプなので，ひずみも少ないですしね」というお話をいただきました．

ここには2点ポイントがあって，

①「全段差動なので，GNDの共通インピーダンスに起因する迷結合などはほとんど無く」は，(以降にも説明するが)ダイナミック・レンジが非常に広いため，一般的によく生じるコモンモード・ノーマルモード変換による想定外のフィードスルーの問題が，差動回路では軽減される

②「周波数特性はそのままで，きれいにゲインが上下」は，ゲインを変えると周波数特性が変化する電圧帰還型OPアンプと異なり，アンプのゲインは固定で，前段が可変ATTになっているため，このような性能が実現できる

ということなのでした．この方のお話には，深い造詣があったわけですね…．

この筆者さんは，100 dBのゲイン・ブロックを実現したわけですが，私のほうの設計は入力信号を減衰させることが目的…，なおかつAD8369にはゲインがある…．どんなものかなあとか，上記の付加48 dB固定ATT回路の件など，悩み気味でした．

「AD8369が，R_{set}(1本のゲイン設定抵抗)かなんかで，内蔵ポスト・アンプのゲイン調整ができるといいなぁ」とか思いました．

■ 構想をもとに回路図をひいてみた

ご一緒した筆者さんの「差動で…」というアイデアをいただいて，コモンモードによる，外からの飛び込みや段間の迷結合の影響を受けづらい回路を実現しようと考えていました．

最初に考えた原始天地創生(？)回路を**図7**に示します．だいぶ悩みました…．入力はシングルエンドですが，VGA AD8369へは初段の固定ATTで差動信号に変換して信号を加え，ICの出力側は差動出力で負荷を駆動しています．

● 広い減衰可変範囲を実現するには(設計を安全サイドで考えた)

減衰量が大きいときにはVGA AD8369出力を差動構成の固定ATT(以降「差動固定ATT」と呼ぶ)で，40 dB減衰させるのですが(ところで「なぜ40 dBなの？」というのは，実は間違えていたためで，48 dB必要ということにあとで気がついたが，ここでは当面は**図7**のとおり40 dBで説明していく)，「30 MHzまで安定して減衰させるためには？」とだいぶ悩みました．週末もプールで泳ぎながら考えていたら，溺れるかと思いました(うそ)．そのため最初は安全策で，このように20 dBを2段にしてみました．

なお減衰量が小さいときは，この2段の差動固定ATTをアナログ・スイッチでバイパス

図7 原始天地創生(?)回路図(素子定数は暫定,また部品番号は仮に付与した.出力OPアンプは図示していない)

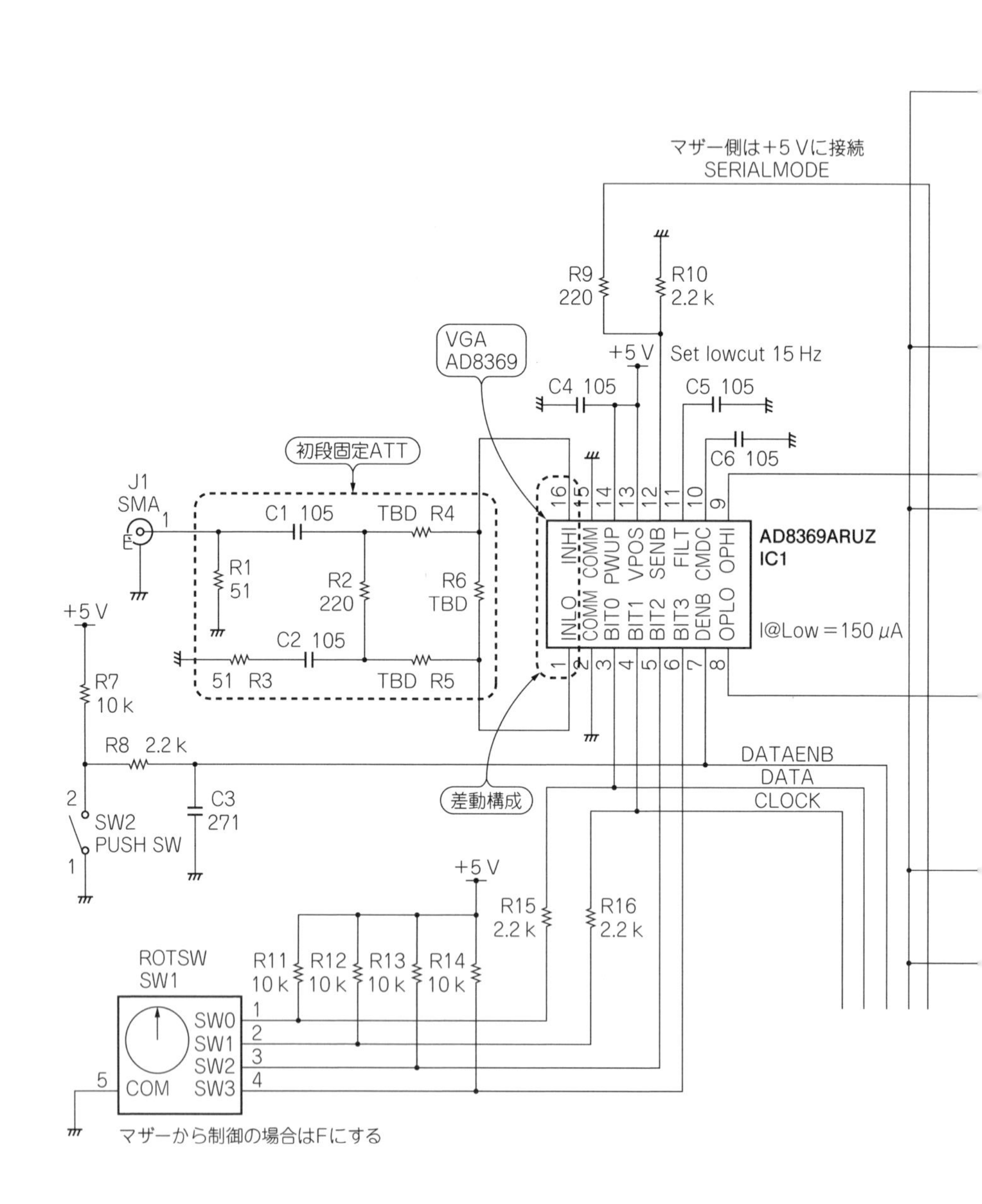

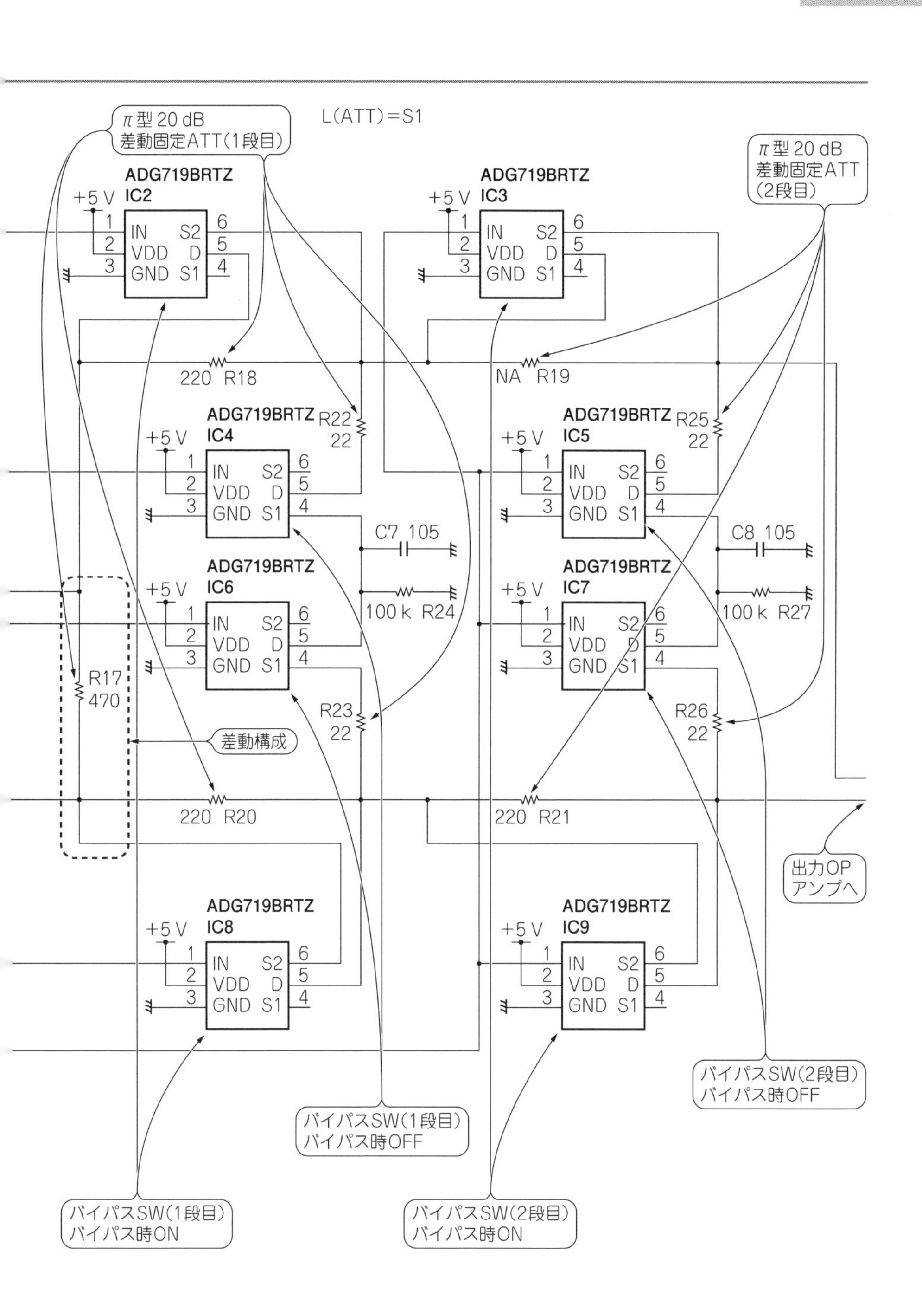
π型 20 dB
差動固定ATT(1段目)
L(ATT)=S1
π型 20 dB
差動固定ATT
(2段目)
ADG719BRTZ
IC2
ADG719BRTZ
IC3
+5 V
IN S2
VDD D
GND S1
220 R18
NA R19
ADG719BRTZ
IC4
R22
22
ADG719BRTZ
IC5
R25
22
C7 105
100 k R24
C8 105
100 k R27
ADG719BRTZ
IC6
ADG719BRTZ
IC7
R17
470
R23
22
R26
22
差動構成
220 R20
220 R21
出力OP
アンプへ
ADG719BRTZ
IC8
ADG719BRTZ
IC9
バイパスSW(2段目)
バイパス時OFF
バイパスSW(1段目)
バイパス時OFF
バイパスSW(1段目)
バイパス時ON
バイパスSW(2段目)
バイパス時ON

します．

最終的に差動固定ATT出力をOPアンプ（**図7**には図示していない）で差動・シングルエンド変換します．これによりコモンモードの飛び込みや迷結合を大きく低減させるという算段です．

30 MHzまで安定に減衰させることの最大の問題は，差動固定ATTをスイッチするアナログ・スイッチのオン抵抗とオフ・リーク（フィードスルー），そして寄生容量です．高速アナログ・スイッチADG719を使ってはいますが，やはりどんなものか，だいぶ不安でした．ちなみにADG719は

● ADG719

http://www.analog.com/jp/adg719

【概要】

ADG719はモノリシックCMOS SPDTスイッチです．このスイッチは，サブミクロンCMOS製造プロセスに基づいて設計されており，低消費電力であるにもかかわらず高速なスイッチング・スピードと小さいオン抵抗，低い漏れ電流を提供します．

ADG719は，1.8～5.5 Vの単電源範囲で動作することができますので，アナログ・デバイセズの新世代のDACやADCと共にバッテリ駆動の計測器に使うには最適な製品となっています．

● 差動固定ATT回路を2段から1段へ簡略化できるものだろうか

このように最初は「40 dB一発では30 MHzまでは無理かなぁ？」ということ，またあまり時間的／設計コスト的に後戻りできないため，安全策で20 dBを2段で考えていました．

そこで**図7**のような厳重な回路にしてみたわけです．とはいっても，20 dBを2段だなんて，アナログ・スイッチ8個！だなんて「無駄」ですよね．

ディジタル・ポテンショメータでできないか？とも思いましたが，1 kΩ型の低抵抗品のものでも数MHzまでの周波数特性であり，使うことができません．

そこで考えなおして，**図8**のような1段の回路に変更してみました．以降でこの1段の差動固定ATTのスイッチ部分だけをNI Multisim(注2)でシミュレーションで検討した経緯を詳しく示していきます．

注2：執筆当時はNational Instruments社のNI Multisimをベースにしたものがアナログ・デバイセズの製品評価用SPICEシミュレータだった．以降，SIMetrixをベースにしたADIsimPEを経てLTspiceに至っている．

図8　差動固定ATTを2段から1段に変更してみる

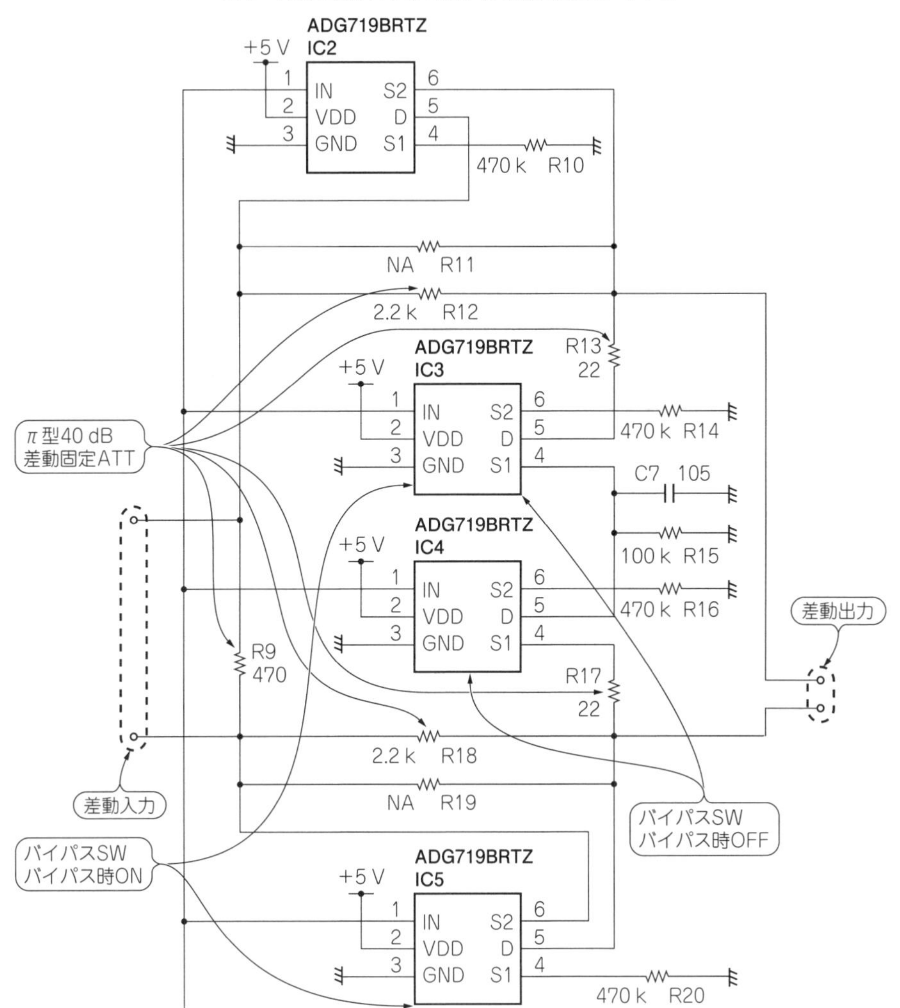

■ 差動固定アッテネータの周波数特性を解析開始！

VGAご本尊の試作に到達するまえに，心配ネタである，この差動固定ATTの性能解析をしていきました．

その日もCQ出版社から長いメールがきて，見逃してしまうところでしたが，よくよく読

図9　差動ATT（図8）を1/2にしてシングルエンドでシミュレーションしてみる

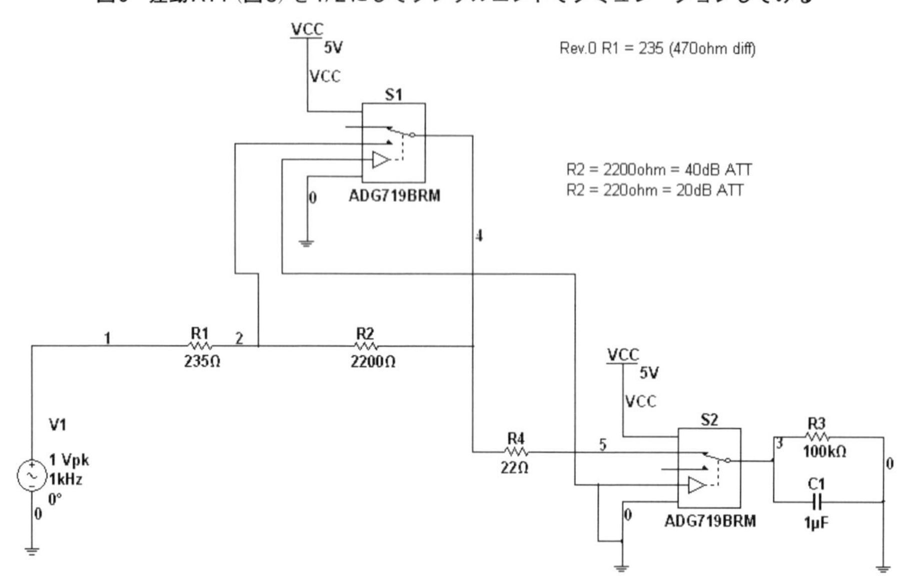

むと「1カ月後にはファイナル回路図を提出せよ」と…（汗）．全然できてない状況ゆえ，ダチョウ倶楽部モードで「聞いてないよぉ」と回答をしてしまいました（笑）．このように時間も限りがあるわけです．

● シミュレーションでアタリをつける

さて，ということで30 MHzまで安定に動作する1段で40 dB（先のように間違いで….最終的には48 dB）の差動固定ATTを作らないといけません．そこでNI Multisimを使って，**図9**のような回路で特性を検討してみました．差動回路なので，上半分の1/2にして簡素化し，シングルエンドでシミュレーションしています．信号源抵抗は差動470 Ω（**図8**のR_9に相当）なので，相当するシングルエンドのシミュレーション回路（**図9**）では半分の235 Ωにして最初は設計してみました．

「なぜ470 Ωにしたの？」というご質問は当然でしょう（汗）．「そんな感じで…，まあ470が好きだから」とかワケのわからないような理由で選んでいます．回路専門外の方はこのいい加減さには驚くでしょう（汗）．といってもこの選定が問題になってしまったのでした．

図10は1段で40 dB ATTとしてシミュレーションしてみた結果です．30 MHzの位置のマーカを見てください．上側はdy = 0.564 dBになっており，この周波数でダレが生じてい

図10　40 dBのATT状態でシミュレーションしてみた．30 MHzで0.564 dBほどダレている

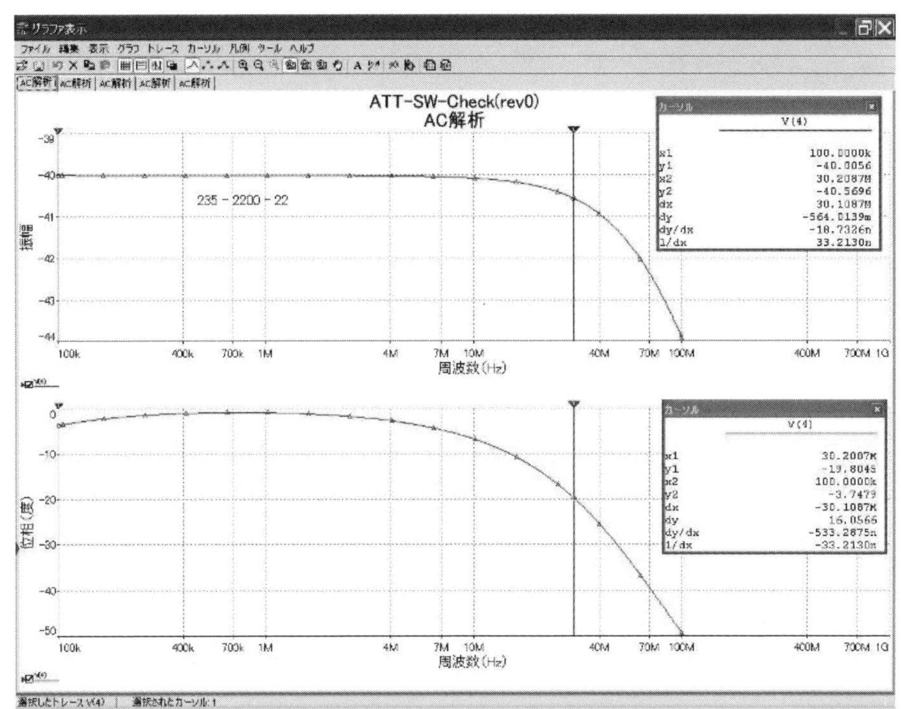

ます．下はy1 = −19.8 °で結構位相が回っています．

図11は2段構成に戻すとどうかということで，**図9**のR_2 = 2200 Ω（**図8**のR_{12}，R_{18}に相当）だったものを220 Ωにして，減衰量を1/100（−40 dB）から1/10（−20 dB）に戻してみたものです．信号源抵抗があるので，ぴったり−20 dB，1/10にはなっていないのですが，検討上ということで，まずはこれでやってみました．30 MHzのダレはdy = 0.272 dBになっており，40 dBと比べて1/2程度といえるでしょう．位相はy1 = −17 °であまり変わりませんでした．

「20 dB一段で0.27 dB，2段つなげれば0.54 dBであり，これなら1段で40 dB取った場合となんら変わらんではないか?! 逆に位相特性は悪くなるぞ！」ということになってしまいました．20 dB ATTを2段でも性能が出なかったわけです．

ここで「本来は…，特性はもっと向上するはずだ」と直感的に考えました．そのため，「すいません，性能が出ませんでした」と簡単にあきらめるのではなく，「なんでだ？」ともう少

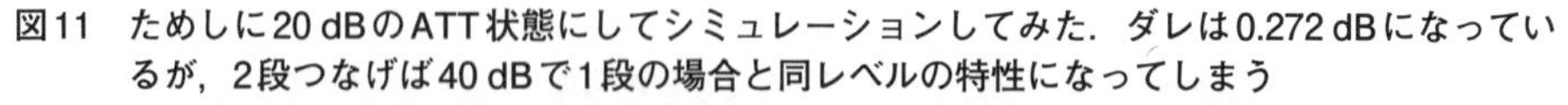
図11　ためしに20 dBのATT状態にしてシミュレーションしてみた．ダレは0.272 dBになっているが，2段つなげば40 dBで1段の場合と同レベルの特性になってしまう

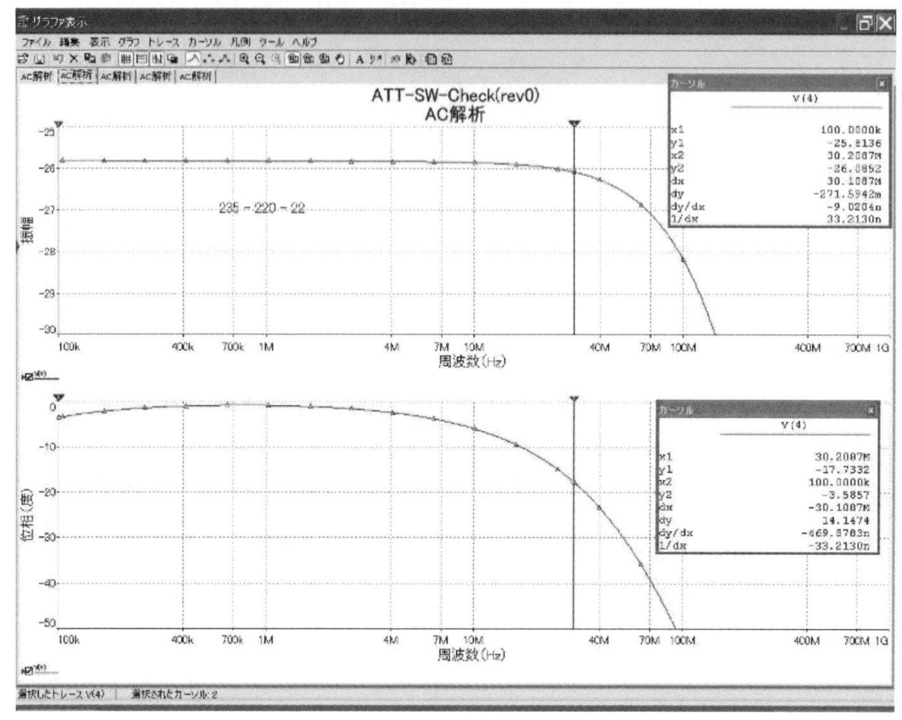

し粘って追ってみました．

● アナログ・スイッチの容量が影響を与えていた！

シミュレーションでは**図9**のR_4（**図8**のR_{13}，R_{17}に相当）の端子電圧を見ていますが，ここで想定される支配的容量要因は，R_2（**図8**のR_{12}，R_{18}に相当）両端に接続されるアナログ・スイッチS_1 ADG719（**図8**のIC_2, IC_5に相当）のスイッチ端子間オフ時容量（ドレイン・ソース間容量）C_{DS}です．これが影響を与えていることに違いはなさそうでしたが，どのように与えているのか？と考えながら試行錯誤してみました．

シミュレーションはこんなときに便利です．**図9**の$R_1//R_2$の並列抵抗（S_2がオンしているため）とこの容量が，やはりダレを生じさせてしまう原因だとわかりました！

テキトーに選んだ470 Ω（回路上ではシングルエンドでR_1 = 235 Ω）が大きいために，時定数が長めになってしまっていたのでした（涙）．

図12　R_1を200Ωに変更してシミュレーションしてみると特性は大幅に改善した

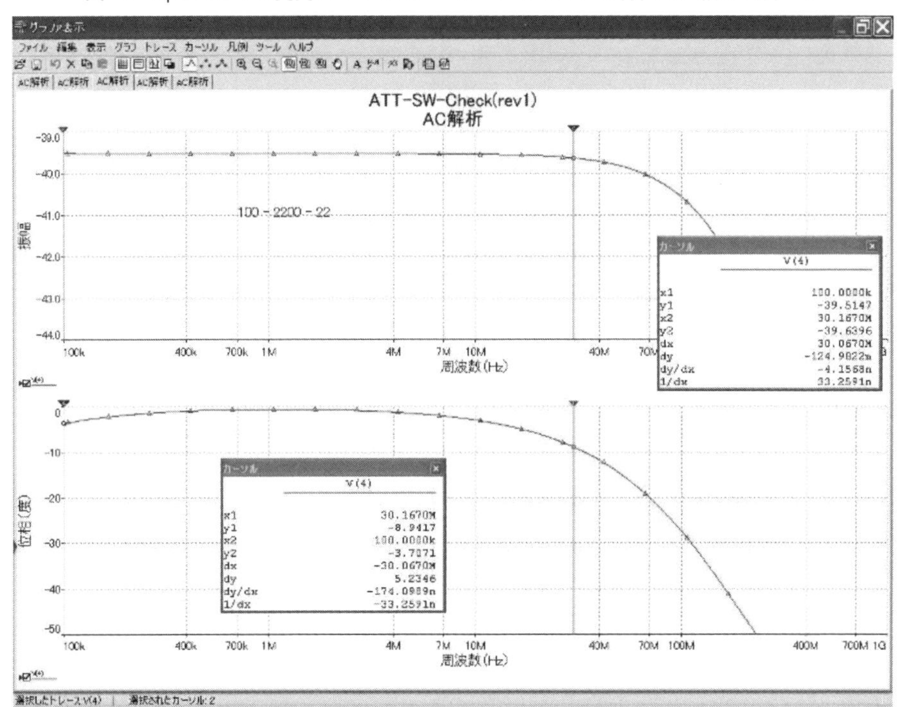

● つづいてしつこく試行錯誤のシミュレーション

「$R_1 // R_2$の並列抵抗が問題であるなら，**図9**のR_1(**図8**のR_9に相当)を小さくしてみればよいのだ！」「470Ωといわず，AD8369のデータシートで最小規定の200Ω(シングルエンドでR_1 = 100Ω相当)にしてみればよいのだ！」と思い至るわけです．

というわけでシミュレーションしてみました．**図12**のように30 MHzでゲインdy = −0.124 dB，位相y1 = −9°という結果になりました(やれやれ)．

● 乗算D/Aコンバータでも(低周波なら)ATTを実現できる

犬か？ネコか？はいざ知らず，社内を歩いていたら棒に当たり，乗算型D/Aコンバータの製品カタログ「乗算型D/Aコンバータ 柔軟性のあるビルディング・ブロック」[4]を見つけました！ 10 MHz程度の帯域なら，これで精密なレベル制御ができるATTの実現が可能です．結構多数の製品が用意されていますので，ぜひご活用ください．

図13　ここまでは40 dBで（間違えて）検討していたが，本番の48 dBに相当するように，R_2を大きく（5100 Ω）してみると，ピーキングが生じている

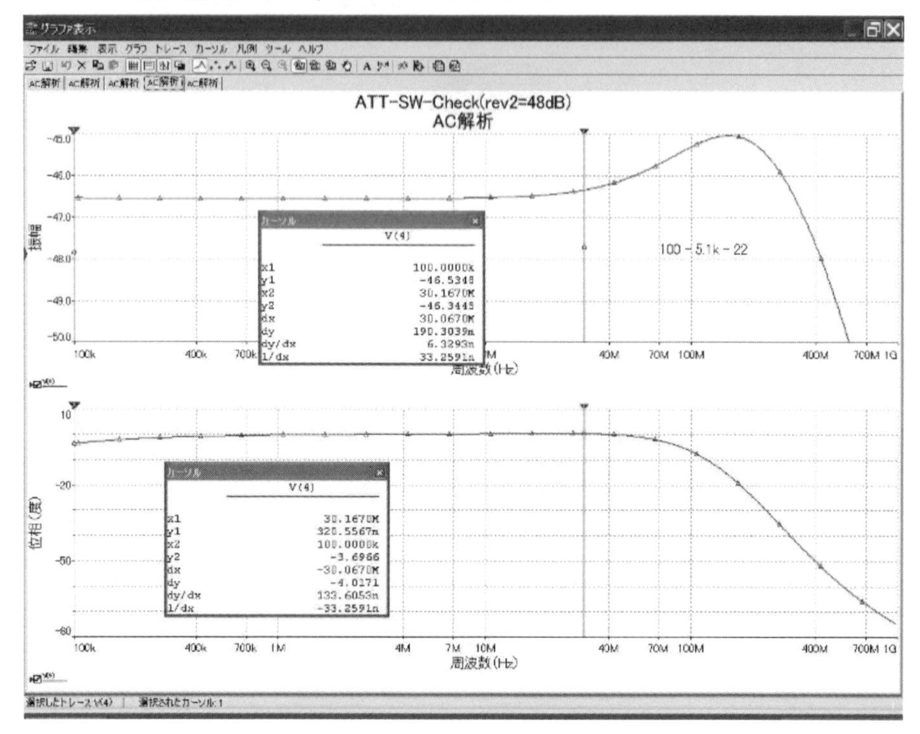

■ 差動固定ATT…もがけばもがくほど…

「これでよかった，やれやれ」と思ったところで，40 dBが間違いだったことに気づき，規定の48 dBの減衰量まで持っていってみました．－8 dBのため，**図9**のR_2（**図8**のR_{12}，R_{18}に相当）を2200 Ωから5100 Ωにしてみました．その結果が**図13**です．「おっ！今度はアナログ・スイッチの容量でフィードスルーが生じている！」（涙）．フィードスルーによりピーキングが生じてしまいました．「まあ後段のOPアンプでダレるから，少しピーキングしていてもいいか？」というところではありますが….

R_4（**図8**のR_{13}，R_{17}に相当）をあまり小さくすると，シャント接続されているアナログ・スイッチS_2のオン抵抗が誤差要因になってきます．とはいえ一応は…，と思い，R_4 = 22 Ωから18 Ωに変えてみた結果を**図14**に示します．あまりかわらないですね（がっくり）．

図14　R_4の影響かと思い，R_4＝22 Ωから18 Ωに変えてみたがあまり変わらない

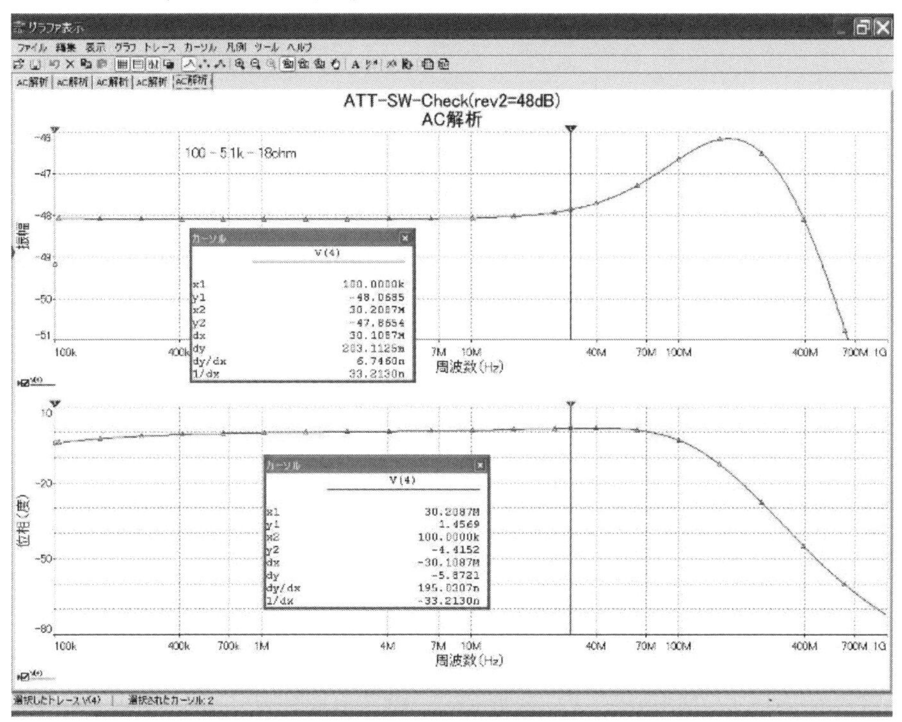

● ここでもアナログ・スイッチの容量が影響を与えていた！

これも，アナログ・スイッチS_1のオフ時容量C_{DS}が原因と推測されます．

このC_{DS}は，**図8**のIC_2およびIC_5の，5ピン-6ピン間の容量になります．差動固定ATTが有効な状態では，IC_2，IC_5の5ピン-6ピン間はオフとなり，容量成分となります．

アナログ・スイッチADG719のデータシート上では，スイッチ端子の対地容量（ドレイン容量）として，C_D = 7 pFと記載があります．C_{DS}としてどれほどかは未知数ではありますが，同じ程度の大きさと推測していました．

● どうやって対処する?! インダクタでやってみよう！

このC_{DS}がアイソレーションを悪化させる要因になるわけですが，「何とかキャンセルできないか？」というのを少し考えました．思いついたアイデアは「インダクタでキャンセルする」というものです．

$C_D \fallingdotseq C_{DS} \fallingdotseq 7$ pFは，30 MHzで$-j760$ Ω程度です．インダクタを用いて，これを並列共

図15 直列にインダクタを入れてピーキングをうまくキャンセルできないかと思いL_1を追加した回路

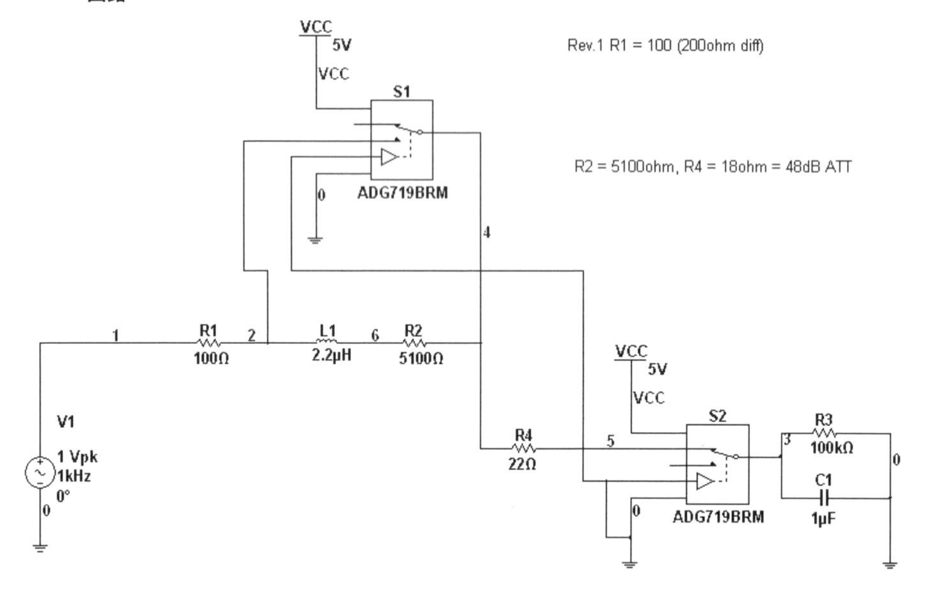

振構成でキャンセルすると，必要なインダクタンスは4 μH程度になります．

ここで「できれば**図8**のR_{12}，R_{18}（2200 Ωから5100 Ωに増やしたもの）に直列にインダクタを入れて，うまくキャンセルしたい」と考えました．並直列変換の式で計算してみると（計算が間違っていたのかもしれないが）複素数になったので「ややこしいなぁ」ということで，シミュレーションで検討してみました．

回路を**図15**に示します．このようにR_2（**図8**のR_{12}，R_{18}に相当）に直列にインダクタを挿入し，アナログ・スイッチのC_{DS}をキャンセルさせてみました．

結論を言うと，以降に説明するように，この検討は「休むに似たり」で，最適解ではなかったわけなのですが….

● パラメータ・スイープ機能で最適値をみつける

NI Multisimさんに考えさせて答えを求める，というわけではありませんが，**図16**のように「パラメータ・スイープ」という機能を用いて，インダクタの大きさを変えていき，それぞれでAC解析シミュレーションしてみる，というアプローチができます．

なおパラメータ・スイープはAC解析だけではなく，DC動作点解析や過渡解析も可能です（ADIsimPEやLTspiceでも同様なシミュレーションは可能）．

図16 パラメータ・スイープ機能でインダクタの大きさを変えていき最適なポイントを求める

パラメータ・スイープを実行した結果を**図17**に示します．1，2，3，4，5 μHの5段階でシミュレーションしています．2 μHでほぼフラットになります．

ということで，実際は2.2 μHを使うことにしました．しかし結論としては次節のように，このとおりにはうまくいかなかったのでした….

■ アナログ・デバイセズのRAQに見るアナログ・スイッチの正しい使い方

アナログ・スイッチADG719の現品を入手でき，またVGA AD8369も含めて全体の回路を試作評価するため，P板.comの「パネルdeボード」[(5)]の基板での実験開始予定のころは，だいぶ寒くなってきた季節でした（ブルブル！）．でもそのころ世間では，皆さんまだコートを着ていない人が多いものでした．私は寒がりなので，そんな時期でもコートなしでは寒くてダメです….

さてここで小休止として，アナログ・デバイセズのRAQ（Rarely Asked Questions）「アナログ・デバイセズに寄せられた珍問／難問集より」というコンテンツにある，アナログ・

図17　パラメータ・スイープの結果．1，2，3，4，5 μHの5段階でシミュレーション．2 μHでほぼフラット（最後の結論は，これらの検討は「休むに似たり」で最適ではなかった）

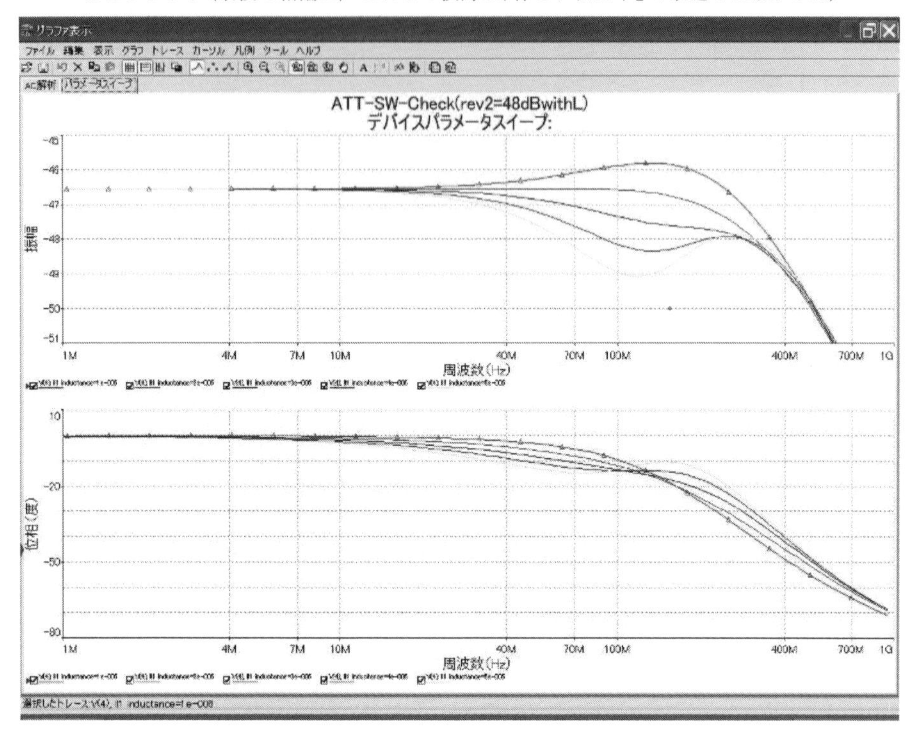

スイッチに関連する話題をご紹介します．

…

- 重要なディテールの分離（あるいは人魚と酢漬けのニシンの昼食）Q. 私のCMOSマルチプレクサには問題があるのでしょうか？[6]
- その未使用ピンをどうにかしなさい！ Q. アナログICの未使用端子をどうしたらよいでしょうか？[7]

…

それぞれアナログICの未処理端子についてのお話です（ひとつめは特にADG719などマルチプレクサの話題）．よろしければぜひご覧ください．

ちなみに**図7**の回路図では，マルチプレクサADG719の端子はアキ（4ピンや6ピンが未接続）のままでした．一方で**図8**では，高抵抗で接続してあります．「コイツはこのRAQを見て慌てて接続したのだな」などと余計な思いを巡らせまぬよう，切にお願いしたいと思います（汗）．

図18　「パネルdeボード」で作った基板を入手した

図19　「パネルdeボード」で作った基板に一部実装してみた

図20　「パネルdeボード」基板に全体を実装してみた

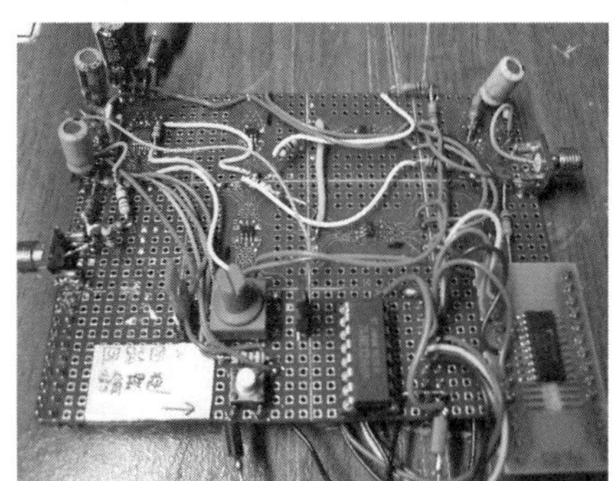

■ 実際の試作基板（パネルdeボード）で確認してみよう

その後，関係者のオフィスにお邪魔し，中間地点打ち合わせとしてかなり突っ込んだ話し合いをしてきました．終わったあとの雑談では，お仕事のようすとかを聞くことができましたが，技術開発に関わるご努力と情熱に頭の下がる思いでした．このような方々との交流は，エンジニアとしてかけがえのない経験だと思いました．

● バッファ・アンプはADA4891-1を選んだ

AD8369とADG719という役者を使うとお話をしてきましたが，出力バッファとして使うOPアンプも決めないといけません．ここではADA4891-1を使うことにしました．

● ADA4891-1

http://www.analog.com/jp/ada4891-1

【概要】

ADA4891-1（シングル）はCMOS，高速のOPアンプで，低価格にもかかわらず高性能を提供します．ADA4891-1は真の単電源動作能力を備えており，入力電圧範囲は負側レールの下側300 mVまで拡張されています．8ピンのSOICまたは5ピンのSOT-23パッケージを採用しています．

このアンプは−3 dB帯域幅が220 MHz（$G = +1$）となっており，今回の用途は$G = +2$なので十分です．30 MHzでもダレが全くない結果が得られています．

しかし周波数が高くなってくると，測定に使用している150 MHzの帯域しかないネットワーク・アナライザも測定限界です…．だれか4395Aあたりを安く譲ってあげるよとかいう，奇特な人などいませんでしょうかね（笑）．ログ・スイープできるのがいいなぁ．

● いよいよ実際の回路を組み立てて評価開始！

使用する部品はだいたい決まったので，パネルdeボードで試作用ボードの注文をしました．**図18**は入手した基板です．左奥の彼方には，秋月電子で購入した16ポジションのロータリ・スイッチが見えます（**図5**）．

TSSOPとTSOT用の実装パネルを組み合わせて，こんな感じでできあがります．セールス・トークではなく，私自身で使っても「まさしく選んで繋いで注文するだけ！」で超簡単だと感じます．

図19は一部を実装したようすです．この段階で，初段固定ATTとAD8369の動作確認まで完了できました．初段固定ATTは設計を完全に間違えており（汗），コモンモードの減衰が全くできていませんでした（汗）．試作での確認は大事です…．

図20は全体を実装したようすです．同図の左側に見えるSMAコネクタが入力で，その上側にAD8369があります．その右側が，これまで詳しく説明してきたADG719の差動固定ATT回路です．減衰した信号が右側のSMAコネクタから出力として出てくるようになっています．

1-3　VGAを使用した広帯域かつ高減衰の可変アッテネータ基板の実現（後編：迷結合を低減したプリント基板設計と特性測定）

■ はじめに

前節では構想段階から，周波数特性の改善検討（と言っても，これが「休むに似たり」だっ

図1 試作基板でATT＝0 dBとしたときの周波数特性

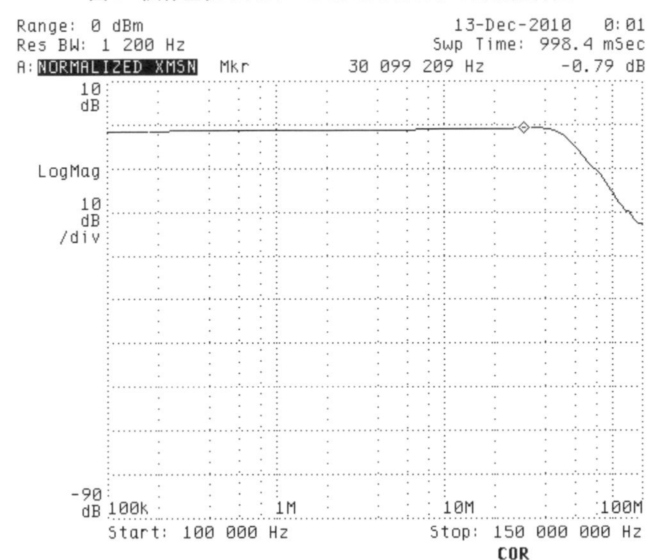

図2 差動固定ATTを有効にしてATT＝48 dBとしたときの周波数特性．信号の飛び込みや迷結合で高域のフィードスルーが大きくなり，周波数特性が暴れてしまっている

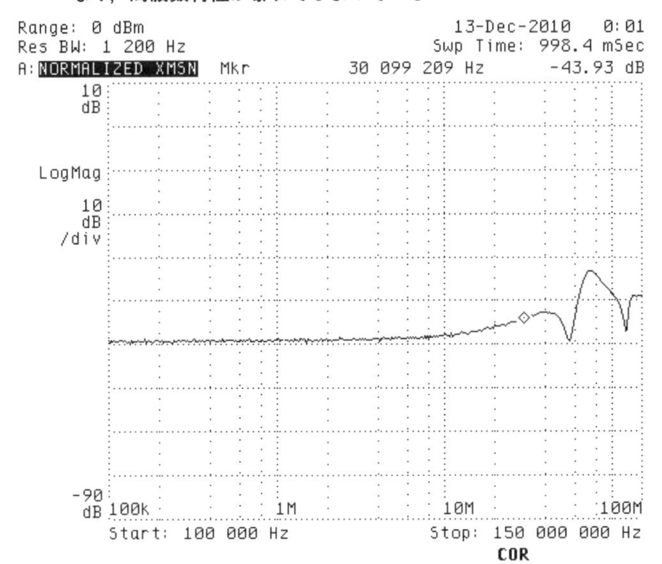

たことを，以降に説明していくが）から，パネルdeボードを活用して試作基板を組み上げたあたりまで説明しました．

本節では，パネルdeボードの試作基板の特性，最終形となる基板のCAD設計と評価，そして特性の最適化などの話題をご説明していきます．

前節の**図6**のブロック・ダイヤグラムでの一番の課題は，広い減衰範囲を実現するうえでの飛び込みや迷結合の問題を，どうやって，トラブルを生じさせずに，設計段階から解決していくかということでした．

■ 試作基板（パネルdeボード）で動作と特性を確認してみる

● 試作基板の特性を実測してみる

前節の**図20**で紹介した試作基板で回路全体の基本動作を確認し，つづいてこの試作基板の特性を，ネットワーク・アナライザ（以下「ネットアナ」）3589Aを用いて測定してみました．**図1**のプロットは，全体でATT = 0 dBとした状態での結果です．30 MHzまで問題なく出ています．

図2のプロットは，ADG719により差動固定ATTを有効にして，ATT = 48 dBとした状態ですが，前節の**図20**のような配線ですと，信号の飛び込みや迷結合により高域のフィードスルーが大きくなって，周波数特性が暴れてしまっています．低い周波数ではそれでも－48 dBになっているようすがわかります．

最終基板を起こしたときに，迷結合は再チェックです．全体で95 dB程度のATT範囲を取るので，以降実施する基板設計も入念にしないといけません！

■ 広いダイナミック・レンジを実現するために基板レイアウトはとても重要

パネルdeボードでの試作基板で基本動作を確認できたので，いよいよ本番用のプリント基板のCAD設計を開始しました．

そのとある日，某社の方がいらっしゃって打ち合わせがあり，その方が「アナログは実装（プリント基板）が大事！」とお話しされていました．おっしゃるとおりです！この基板もテキトーに（「CAD設計者に丸投げ」ともいうが…）設計すると，思ったような減衰特性が得られません．

● 基板レイアウトはこんなふうに考えた

ゲインを取る方向なら，「まあ…」，というところかもしれませんが，減衰方向だと，前節の最初に示したように，高い周波数においてフィードスルー（コモンモードによる飛び込みや迷結合）が出てくるので，簡単ではありません．プリント基板のレイアウトが非常に重要になってきます．

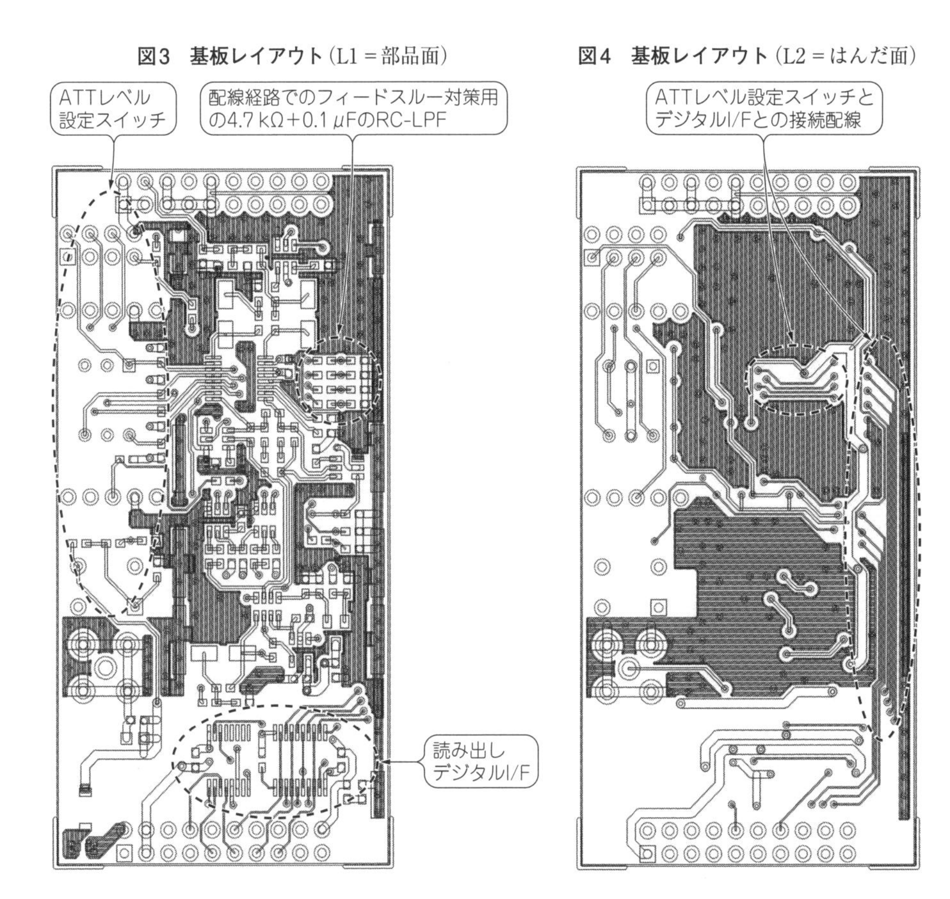

図3　基板レイアウト(L1＝部品面)

図4　基板レイアウト(L2＝はんだ面)

この課題を考慮した基板レイアウトをご説明します．そのパターン・レイアウトのようすですが，**図3**(L1＝部品面)と**図4**(L2＝はんだ面)のようになっています．

● スイッチの配線が意外とやっかい

両面基板なので，性能を出すのは結構やっかいです．配置の制限で，**図3**のようにATTレベル設定スイッチが左上，それを読み出すディジタル・インタフェースが右下になっています．**図4**のL2を見ていただくとわかるように，この接続配線をアナログ回路のど真ん中を通さないといけません(左側を回すという考えもあるが，それこそ出力SMAコネクタ側と迷結合しそう)．

とはいっても設定スイッチなので，レベルが変動するわけでもなく，ディジタル的なノイズは考える必要がありません．一番注意すべきはフィードスルーです．入力信号がこのパターンに乗らないように，途中(ちょうど減衰させる回路の真ん中あたり)に4.7 kΩと0.1 μFのRC LPFをそれぞれ配置しました(**図3**)．最初はこのフィルタを2段配置するような回路だったのですが，「部品が乗りません」ということで，ちょっと心配でしたが1段にしました．

● コモンモードの飛び込みや迷結合を避けるための対策回路

さらにコモンモードによる出力への影響を避けるために，出力アンプは**図5**の回路図のよ

図5　コモンモードの飛び込みや迷結合を避けるための対策回路

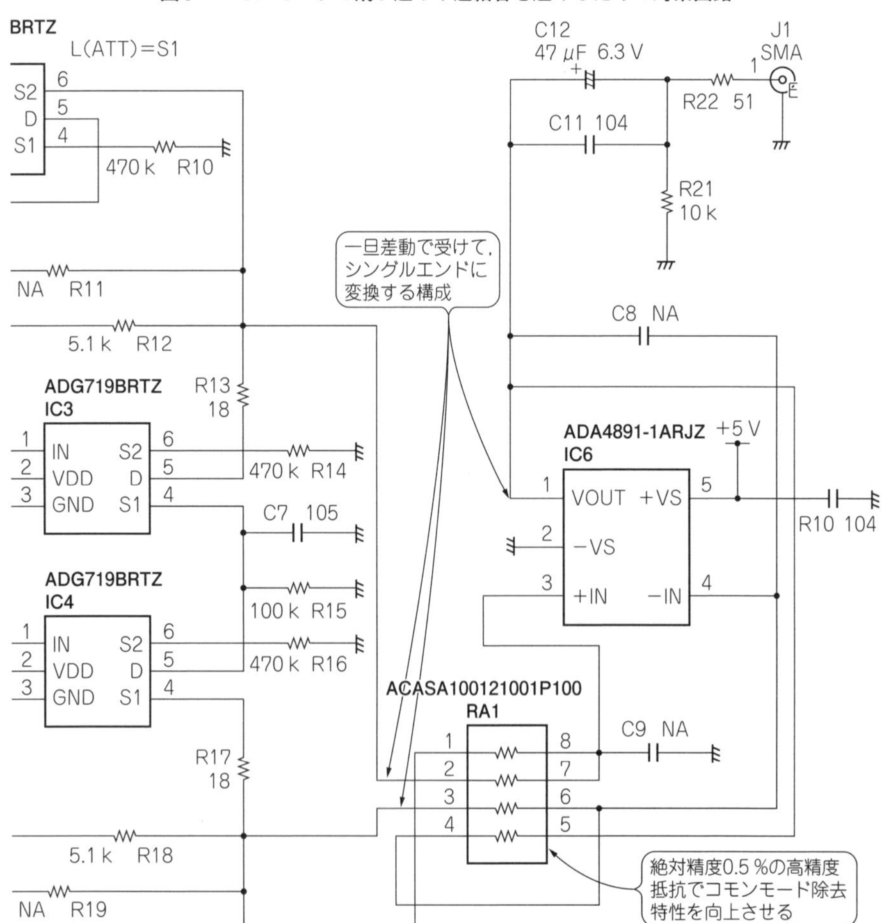

うにいったん差動で受けて，シングルエンドに変換する構成にしました．出力アンプとして使っているADA4891-1は*CMRR* (@30 MHz) = −27 dB程度ですので，これに合わせて入力の抵抗4本は絶対精度0.5%(相対マッチングはさらに良いはず)のVISHAYのACASA100121001P100というものを使いました．

また再度**図3**と**図4**を参照いただきたいのですが，グラウンドも網目のようにしてビア接続し，できるだけL1-L2間で低いインピーダンスが実現できるように，ベタの配置，ビアでの接続を心がけています．

これらにより，約95 dBの減衰特性が30 MHzまでの周波数で得られています．

● コモンモードの飛び込みや迷結合のしくみはどう考える？

「広い減衰範囲を実現するうえでの，飛び込みや迷結合の問題」ということを，何度もお話しさせていただきました．「これは具体的にはどう考えるのか？」というのはもっともな疑問と思われます．これについては本書の第1-1節や参考文献(8)の第4章を参照してみてください．

■ 正式基板の性能を確認してみる

このプロジェクトの開発も，佳境状態となって，関係者全員で盛り上がっておりました．そのころに私の担当のATT基板(CAD設計でレイアウトした正式基板)も，最終形としてできあがりました．

写真を**図6**にお見せします．これがマザー・ボードにピン・ヘッダで刺さる構成なのですが，マザー・ボード設計中に「あれ，これ，1ピンの位置，複数のボード間で逆でないですか？」との指摘が！この時点で私のボードは部品実装に入っていたので，びっくり．その後にも「RFINは3ピンではなく，4ピンですよ」とのお言葉．「あ！間違えた！やってしまった！」

図6　正式基板(第1版)のようす

と完全に動揺してしまいました(笑). それでも1ピン位置は間違いなかったことがわかり, 一安心です.

● おもな減衰レベルでの周波数特性を実測してみると…

パネルdeボードで試作していたので, 基本動作は一発でうごきました. AD8369に +35 dB位のゲインがあるので, これを0 dBまで抑え込む必要があり, やっかいでしたが, 合計, 約95 dBのATT可変範囲を30 MHz程度まで実現できそうです.

図7からATTなし(本来は0 dBだが−1 dBになっている. 以降で初段固定ATTの定数を若干調整して補正した), **図8**が48 dB差動固定ATTをオンにしてAD8369のATTはナシ, **図9**が48 dB差動固定ATTオンでAD8369のATTもmax (45 dB)の状態(合計−93 dB−1 dB)です.

図9はレベルがかなり低くなるので, ATT出力にプリアンプをつけて, またネットアナはスルー校正時に固定同軸ATTで40 dBのゲタをはかせてCAL (校正)を取っています. そのため, このマーカ値に対して−40 dBとしたのが実際のATT量になります.

図8, **図9**の「48 dB差動固定ATTオン」状態では, 30 MHz付近が少し盛り上がっています. これは48 dB差動固定ATTのアナログ・スイッチADG719 (前節の**図8**参照, また

図7　減衰なし (−1 dB)での周波数特性

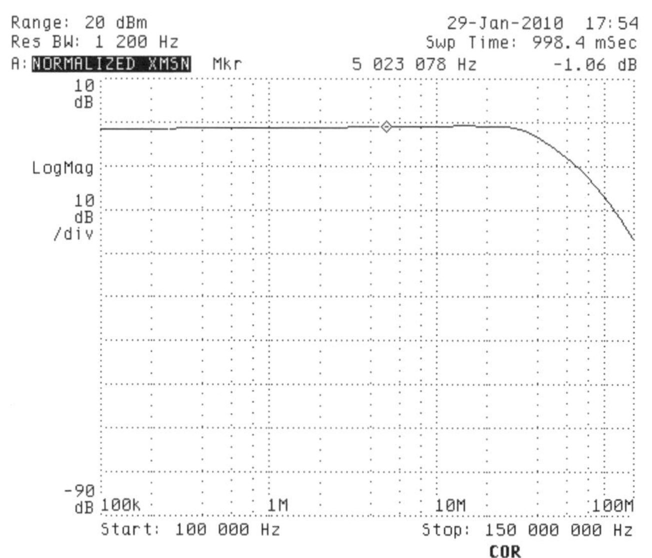

図8　48 dB差動固定ATTをオンにしてAD8369のATTはナシでの周波数特性

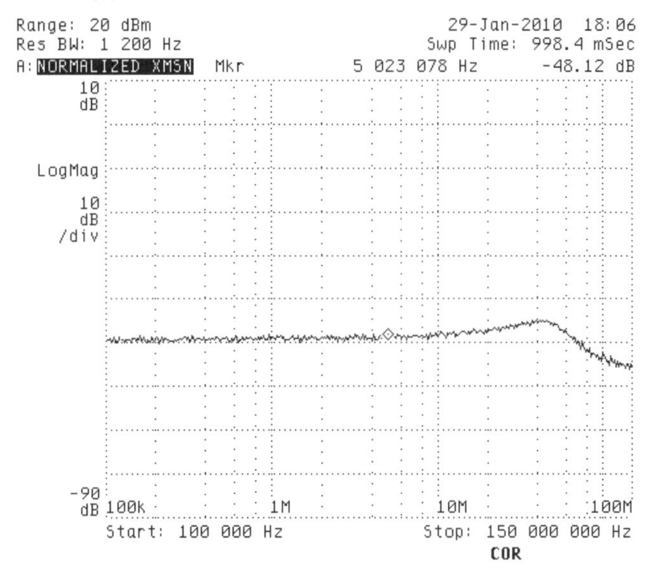

図9　48 dB差動固定ATTオンでAD8369のATTもmax（45 dB）の状態（合計－93 dB －1 dB＝－94 dB）での周波数特性

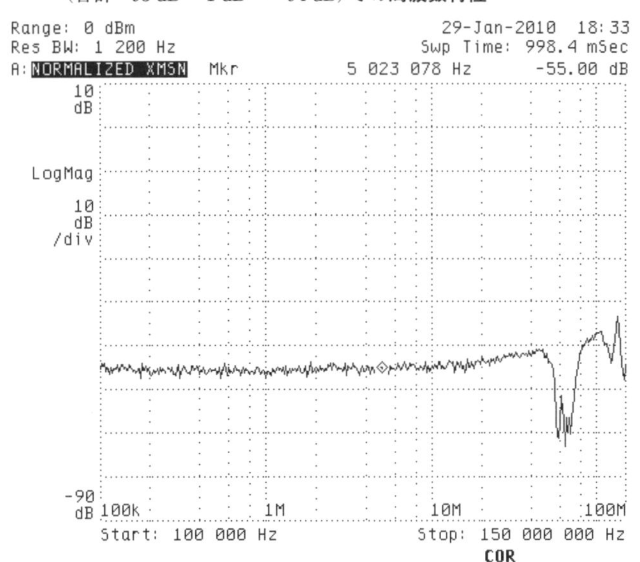

本節の**図12**，**図15**のIC_2，IC_5）の端子間容量C_{DS}によるフィードスルーで，周波数特性に暴れができてしまっているからです！

これまでの検討で対策できたかと思ったものですが，シミュレーション結果以外にも要因があるようです．前節の**図8**（また本節の**図12**）のR_{12}，R_{18}に直列に接続したインダクタンスL_1，L_2ではうまく補償ができないようです….

$X_L = \omega L$と$X_C = 1/\omega C$とで，ωに比例と反比例ですからね….どうやらこれまでの検討は「休むに似たり」だったようです….

● 各減衰レベルでの周波数特性を実測してみる

気をとりなおし，精密ではないですが，ぱぱぱっと各ステップでのATTレベルを測定した結果を**図10**に示します（$f = 5$ MHz）．－45 dBを超えるところ，AD8369のATTmaxから，差動固定ATTがオンになりAD8369のATTminになるところで1 dBちょっとの段差が出ています．

この辺は難しいところで，誤差要因をきちんと見切る必要があり，引き続き検討することにしました．

また**図11**はステップ間の差分量で，ほぼ3 dBずつ変化していることがわかります．若干暴れがありますが，テキトーに測定したため誤差とも思われますので，これも再測定予定に

図10　簡易的に各ATTレベルを測定した結果

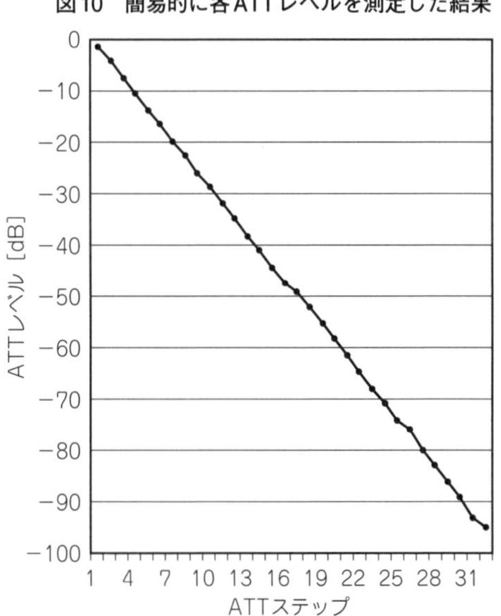

図11 ATTの1ステップ間の差分量

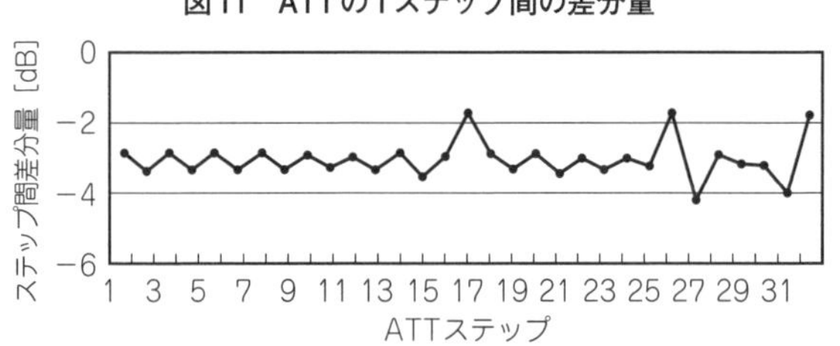

しました.

なおこのATT基板は，3 dBの間を手動スイッチで1.5 dBずつ可変できるATT回路も用意してあるので，合計64ステップのATT基板になっています.

「コイツ，出たとこ勝負で運がいいなぁ」と思われる人もいるかもしれませんが，回路設計やらレイアウトは相当注意深くおこないました．30 MHzで−95 dB，さて「高い周波数で高減衰」か，はたまた「チョロイ」か…．いかがでしょう.

■ 周波数特性の変動はどうしたら解決できる？！

「48 dB差動固定ATTのアナログ・スイッチADG719 (IC_2，IC_5) の端子間容量C_{DS}によるフィードスルーで周波数特性に暴れが出た」ことで，これまでの検討が「休むに似たり」だったことをお話ししました.

図12の回路図をご覧ください．このように差動ATTとなっていますが，シングルエンドで考えるとR_{12}とR_{13}で分圧するイメージです(下側はR_{18}とR_{17})．C_7で高周波のコモンモードを減衰させるようにもなっています.

ここで周波数特性の暴れの問題，つまりアナログ・スイッチ(IC_2，IC_5)のオフ時端子間容量C_{DS}による影響を軽減する，「付け焼き刃的ストラテジ(対策)」は2個考えられ，

① **図5**のR_{12}の大きさを小さくして減衰量を1/2に下げて，2段構成のATTにする

② **図5**のR_{12}，R_{13}の比率はそのままで，それぞれ大きさを下げる

というものでした．しかし①はサイズ上の問題があり，また②は，もともとADG719のオン抵抗(typ 2.5 Ω)のバラツキが心配なのでR_{13}を少し大きめにしてあり，R_{12}も大きめにせざるをえません．結局は現在のあたりが「落としどころ」です….

この「30 MHzくらいで盛り上がっている問題」の原因であるアナログ・スイッチ(IC_2，IC_5)のオフ時端子間容量C_{DS}に対して，まずは**図13**のようにL_1，L_2を2.2 μHから6.8 μHにしてみました．偏差は少なくなっているのですが，うねりがよりややこしくなっています．もともとはL_1，L_2 = 2.2 μHでシミュレーション上ではOKだったのですが，補償不足，なおかつ共振補償($X_L = \omega L$と$X_C = 1/\omega C$で，ωに比例と反比例の関係)なので，結局は局所

周波数でしか補償ができません．

あらためてIC_2，IC_5の端子間容量C_{DS}がいくらか，L_1，L_2をゼロΩ抵抗にして確認してみました．**図14**のように，3 dB上昇するところが27 MHzになっています．これを$f = 1/$ (2

図12　差動ATTとなっているが，シングルエンドで考えるとR_{12}とR_{13}で分圧するイメージ

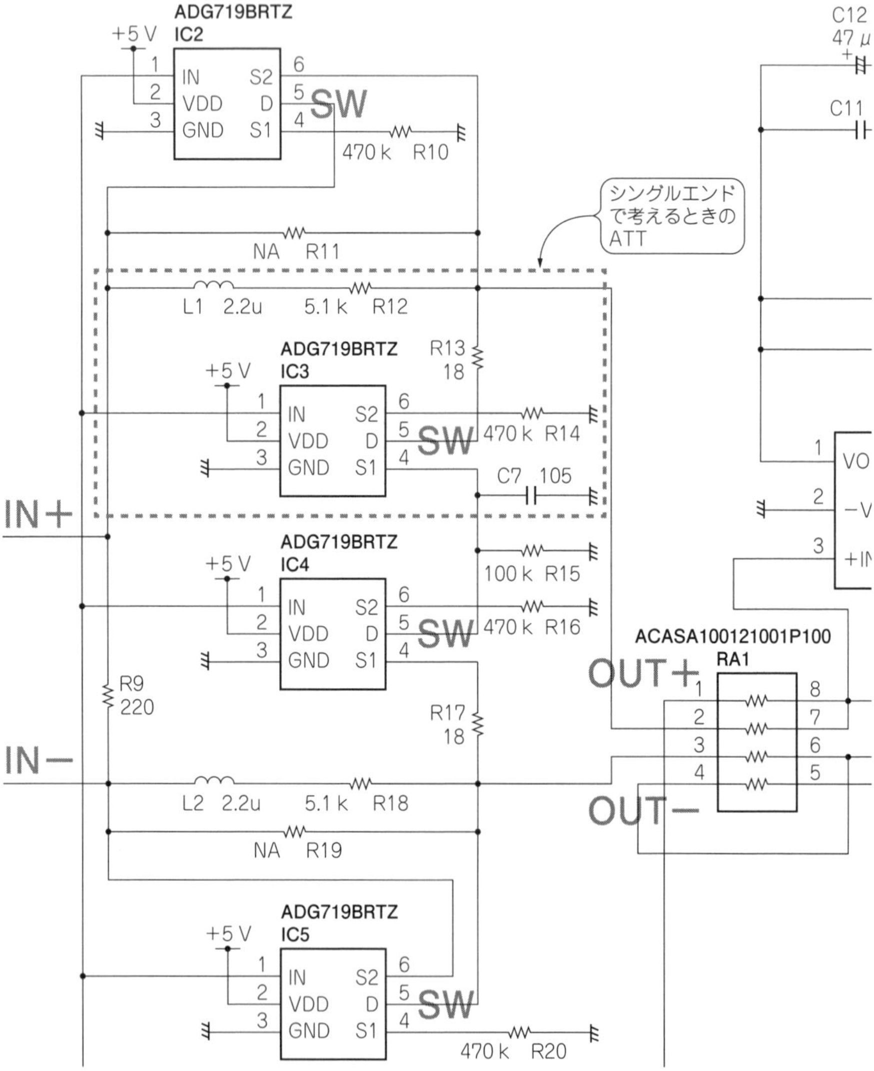

図13 L_1, L_2を2.2 μHから6.8 μHにしてみたときの周波数特性

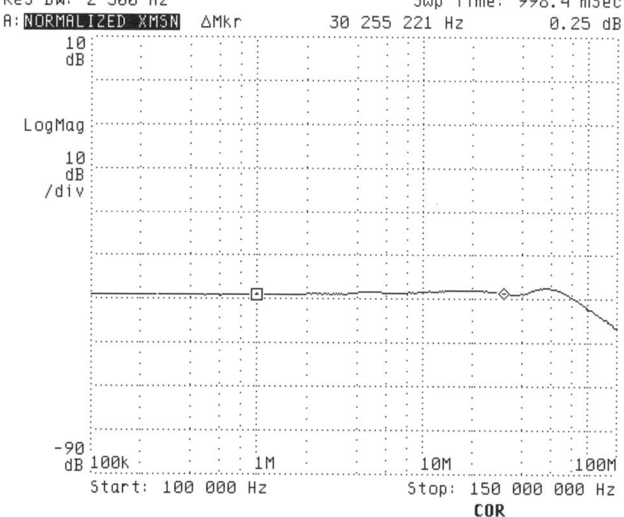

図14 L_1, L_2をゼロΩ抵抗にしてみたときの周波数特性

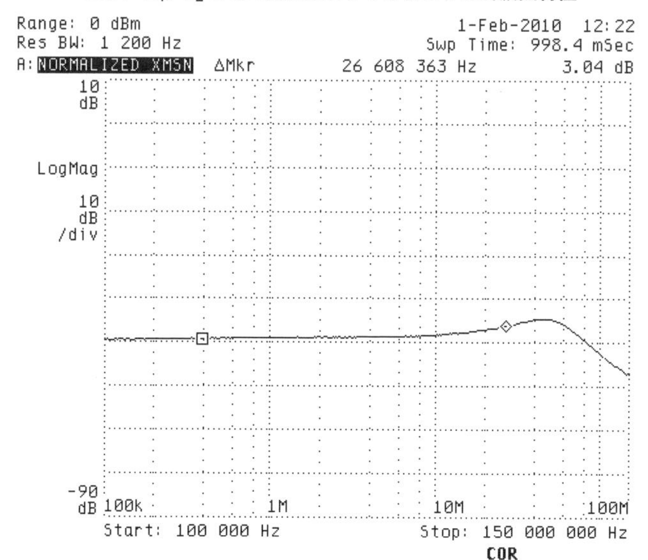

図15 R_{13}, R_{17}に並列にコンデンサを接続すればよいのだ！

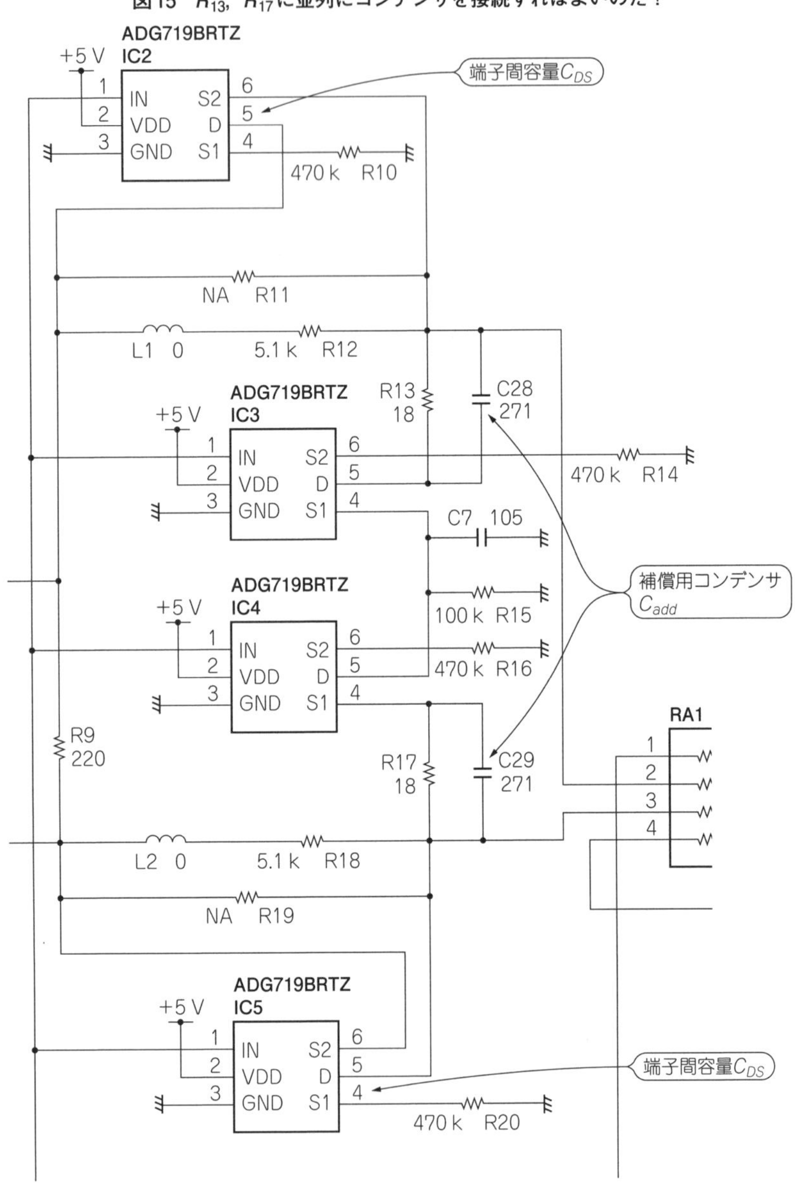

πRC)で計算してみるとC_{DS} = 1.16 pF程度と予測されます．もともと7 pFくらい？と思われましたが，結構小さいものでした．さて，この補償をどうしたものか???

■ そうだ！プローブと同じ補償をすればよいのだ

ある朝の寝起きのことですが，「そうだ！オシロのパッシブ・プローブと同じように端子間容量C_{DS}を補償し，改善すればよいのだ」と気がつきました．**図15**のように，(L_1，L_2をゼロにしたうえで) R_{13}，R_{17}に並列に補償用コンデンサC_{add}を接続すればよいのです．

オシロのパッシブ・プローブは，パルス応答を最適にするように，10:1の分圧抵抗に並列にコンデンサが接続されています．これと同じように**図15**のIC_2およびIC_5の5ピン-6ピン間容量C_{DS}に対して，補償用コンデンサC_{add}を選びます．計算上は，

$$R_{12} \times 1.16\ \mathrm{pF} = R_{13} \times C_{add}$$

とすればよいのですが，実験で確認してみる必要があります．なお1.16 pFというのは，上記のように**図14**の3 dB上昇ポイントが27 MHzで，これを$f = 1/(2\pi RC)$で計算しC_{DS} = 1.16 pF程度と予測したものです．

● 実際に実験してみる

L = 0 Ωでジャンパにしたままで，まずはC_{add} = 330 pFを接続してみました(**図16**)．フラッ

図16　C_{add} = 330 pF接続時の周波数特性(L_1，L_2 = 0 Ω)

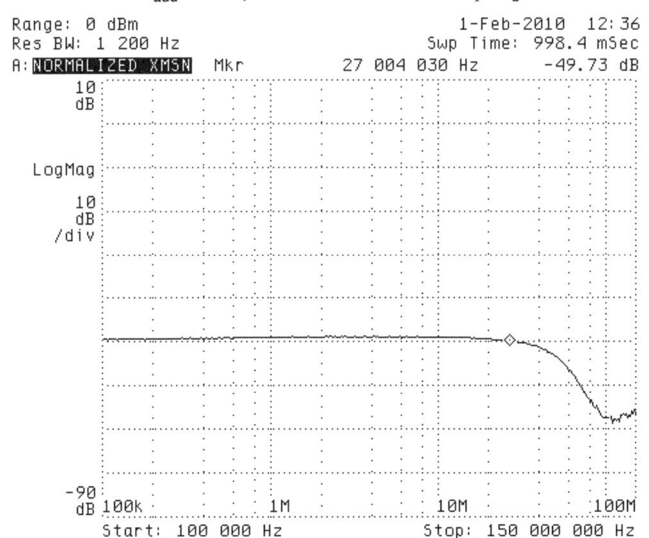

図17　C_{add}＝150 pF接続時の周波数特性（L_1，$L_2 = 0\ \Omega$）

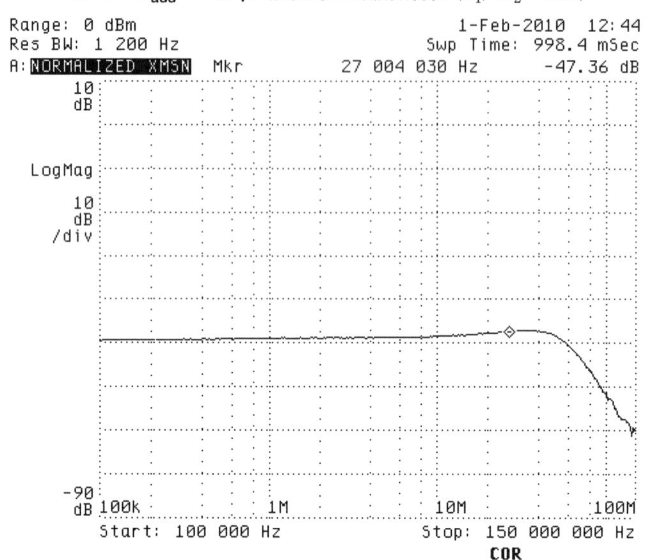

トにはなりました！でも過補償ぎみです．つぎに150 pFを接続してみました（**図17**）．今度は補償が不足しています．

手持ちのコンデンサが150 pFと330 pFしかなく，このあいだの180 pF，220 pF，270 pFはRSコンポーネンツに注文・入手後のテストになりました．でもなんとかなりそうです．

● コンデンサを交換しながら最適な点を探し出す

以降，コンデンサ3種類（180 pF，220 pF，270 pF）を入手でき，L_1，L_2の2.2 μHをはずし，0 Ωのジャンパにしておいたままで，それぞれ順番に接続してみました．**図18**，**19**，**21**の順番で，180 pF，220 pF，270 pFです．

270 pFを追加したとき（**図20**）がベストなようです．これでいったんクローズにできました！これをもって，その週末に開催する関係者との打ち合わせに安心して望めることとなり，ほっとしました．

■ ようやく完成！

ということで本プロジェクトの全景が見えてくるような写真を**図21**にご紹介します．

左がDDS IC AD9834を使用した，書籍(3)に同梱された「ディジタル周波数シンセサイザ

図18　C_{add}＝180 pF接続時の周波数特性

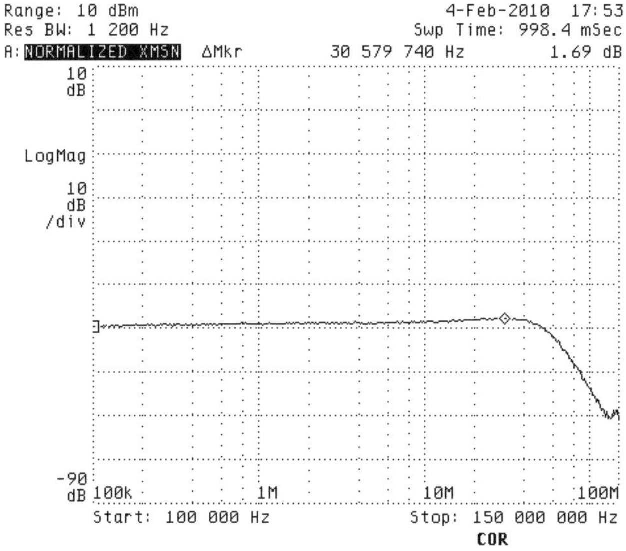

Range: 10 dBm
Res BW: 1 200 Hz
A: NORMALIZED XMSN
ΔMkr
30 579 740 Hz
1.69 dB
4-Feb-2010 17:53
Swp Time: 998.4 mSec
10 dB
LogMag
10 dB /div
-90 dB
100k
1M
10M
100M
Start: 100 000 Hz
Stop: 150 000 000 Hz
COR

図19　C_{add}＝220 pF接続時の周波数特性

Range: 10 dBm
Res BW: 1 200 Hz
A: NORMALIZED XMSN
ΔMkr
30 579 740 Hz
1.14 dB
4-Feb-2010 17:57
Swp Time: 998.4 mSec
10 dB
LogMag
10 dB /div
-90 dB
100k
1M
10M
100M
Start: 100 000 Hz
Stop: 150 000 000 Hz
COR

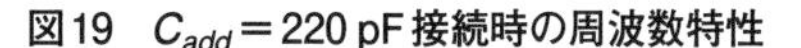

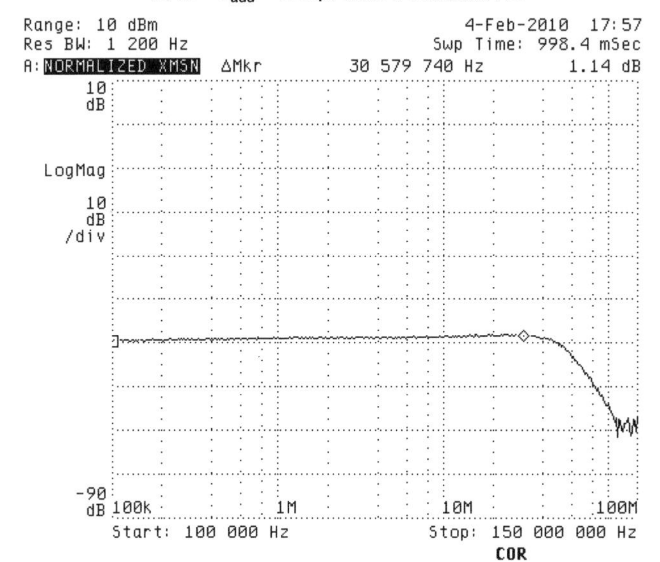

図20　C_{add} = 270 pF接続時の周波数特性

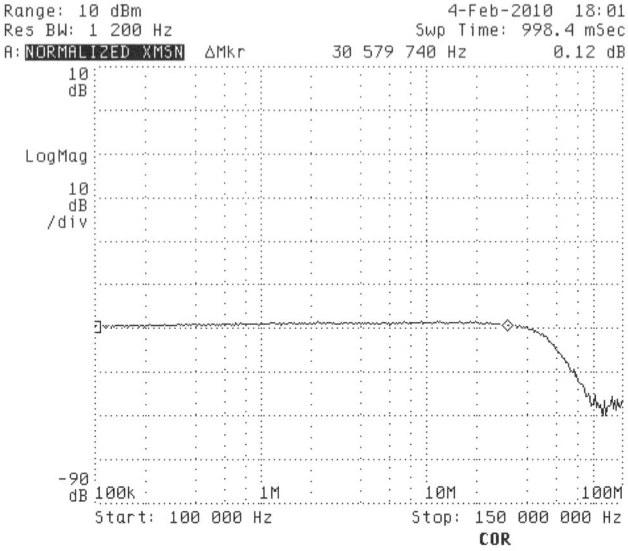
Range: 10 dBm
4-Feb-2010 18:01
Res BW: 1 200 Hz
Swp Time: 998.4 mSec
A: NORMALIZED XMSN
ΔMkr
30 579 740 Hz
0.12 dB
10 dB
LogMag
10 dB /div
-90 dB
100k
1M
10M
100M
Start: 100 000 Hz
Stop: 150 000 000 Hz
COR

図21　本プロジェクトの全景（真ん中の基板になぜかジャンパが見える…）

ログアンプ基板
Rev.0

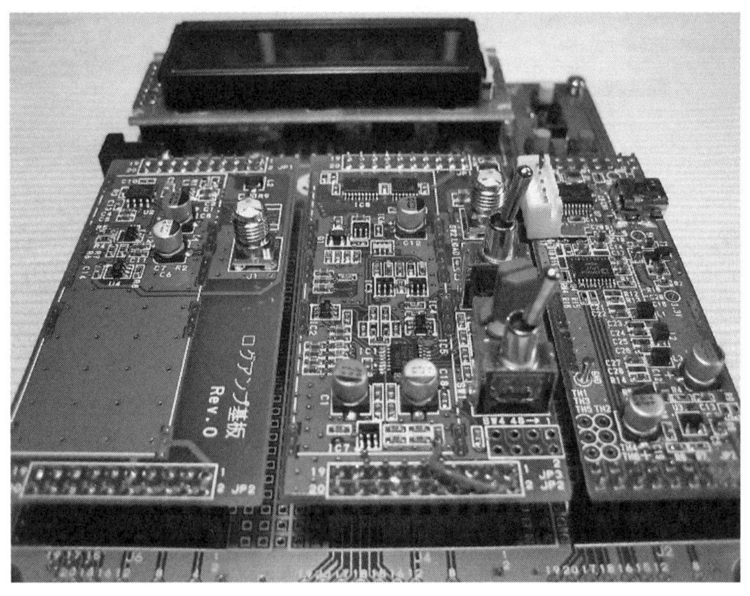

表1　全体を組み合わせて各周波数，各ATTレベルでの信号レベルを測定した

DDS生成周波数	7.1 MHz	14 MHz	21 MHz	28 MHz
ATTなし	0.1	−1.24	−3.82	−24.24
+48ATT ON	−47.7	−49.2	−52	−72.8
+48ATT ＋ 設定F	−25.7	−27.3	−30.1	−50.9
+48ATT ＋ 設定E	−28.65	−30.25	−33.1	−53.9
+48ATT ＋ 設定D	−31.9	−33.4	−36.2	−57
+48ATT ＋ 設定C	−34.8	−36.4	−39.26	−60.2
+48ATT ＋ 設定B	−38.07	−39.6	−42.43	−63.2
+48ATT ＋ 設定A	−40.95	−42.5	−45.42	−66.3
+48ATT ＋ 設定9	−44.24	−45.7	−48.6	−69.5
+48ATT ＋ 設定8	−47.1	−48.7	−51.5	−72.7
+48ATT ＋ 設定7	−50.4	−51.9	−54.6	−76
+48ATT ＋ 設定6	−53.3	−54.9	−57.7	−79.2
+48ATT ＋ 設定5	−56.6	−58	−60.7	−82.68
+48ATT ＋ 設定4	−59.5	−61	−63.7	−85.7
+48ATT ＋ 設定3	−62.6	−64.1	−66.7	−89.5
+48ATT ＋ 設定2	−65.5	−67	−69.5	−93.1
+48ATT ＋ 設定1	−68.5	−70.4	−72.5	−97.5
+48ATT ＋ 設定0	−71	−73	−75.5	−102

ほぼフロア
この辺は計測限界

3589A 入力レンジ設定	+10 dBm
	0 dBm
	−10 dBm
その他	VBW 下げる

基板」です．真ん中が，私が担当したATT基板です．週末に開催した関係者との打ち合わせでも，「こう見ると壮観ですね！」と関係者とも話をしていました．その後の土日もつづいての佳境状態ゆえ，メールの多かったこと….

その真ん中の基板にジャンパが見えますが，お気になさらぬように…(汗)．これが先の「RFINは3ピンではなく，4ピンですよ」とのお言葉どおりのミスでありました(汗)．

● 全体接続でのフィードスルーなどをチェックする

単体の基板でのフィードスルーが無いことはわかりましたが，全体を**図21**のように接続すると思わぬ迷結合ができてしまうことがあります．そのあたりを最終チェックとしてみました．

全体を組み合わせてATTの動作を確認してみました．**表1**をご覧ください．「ディジタル

図22　「ディジタル周波数シンセサイザ基板」のAD9834で7.1 MHzを生成させたようす

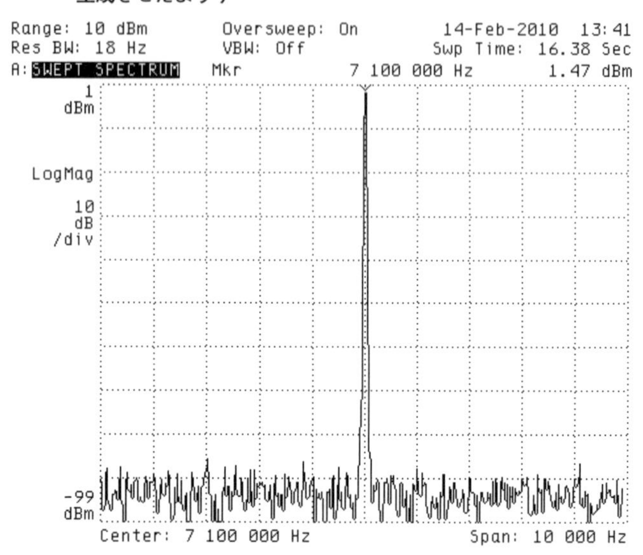

周波数シンセサイザ基板」のAD9834 DDS ICから各周波数の信号を発生させ，ATTレベルごとの信号レベルをスペクトラム・アナライザで測定したものです．AD9834を使った信号生成DACの信号出力のしくみにより，sinc関数となる周波数特性となりますので（f_{DDS} = 75 MHz），周波数を高くしていくとそれに応じて（同じATTレベルであっても）信号レベルが低くなっていることがわかります．

全体としてはノイズやら測定誤差により，きちんと3 dBステップを踏んで減衰していませんが，最大の28 MHzかつATT量がmaxあたりでも3 dBの変化量は維持しています．

これは一番危険ともいえるゾーン（一番高い周波数で一番高い減衰量）でも，フィードスルーの問題が無いことを示しています．やれやれです…．

もう1枚，オマケですが，このプロジェクトの核となる，**図21**右の「ディジタル周波数シンセサイザ基板」のAD9834 DDS ICを7.1 MHzで信号生成させ，スパンを10 kHzで観測したようすを**図22**に示します．これもかなり良好な特性ですね．測定はここまでネットアナとして各図での測定プロットをお見せした，150 MHzまでの測定レンジである3589Aを，スペクトラム・アナライザ・モードにしておこないました．3589Aは，帯域は狭いのですが，優れものの測定器です．

第2章 高速ディジタル信号伝送の最適設計と測定テクニック

2-1 超高速コンパレータと戯れつつレベル変換回路を思いつく

■ はじめに

モノの仕込みと醸成には時間がかかります…. その「とあるプロジェクト」の仕込みをおこなうために, 超高速PECL (Positive Emitter-Coupled Logic) 出力のコンパレータADCMP553の特性を実験してみました. ここでは, 高速な回路で性能を得る方法, 適切に測定する方法, そしてコンパレータの原始回路である差動回路を用いて, レベル変換回路を実現してみた話題を説明していきたいと思います.

■ データシートどおりの波形は得られるのか

ADCMP553は**図1**のような出力特性になっています. データシート・スペックではt_r = 440 ps, t_f = 410 psです. この波形, ちゃんと測定で得られるのでしょうか? まずはADCMP553についてご紹介しておきましょう!

● ADCMP553

http://www.analog.com/jp/adcmp553

【概要】

ADCMP551/ADCMP552/ADCMP553は, アナログ・デバイセズ独自のXFCBプロセスで製造された単電源の高速コンパレータです. 750 psの伝播遅延と150 ps未満のオーバ・ドライブ分散を特長としています. 異なるオーバ・ドライブ条件下で伝播遅延の差を示す伝播遅延分散は, 高速コンパレータの特に重要な特性です. ADCMP552には, プログラマブル・ヒステリシス・ピンが別途用意されています.

差動の入力段により, −0.2 VからV_{CCI}−2.0 Vまでの同相電圧レンジで一定の伝播遅延が得られます. 出力は, PECL 10Kおよび10KHロジック・ファミリと完全に互換のコンプリメンタリ・ディジタル信号です. 出力は, 50 Ωで終端する伝送ラインを

図1　ADCMP553の出力変化特性

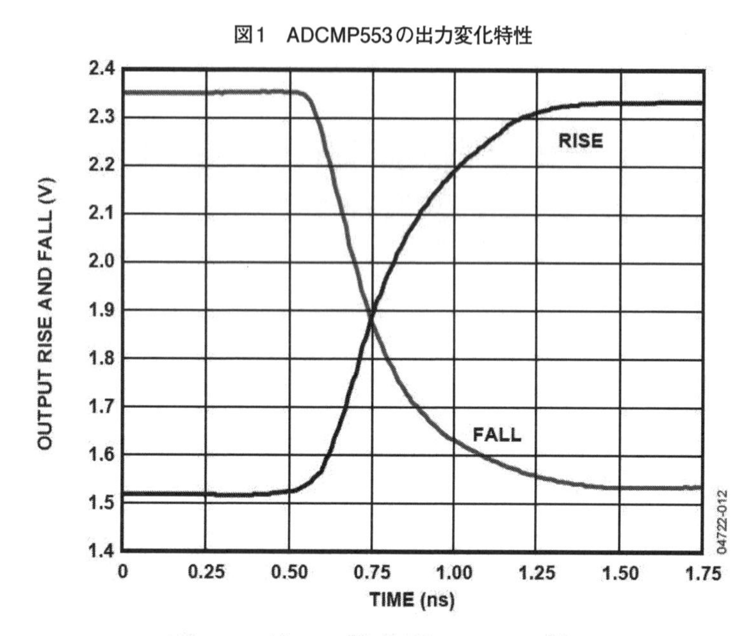

Figure 9. Rise and Fall of Outputs vs. Time

$V_{CCO}-2$ Vまでの電圧レンジで直接駆動するために十分な駆動電流を提供します.

■ 正しい波形を得るための組み立て

その日はとても寒い日でした．会社のある竹芝桟橋付近から浜松町駅までは，「『もつなべ』を食べにいくの」，という一団と一緒でしたが，私は駅で別れて，自宅へのいつもの帰路に向かったのでした．

さて，早速（？）ではありますが，ADCMP553実験回路の組み立てのようすを**図2**に示します．下のボードは何でもよかったのですが，それまで作っていた（関連する）基板を活用しました．この上に変換基板を載せて，ADCMP553を実装しました．

拡大したようすも**図3**に示します．グラウンドは「いまひとつ」な配線ですが….

測定回路はデータシート[9]のFigure 24（**図4**に示す）と等価なものですが，この100 Ω & $V_{CCO}-2$Vの部分は，抵抗2個でV_{CC}とGNDにプルアップR_1/プルダウンR_2し，等価的にFigure 24の抵抗値と電圧をつくりました．式では，

$$R_T = 100 = \frac{R_1 R_2}{R_1 + R_2}$$

図2 ADCMP553実験回路の組み立てのようす

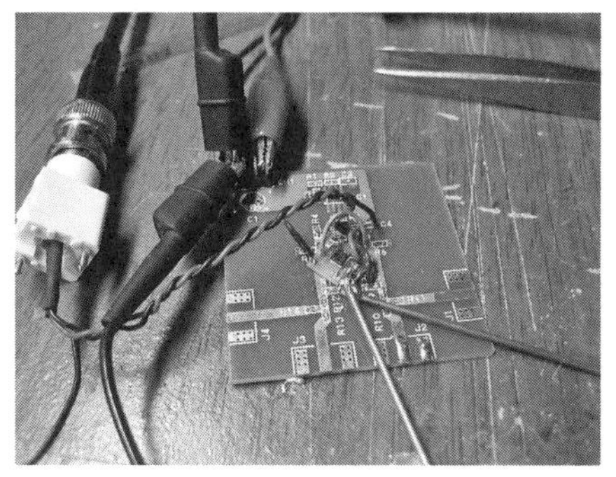

図3 実験回路の組み立てのようすを拡大

$$V_T = V_{CCO} - 2 = \frac{R_2}{R_1 + R_2} V_{CC}$$

となるようにR_1とR_2を設定します．これはテブナンの定理を基本とした考え方です．

図2の左側に見える白いBNCコネクタはパルス・ジェネレータからの経路です．BNCコネクタからADCMP553へはインピーダンスが大きく暴れないように，よく撚(よ)ったツイストペアを経由させています．パルス・ジェネレータ(BNCコネクタの反対側)からは50Ωの同軸ケーブルで，ツイストペア(特性インピーダンスは100Ωより少し大きい程度と推測される)とはインピーダンスの不整合がありますが，ここでは目をつぶっています(汗)．

■ 正しい波形を得るための測定

図4のなかで，出力(ケーブル左側)の50Ωは実装し，ケーブル右側の50Ωはオシロの入力抵抗で対応しました．とはいえオシロはAC入力にして交流結合として受けました．

測定は(上記の「オシロの入力抵抗で対応」という意味も含めて)オシロを50Ω入力にして，セミリジッド・ケーブルでつないでいます．そのセミリジッド・ケーブルの接続のようす(全景)も**図5**にお見せしておきます．

このセミリジッド・ケーブルはSMAコネクタとなっており，SMAコネクタのケーブル，さらにSMA-BNC変換コネクタでオシロと接続します．**図5**の写真を見た知人の方から「セミリジットが出てくるとは本格的ですね」というコメントをいただきました．本書をご覧の皆さまからも「絶景だね！」と言っていただけるとうれしいです(冗談だが…笑)．

セミリジッド・ケーブルは，同軸ケーブル接続などで動いてはんだ接続が外れないように，セロハン・テープで止めています(単純だがとても大事!!)．

信号源は，繰り返しはそれほど速くなくてもよいので，max 250 MHzのパルス・ジェネレータを用いています．これまで使っていた低速なパルス・ジェネレータから，この高速な

図4　ADCMP553のデータシートのFigure 24が測定回路の基本

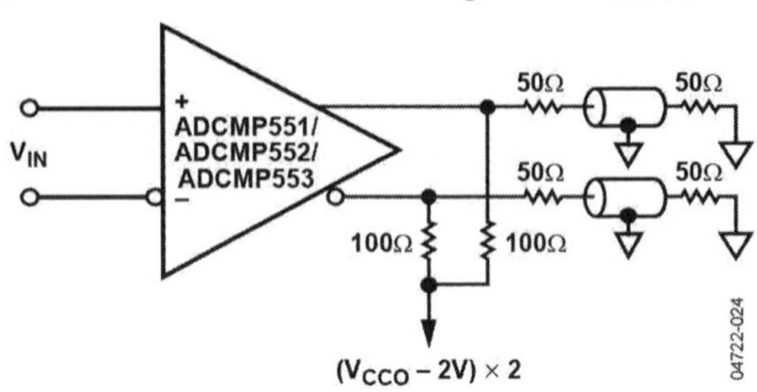

Figure 24. How to Interface a PECL Output to an Instrument with a 50 Ω to Ground Input

図5　セミリジッド・ケーブルの接続のようすは「絶景かな，絶景かな！(笑)」

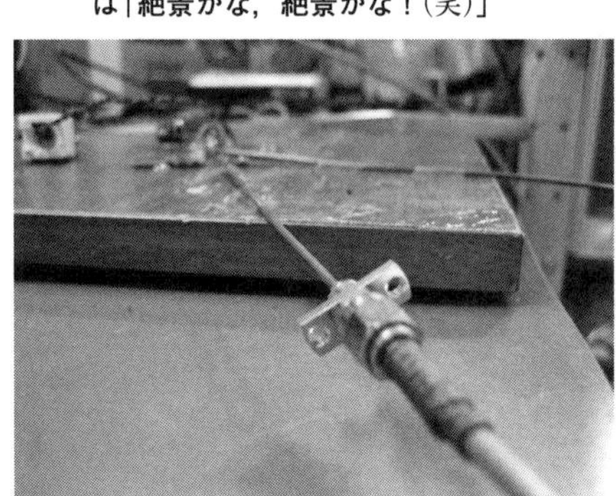

ものにグレードアップしました！といっても250 MHzくらいになると(古いので)整形した矩形波形がちゃんと出ないのでありました…(汗)．まあそれでも，波形観測自体はADCMP553の出力側を見るわけですし，「コンパレータ」ですから，入力が少し鈍っていても，正しく出力が得られることになるわけでした．

■ 得られた波形のようす

さて，実際の測定波形を**図6**にお見せしましょう．オシロは帯域幅1 GHzのもので，これまで説明したように50 Ω　AC入力で観測しています．

デルタマーカは700 psを示しており，ほぼデータシートどおりの波形が観測されていることがわかります．オシロの立ち上がりは350 ps程度と思われますので，実際はもうちょっと

図6　これまでの組み立て・測定方法を用いて得られた波形（500 ps/Div）

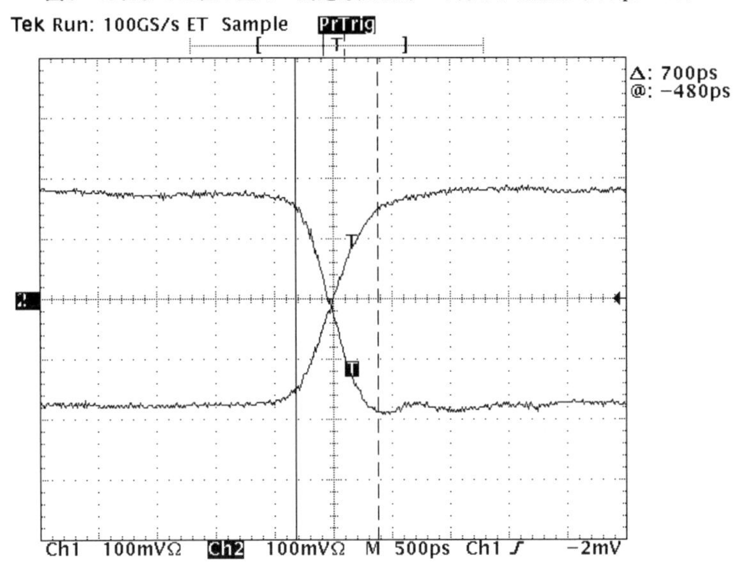

高速に立ち上がっていると思われます．

● パッシブ・プローブではどんなふうに見える？

図7と**図8**は，片一方（CH 2）を普通のパッシブ・プローブP6139Aに変更して，何も考えずにテキトーに接続して観測したものですが，まったく波形の原型をとどめていないことがわかります（**図7** = 500 ps/div　**図8** = 2 ns/div）．

このように適切なツール（プローブ）を適切に接続して観測することが，高速な信号を測定する場合にはとても重要であることがわかります．

■ 高速コンパレータから気がついた「そうだ，これを使えばレベル変換回路ができる！」

その日はほのかに暖かい日でした．会社のある竹芝桟橋付近から浜松町駅までは，「『イタリアン』を食べにいくの」，という一団と一緒でしたが，私は駅で別れて，自宅へのいつもの帰路に向かったのでした（笑）．

以降が何の話題かは前半のようにはわからないので，「早速」というわけにいきません．そこで，まずはその背景からお話ししていきます．

図7 CH 2をパッシブ・プローブに変えて観測してみた (500 psec/Div)

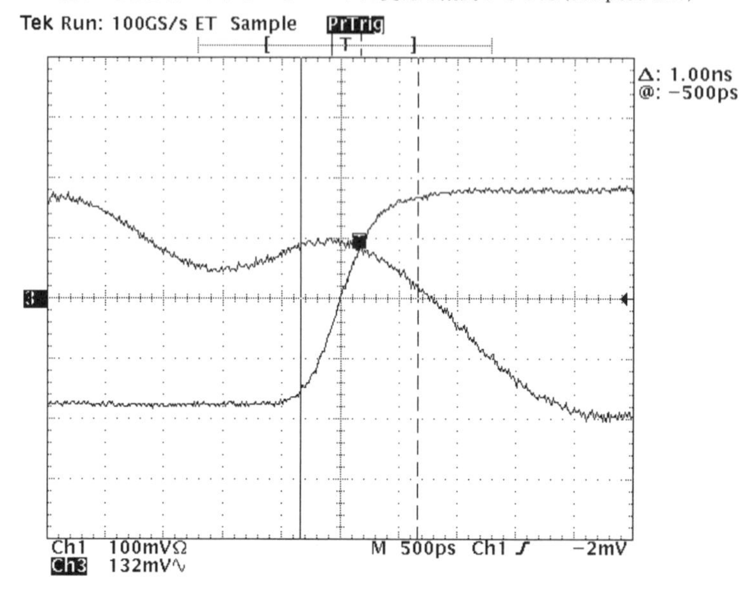

図8 CH 2をパッシブ・プローブに変えて観測してみた (2 nsec/Div)

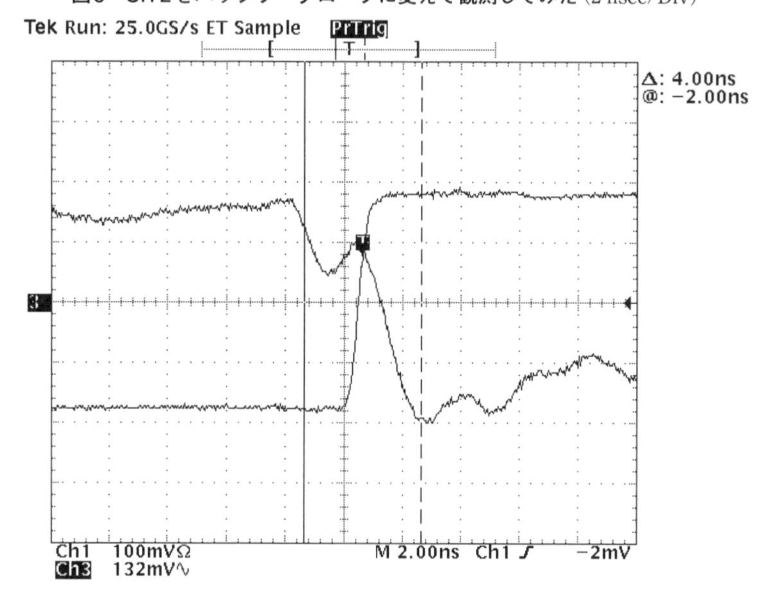

● 最近あった異電源電圧混在時のディジタル信号のスレッショルド課題

とある日，代理店の方から「1.8 V系と5 V系の(昇圧)インターフェースを取りたいのだが，10円前後のローコストでできる方法は無いのか」という質問をいただきました．最近は異電源電圧が混在するシステムが多くなってきています．

TTL互換CMOSを5 Vで動作させたときのHレベル・スレッショルド電圧V_{IH}は，東芝TC74VHCT00AFTを例にすると，最小でV_{IH} = 2.0 Vです．3.3 V電源系のロジックICとはインターフェースは可能ですが，さすがに1.8 V系では不可能なことがわかります．

この問題に対応するには，アナログ・デバイセズの製品としてもレベル変換器(Level Translators)というカテゴリがあり，これを活用することもできます．非常に高性能なレベル変換IC，それも双方向で変換できるものが用意されていますので，便利にご活用いただけるものと思います．

● しかしコストが厳しいのだった…

しかし質問である「10円前後のローコスト」となるとだいぶ厳しく，他のソリューションを考える必要も出てきます．幸い，速度もそれほど高速でもないことから，これまで検討してきた高速コンパレータの回路実験から「そうだ，これを使えばレベル変換回路ができるぞ」と気がつきました．というところから，トランジスタを用いたディスクリート・ソリューションを考えてみました．

このトランジスタ回路を，コンパレータのオリジナル回路である「差動回路」を用いて設計してみました．それをADIsimPE(注1)で回路図にしてみたものが**図9**になります．

使用したトランジスタはいくら低速でも良いとはいえ，ある程度高速なものが必要になりますので，ここではADIsimPE内でモデルが登録されていたBF199(中速度のトランジスタf_t = 550 MHz)というものでシミュレーションしてみました．

10 MHzのクロック信号(UARTやSPIなどシリアル通信では20 Mbps相当になる)でシミュレーションしてみた結果を**図10**に示します．立ち上がりは10 ns程度で，十分に10 MHz，つまり20 Mbps程度が通りそうなことがわかりました．

● 電圧や抵抗値の設定について

ここで回路の各部分の電圧や抵抗値をどのように設定したかご説明しておきます．

まず，スレッショルド電圧の設定ですが，1.8 Vロジックを動作させるということで，**図**

注1：第1章の脚注で示したように，アナログ・デバイセズのSPICEシミュレータはNI Multisim，つづいてSIMetrixをベースにしたADIsimPE，そしてLTspiceと変遷してきている．ADIsimPEは本書執筆時点でも依然としてアナログ・デバイセズの公式SPICEシミュレータである．

図9　1.8Vから5Vにレベル変換する回路をコンパレータのオリジナル回路である「差動回路」で設計してみた

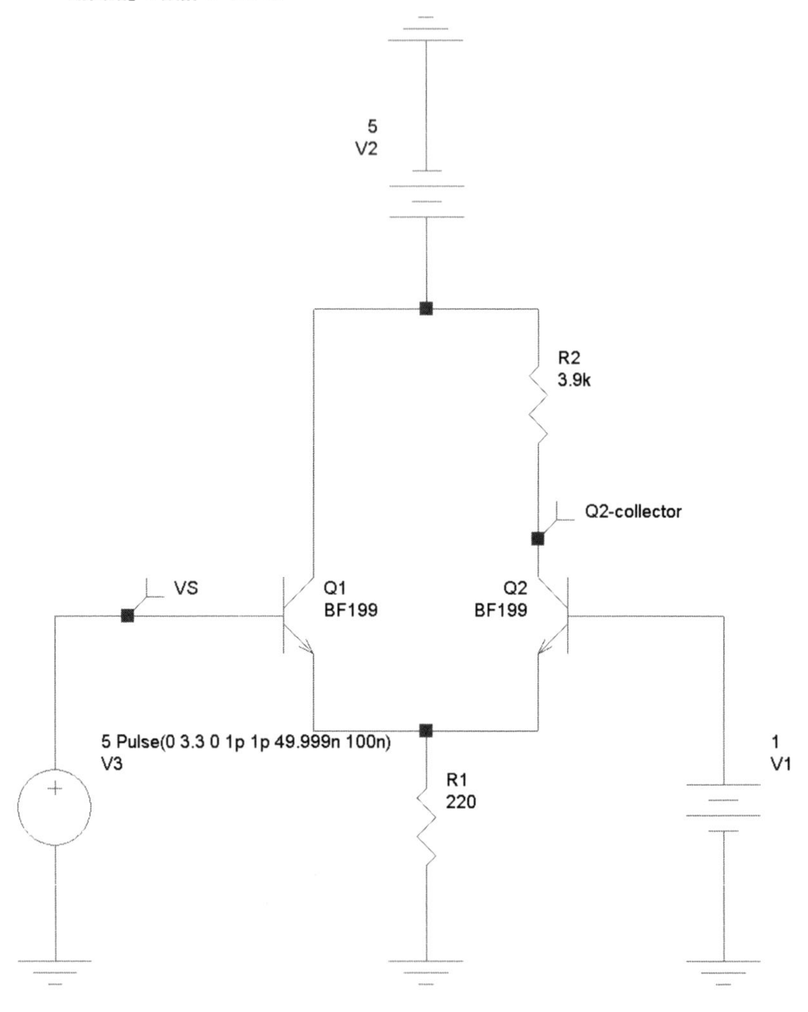

9のQ2のベースは1Vに設定しています．このようにするとQ1のベースは1Vを基準として動作し，1VをスレッショルドとしてQ1のトランジスタがオン・オフすることになります．

つづいてエミッタ電圧レベルですが，Q1/Q2のエミッタが共通に220ΩのR_1に接続されています．Q1/Q2のベース電圧が1Vであれば，ここの電圧は0.3V程度になります．このときR_1に流れる電流は1.36mA程度になります．

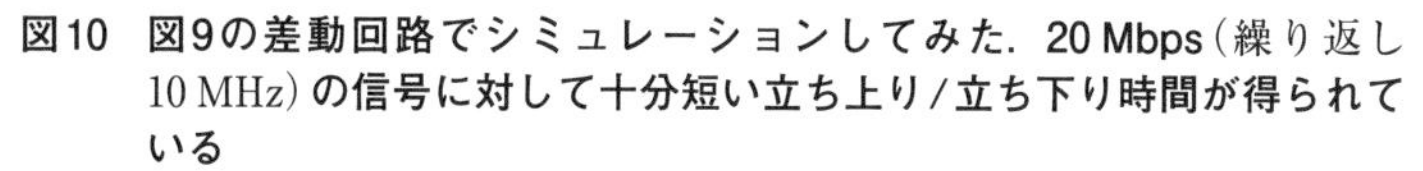

図10　図9の差動回路でシミュレーションしてみた．20 Mbps（繰り返し10 MHz）**の信号に対して十分短い立ち上り／立ち下り時間が得られている**

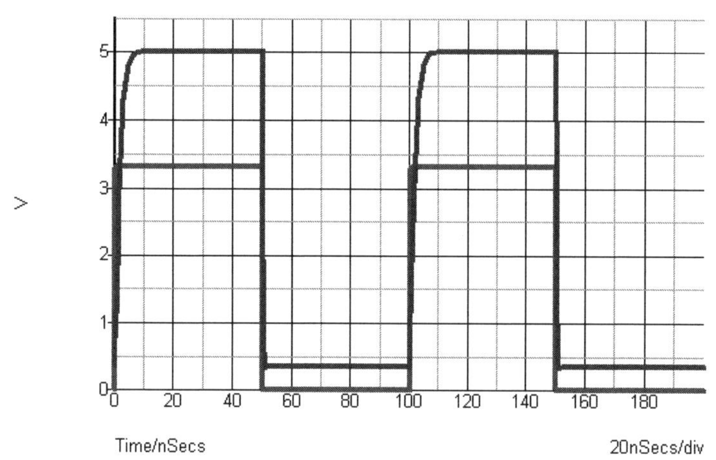

Q1のベースに1 Vよりも高い電圧が加わった場合には，R_1（Q1/Q2のエミッタ）には，「その高い電圧マイナス0.7 V」程度の電圧が加わることになります．とはいえ，ベース電圧は1.8 Vが最大ですから，エミッタ電圧は1.1 V maxとなり，R_1には5 mA程度が流れることになります．一方でQ2は逆バイアスとなり「オフ」になります．こうすることでQ2のコレクタに接続されているR_2で電圧降下が生じないことになり，「Hレベル」= 5 Vを出力できることになります．

Q1のベースに1 Vよりも低い電圧が加わった場合には，Q1/Q2のエミッタ電圧はQ2のベースに加わる電圧で決まり，0.3 V程度になります．これによりQ1は逆バイアスとなり「オフ」になります．

R_1には1.36 mA程度が流れることになります．この1.36 mAはすべてQ2から流れることになり，Q2のコレクタ電流もほぼ同じになります．ここでコレクタに接続されている抵抗R_2が3.9 kΩであることから，R_2の電圧降下は$3.9 \cdot 10^3 \times 1.36 \cdot 10^{-3} = 5.3$ Vとなり（実際は電圧の相互関係で若干電流制限されるが），Q2のコレクタは「Lレベル」≒ 0 Vを得ることができます．これで1.8 Vロジックから5 Vロジックに対してインターフェースを取ることができるわけです．

なお本来の高性能な差動回路を構成する場合には，このR_1の部分は電流源で構成されるものですが，ここではディジタル信号のオン・オフをさせるだけですので，このように抵抗を用いて簡略化しています．

ところでトランジスタのベースに十分に電流を流し，トランジスタを十分飽和させた(「オン」させた)場合，ベースに過剰な少数キャリアが存在することになります．このときトランジスタをオフしようとすれば，この過剰な少数キャリアが残留していることで，トランジスタがオフしようとしてもオフしない「蓄積時間」というものが生じます．少数キャリアが消失する時間が「蓄積時間」です．蓄積時間によりレベルの変化が緩慢になり，高速なスイッチングができない問題が生じます．

これはμsecオーダで生じますが，**図9**の回路の場合は，過剰な少数キャリアが多数生じる「完全にオンした」状態にはなっていないので，この**図10**で示されるように，オンからオフへの遷移時間を高速にすることができるわけです．

■ 後日談(少しは浅知恵もついてくる)

それこそこの原稿を書く数日前も，別の代理店のFAEの方がいらっしゃって，「お客さまで超高速ディジタル差動信号伝送系でのV_{COM}(コモンモード電圧)のレベルを変換したい要望がある」という質問を受けました．早速，ここまでご説明した，高速コンパレータを使ったワザを提案したものでした．

高速コンパレータは差動で受けて差動で出す，ということができますので，高速なディジタル差動信号伝送にも活用できるということなのでした．

2-2　高速ディジタル・アイソレータを動かして性能を観測してみた&とても大きいトランスの話題

■ はじめに

それは新卒で入社して3年くらいのときだったかもしれません．「いしい君，今つかっているフォト・カプラだとスピードが出なくてね．なんかいいの知らない？」と他の部署の先輩が聞いてきました．

「ああ，◎◎社のやつなんか結構高速は高速ですよね」「うん，ありがとう」

その後の経緯はよく記憶にありませんが，私の直属の上長だったひとにも相談に行ったようで，その人は今使っていたフォト・カプラで，コレクタについていた抵抗を少し大きくして特性を改善し，「ほれ」とその他部署の人に見せていました．蓄積時間を少なくして高速化するという技でした．「うーむ．なるほどねえ」と駆け出しの頃に思ったものでした(とはいえこの手法は，フォト・カプラの電流伝達率の経時変化という観点では本当は良くない)．

といっても，現在のディジタル信号伝送はより高速になってきています．フォト・カプラで信号伝送させるにも「スピードが出なくてね．なんかいいの知らない？」となりがちでしょう．

図1 ミックスド・シグナル・プリント基板上でアナログGNDとディジタルGNDをどうつなぐ？

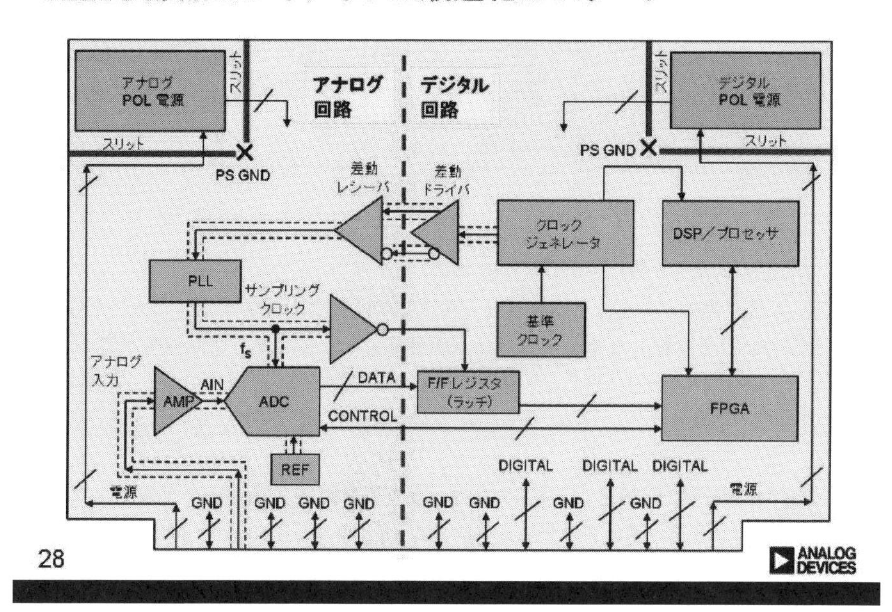

現在では，フォト・カプラと同じ機能を実現し，高速通信が可能な高速デバイス，「ディジタル・アイソレータ」と呼ばれる各種の製品が販売されています．

■ ディジタル・アイソレータの使いみち

ディジタル・アイソレータは，回路の1次側と2次側を直流的に絶縁するものです．フォト・カプラと同じ機能なわけなので，使い道は（フォト・カプラを考えれば）イメージしやすいものではないでしょうか．

ところで**図1**のようなシステムで，「ミックスド・シグナル・プリント基板上でアナログGNDとディジタルGNDをどうつなぐ？」というのはよくある話です．この2つのグラウンド間を不適切に接続すると，グラウンド・ノイズによりアナログ的な性能が低下してしまいます．

プリント基板上でのパターン・レイアウトにより解決する方法もありますが，複雑なシス

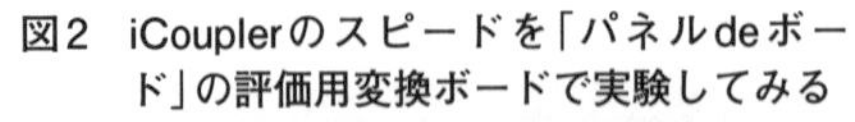

図2 iCouplerのスピードを「パネルdeボード」の評価用変換ボードで実験してみる

図3 ADuM4402の基本構造

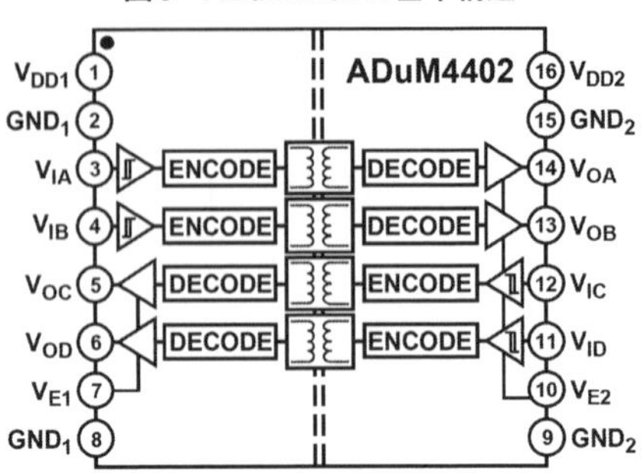

テムでは理想形はかなり難しいかもしれません.

ここに高速のディジタル・アイソレータを活用することができます. アナログGNDとディジタルGNDを分離したままで信号伝送が可能になります. 直流レベルがアイソレーションされ, グラウンド間に生じるグラウンド・ノイズの影響をゼロにできます. 無線通信みたいなものですね.

● iCouplerのスピードを「パネルdeボード」の評価用変換ボードで実験してみる

そこでアナログ・デバイセズのディジタル・アイソレータ「iCoupler®」のスピードがどんなモノか実験してみようと思います. P版.comの「パネルdeボード」(5)のサービスで, このiCoupler専用のアイソレーションされた評価用変換ボードを用意しており, これを活用して実験してみたいと思います(**図2**).

■ 使うiCouplerはADuM4402という高速品

使うiCouplerはADuM4402というもので, 左行き2チャンネル, 右行き2チャンネルの構造になっているものです(**図3**). 電源電流を20 mA (@ 3 V) まで流すのを許容すれば90 Mbpsまでいきます. 2 Mbpsであれば, 電源電流は0.9 mA (@ 3 V) です.

● ADuM4402

http://www.analog.com/jp/adum4402

【概要】

ADUM440xは, アナログ・デバイセズのiCoupler技術を採用した, 4チャンネルのデジタル・アイソレータです. これらのアイソレーション・デバイスは, 高速CMOS技術と空心コアを使ったモノリシック・トランス技術の組み合わせにより, フォト・

カプラ・デバイスや他の集積化されたカプラのような置換品より優れており，並外れた性能特性を提供します．

ADUM440x アイソレータは，4チャンネルの独立したアイソレーション・チャンネルを，さまざまなチャンネル構成とデータレートで提供します．すべてのモデルは，両側とも3.0～5.5 Vの範囲の電源電圧で動作するため，低い電圧のシステムと互換性を持ち，さらに絶縁障壁に跨(また)がる電圧変換機能（レベル・ダウン/レベル・アップ）も可能にします．ADUM440x アイソレータは，入力ロジックに変化がない場合，およびパワーアップ/パワーダウン時に，DC レベルを正確に維持する特許取得済みのリフレッシュ機能を備えています．

私も昔はフォト・カプラを使っていましたが，一般的に使われているフォト・カプラですと，大体1～数Mbpsが良いところではないでしょうか．回路がオープン・コレクタ構造であることから，前節の説明のとおりフォト・トランジスタの蓄積時間によりキャリアが消滅するまで時間がかかるため，高速フォト・カプラを使っても立ち上がりが1 μs程度の波形になることが多いのではないでしょうか．

● 古いフォト・カプラで予備実験してみる

その私が駆け出しの頃，今では「いにしえ」ともいえる頃に販売されていたフォト・カプラを秋月電子で入手したので，まずは予備実験としてどんな特性が得られるかを見てみましょう．フォト・カプラということで，アナログ・デバイセズの製品ではありません….

図4に測定結果を示します．LED電流は12 mA流します．コレクタに接続した出力抵抗は470 Ω，電源は5 Vです．入力のディジタル・データは4 kbpsととても低速ですが，それでも出力波形が鈍って観測されます．オープン・コレクタの回路構成なので，入出力の波形の極性が反転しています．

出力波形の立ち上がりは100 μsほどになっています．かなり古い製品なので，信号の応答はとても低速です….最新の高速フォト・カプラであれば，より高速な伝送は可能です．

「それでは蓄積時間が影響しないはずのエミッタ・フォロワ型はどうか」というわけで，エミッタ・フォロワ型にフォト・カプラ回路を構成しなおして，波形を観測してみましょう．フォト・カプラのエミッタ出力に抵抗を接続し，コレクタ側は5 V電源に直接接続します．測定してみた波形が**図5**ですが，あまり変化がありません….

● iCouplerはトランスによる磁気結合方式

iCouplerはディジタル入力の論理変化・論理状態をパルス信号に変換してIC内のコイル間（トランス）で1次側と2次側とで通信するような構造になっています．トランス構造ということで電磁誘導現象を用いた磁気結合方式になっています．

図4　古いフォト・カプラで実験してみる ①(コレクタ出力，LED電流12 mA，コレクタ抵抗470 Ω，電源5 V)

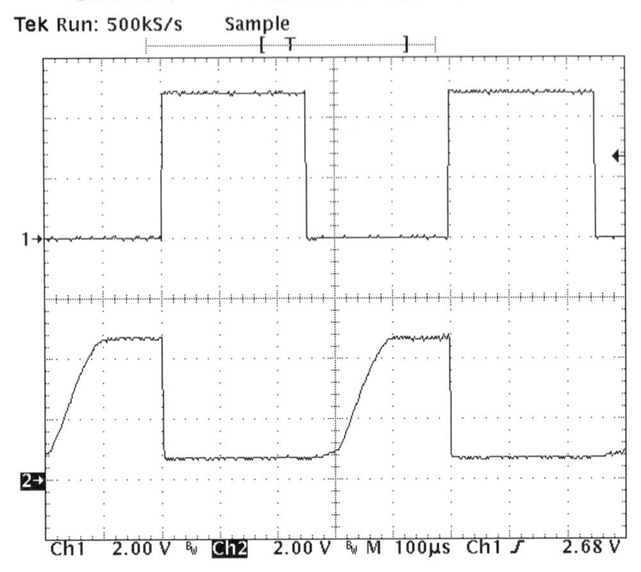

図5　古いフォト・カプラで実験してみる ②(エミッタ出力，LED電流12 mA，エミッタ抵抗470 Ω，電源5 V)

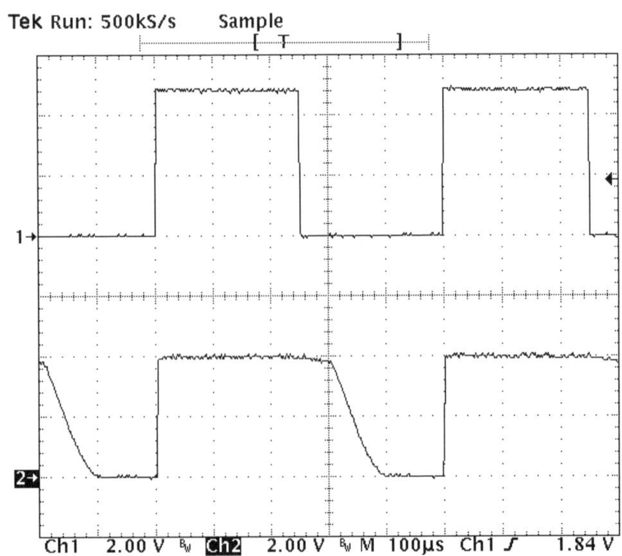

内部通信速度を高速にすれば，それに応じて高速にできるわけで，さきのADuM4402で90 Mbpsという伝達速度も実現できるわけです．ADuM344xなんかですと150 Mbpsまでいきます．

英文ですがよい資料(10)がありましたので，参考文献としてご紹介します．この資料にも内部構造が掲載されていますが，事業部からもいくつかIC内のトランス画像を入手したのでご紹介します．

図6は一番基本的な「絵」でありまして，このように20 μmのポリイミドによりトランスの1次側と2次側が絶縁されています．同図の右側をみると，1次側はCMOSのダイ，2次側にもCMOSのダイがあり，その2次側のダイのうえにこのポリイミドをサンドしたトランスが形成されていることがわかります．

また**図7**はCMOSのダイ間にトランスが配置された構造のもの，**図8**はこのトランス部を拡大したものです．**図9**もトランスです（笑）．

図6　iCouplerのトランスの基本的構造

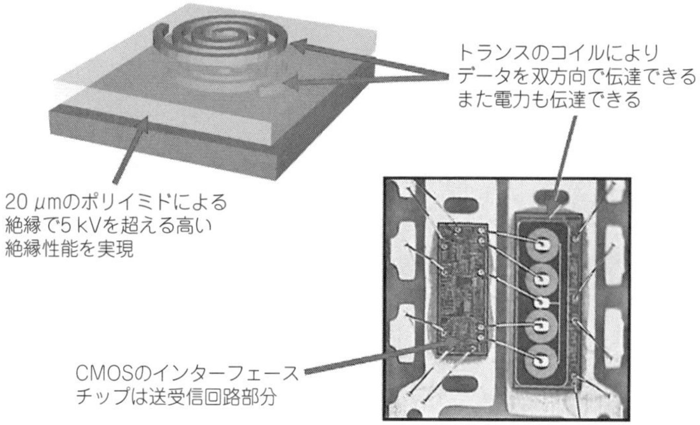

トランスのコイルにより
データを双方向で伝達できる
また電力も伝達できる

20 μmのポリイミドによる
絶縁で5 kVを超える高い
絶縁性能を実現

CMOSのインターフェース
チップは送受信回路部分

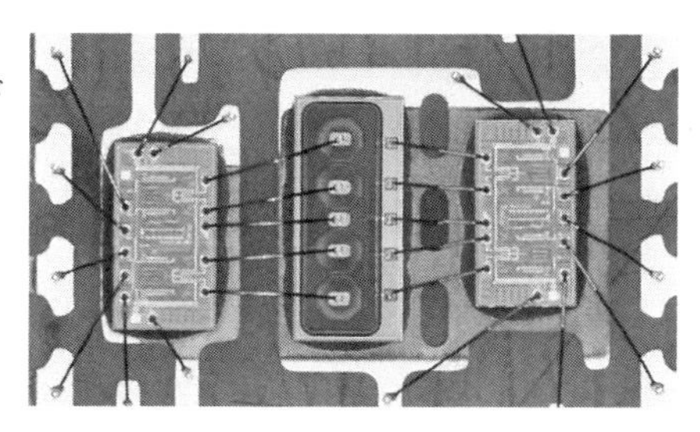

図7
CMOSのダイ間にトランスが配置されたもの

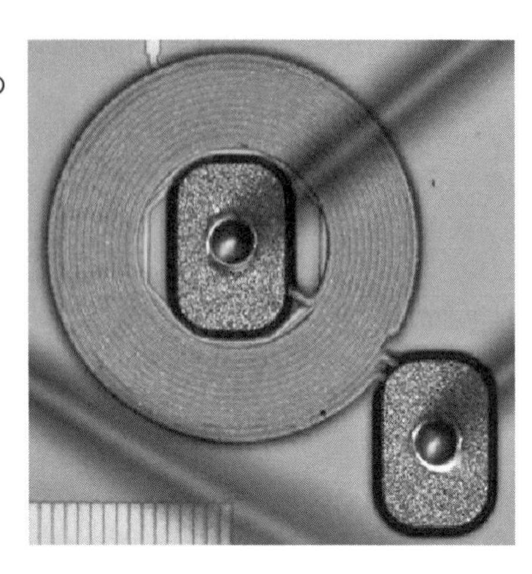

図8
トランス部を拡大したもの

図9　これもトランス(笑)．右下は人が出入りできるドア

● 100万V実証試験設備のトランス

図9のトランスは**図10**のような施設に設置されているものです．**図9**のトランスはこの中央のものになります．この写真を出すと，知っている人は「ああ…」と思うかもしれませんが，UVW(RST)が3相並んでいるようすです．実はこの設備は，東京電力新榛名変電所にある

図10 図9のトランスはこんなところ(中央)に配置されている

「100万V実証試験設備」なのでありました！たしか左から東芝，三菱，日立で1相ずつを担当しています．iCouplerなら3チャンネルで120°位相をずらした通信って感じですかね(笑)．トランス容量を調べてみたら，どうやら1000 MVAみたいですね．

ところでこのトランス．最初は「トランス容量3 MVA」と思っていましたが，「？」と思って再確認すると1000 MVA = 1 GVAで(汗)，スケール・レンジを理解していないことを露呈してしまった形になってしまいました！これで強電はペーパ・ドライバということがバレバレです(汗)．電子回路からすれば「PN接合での電圧降下は3 mVです」と言ってしまうようなモノです….

「考慮する対象のスケール・レンジをイメージしていることが，いかに重要なのかがここでもわかる」という副産物をご提供したことにして，少し言い訳させていただきました(汗)．

■ 使う評価用変換ボードは「パネルdeボード」

P版.comのパネルdeボードのサービスで，このiCoupler専用のアイソレーションされた評価用変換ボードを用意しています．

これを使ってADuM4402をテストしてみました．**図11**は部品面のようすです．ところで「話の途中で雑談をはさむと集中力が途切れる」といわれたことがありますが，それに反して雑談を(笑)．

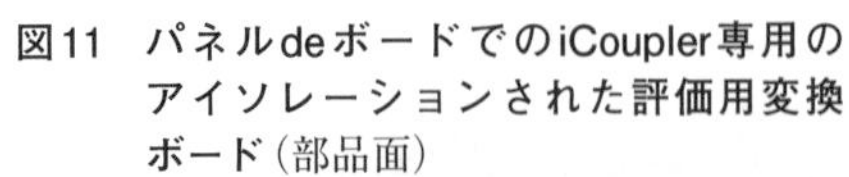
図11　パネルdeボードでのiCoupler専用のアイソレーションされた評価用変換ボード（部品面）

図12　iCoupler専用の評価用変換ボードのはんだ面．いい感じでグラウンドとのデカップリングが取れている

図11の左上に10 μF 50 Vのコンデンサが見えますが，これは千石電商で30個注文したはずが130個到着したものです．「おっ！」と驚き，発送ミスだろうと思いつつも，その一方で私自身のオーダ・ミスが頭をよぎりました．注文書を見てみると，「130個」と，間違いなく，確かに，よぎったとおりでした（汗）….

さて，iCouplerは電磁励振方式であるため，高周波ノイズのデカップリングが重要です．**図12**のはんだ面の写真をみてわかるように，ICはV_{CC}とGNDが隣同士に並んでおり，またこのパネルdeボードでの変換ボードは1608チップが乗るレイアウトになっているため，非常にいい感じでグラウンドとのデカップリングが取れます．

■ 実際に特性を確認してみよう

● ADuM4402CRIZを使ってまずは小手調べ

実験で使用したADuM4402CRIZというiCouplerは，Cが90 Mbps品を示しており，RIは距離8 mmの沿面距離の長いパッケージを示しています．RIは従来のRWパッケージの横幅が広がっているだけで，フットプリント（基板側のパッド．ピン先端から先端まで）は同じです．

はるか昔の「今つかってるフォト・カプラだとスピードでなくてね」という話の時代での「高速通信（1 Mbps程度）」を，小手調べとしてやってみたのが，**図13**のオシロスコープの波形です．カーソルからカーソルが1 μs（1 Mbps）です．入出力で若干の遅延は見えますが，「だいぶ余裕」という感じですね．

なお，以降でも説明していきますが，この**図13**の波形観測はパッシブ・プローブを使用しています．信号が高速になると適切に測定できなくなりますので，注意が必要です．

図13 ADuM4402CRIZを1 Mbpsで動かしてみた

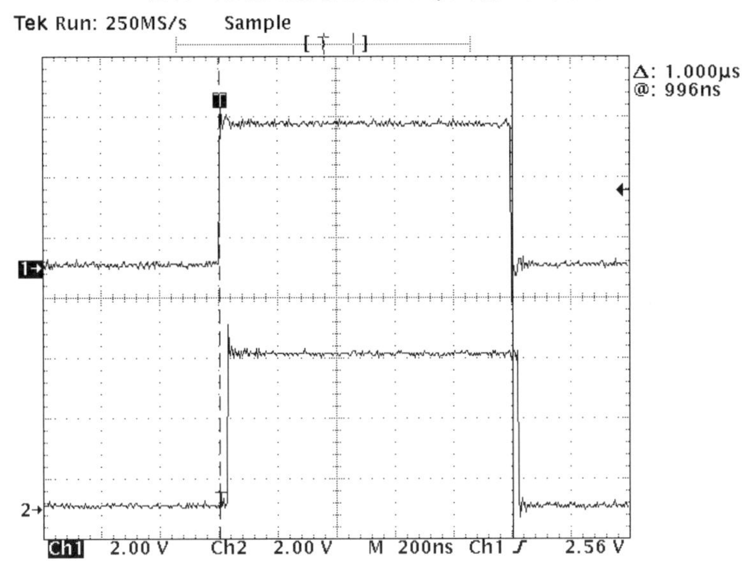

図14 ADuM4402のデータシートから各グレードにおける遅延時間の規格を抜粋してみた

Table 4.

Parameter	Symbol	A Grade Min	A Grade Typ	A Grade Max	B Grade Min	B Grade Typ	B Grade Max	C Grade Min	C Grade Typ	C Grade Max	Unit
SWITCHING SPECIFICATIONS											
Data Rate				1			10			90	Mbps
Propagation Delay	t_{PHL}, t_{PLH}	50	75	100	20	38	50	20	34	45	ns
Pulse Width Distortion	PWD			40			3		0.5	2	ns
Change vs. Temperature			11			5			3		ps/°C
Pulse Width	PW	1000			100			11.1			ns
Propagation Delay Skew	t_{PSK}			50			22			16	ns
Channel Matching											
Codirectional	t_{PSKCD}			50			3			2	ns
Opposing-Direction	t_{PSKOD}			50			6			5	ns

ところでADuM4402はA，B，Cの3グレードあって，使ったCグレードはmax 90 Mbpsまで動作するものですが，**図14**にデータシートを抜粋したように，min 20 ～ typ 34～max 45 ns程度の伝搬遅延があります．これはエンコーディング・デコーディングしているために生じているものです．先ほどの1 Mbpsの波形でも見えていたものです．

つづいてこれまたまだ小手調べという感じですが，**図15**に20 Mbpsで動かしてみたよう

図15　ADuM4402CRIZを20 Mbpsで動かしてみた

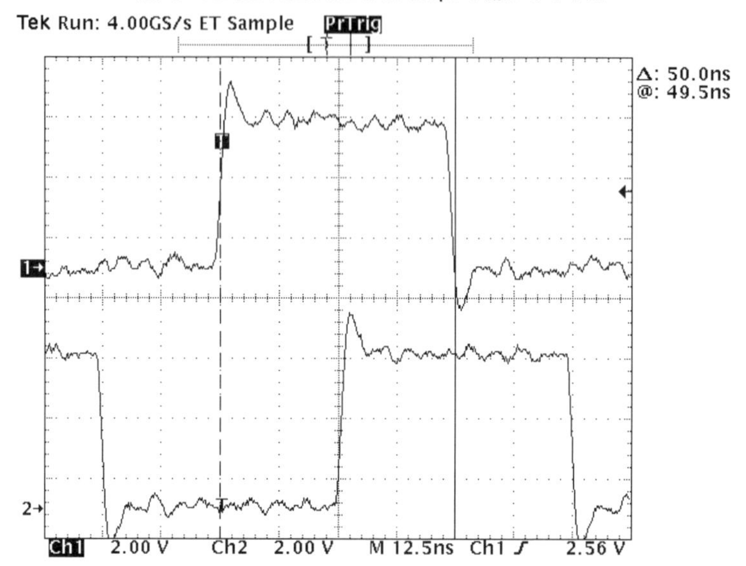

すを示します．ここでも観測はパッシブ・プローブです．

この場合は遅延が約25 nsになっていることがわかります．

● ディジタル・アイソレータのちょっと便利な使い方

アイソレータの便利な使い方のひとつとして，レベル変換の例をお見せします．**図16**をご覧ください．1次側を5 V電源にして，2次側をスペック最小の2.7 V電源にしてみました．ちゃんと2次側では2.7 Vの出力レベルになっています(あたりまえ…)．

アイソレーションされていることで，このように簡単にロジック・レベルの変換が可能です．なおこの際は，単なるレベル・シフトということで，1次側と2次側のグラウンドをつないでご使用ください．

● ADuM4402CRIZを最高速90 Mbpsで使ってみる

いよいよ90 Mbps．ということでとても高速なビットレートなわけですが，まずはこれまでのように，テキトーにオシロスコープのパッシブ・プローブを接続して，この高速伝送の波形を観測したようすを**図17**にお見せします．一応ちゃんと動いていそうだということがわかりますが，この波形は「測定という観点において，インテグリティが十分なのか？」という疑問が出てきてしまいますね．後で50 Ω系の設定で測定してみたものもお見せします．

図16　ADuM4402CRIZをレベル変換として5 Vから2.7 Vに変換してみた（1次側と2次側のグラウンドは接続する）

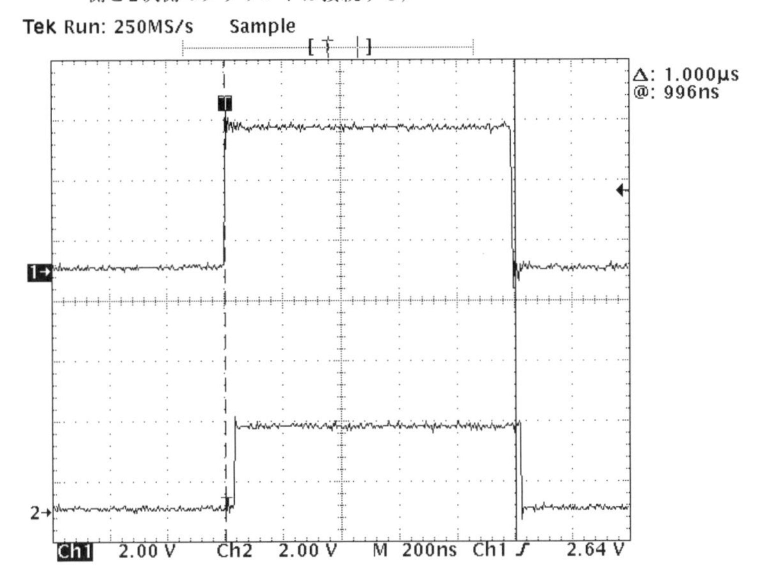

図17　ADuM4402CRIZを90 Mbpsで動かして（これまでのように）パッシブ・プローブを接続して観測してみた

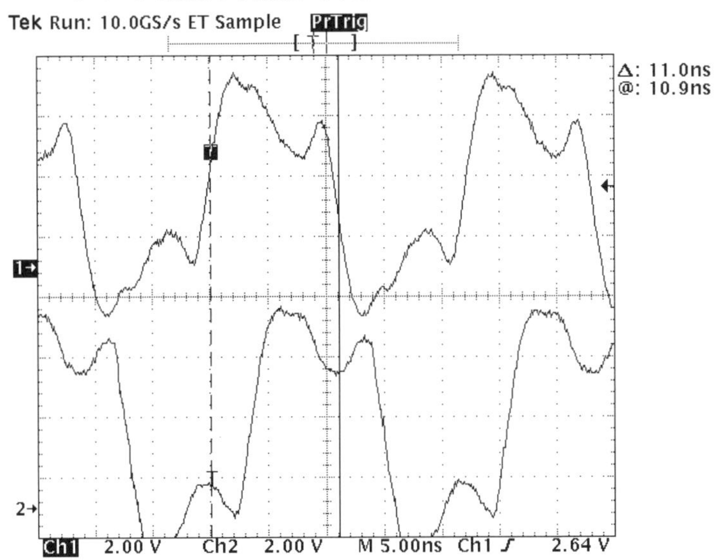

なお遅延が実測で25 nsありますので，2ビットうしろ（波形は見えない）あたりが受信側で（遅延したかたちで）得られるビット情報になっています．ここではパルス・ジェネレータのクロックをビット情報として入れていましたので，伝送の遅延時間がわからないという状態でした．そこで遅延時間もデータ・パターンから確認できるように，PRBS（Pseudo Random Binary Sequence; ランダム・データ）で入れてみましょう．

いずれにしてもADuM4402CRIZは，きちんと信号伝送していることはだけわかります．

● ADuM4402CRIZに75 MbpsのPRBSをいれてみる

図18のようなCPLDボード（XCR3064XL．ヒューマンデータ社の製品．もう15年以上前に買ったものかもしれない）を用いて，75 MbpsのPRBS信号を作ってiCoupler ADuM4402CRIZに入れてみました．XCR3064XLの論理合成結果では，**図19**のように95 MHz程度まで動作できることになっています．

ADuM4402CRIZの仕様自体は90 Mbpsまで動くものですが，またXCR3064XLも90 Mbpsで動作できるはずですが，ちょうどUSBに挿すと75 MHzクロックが得られる基板があったので，これをクロック源としてXCR3064XLにぶち込み（不適切な表現だが，回路屋はこういう用語を使うことも多い），75 MbpsのPRBSデータを作ってみました．

これをADuM4402CRIZに加えたときの波形を**図20**に示します．XCR3064XLの電源電圧制限から，ADuM4402CRIZの電源は3.3 Vにしてあります．**図20**のCH 1（上）がADuM4402CRIZの入力側です．パッシブ・プローブでの観測，またこの入力をドライブするXCR3064XLの出力とは同軸ケーブルでつないであり，終端もしていないので，かなり暴

図18　PRBSを発生させるためのCPLDボード（ヒューマンデータ社の製品）と周辺回路．XCR3064XLというCPLDが実装されている

図19　XCR3064XLの論理合成結果．95 MHzまで動作することが確認できる

Performance Summary	
Min. Clock Period	10.500 ns.
Max. Clock Frequency (fSYSTEM)	95.238 MHz.
Limited by Cycle Time for CLK	
Clock to Setup (tCYC)	10.500 ns.
Pad to Pad Delay (tPD)	9.100 ns.
Clock Pad to Output Pad Delay (tCO)	6.500 ns.

図20 XCR3064XLで生成したPRBS信号をADuM4402CRIZに加えてみる．ディレイが29 nsということを確認できた（上はADuM4402CRIZへの入力波形，下は出力波形）

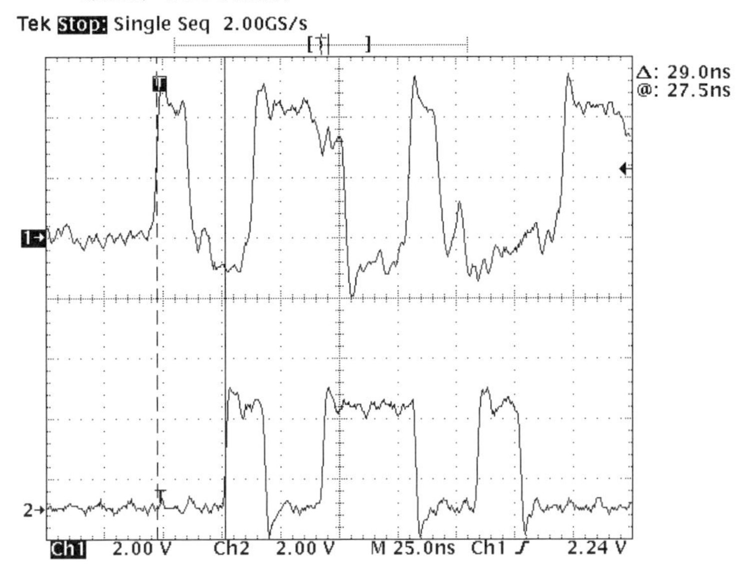

れた波形になっています．

CH 2（下）が出力側です．ここはパッシブ・プローブが繋がっているだけなので，それほど暴れていません．次でインテグリティを高めた50 Ω系の環境で測定をしてみます．ともあれPRBSのデータ・パターンから，75 Mbpsの信号が29 ns程度のディレイでちゃんと通っていることがわかります．

● ADuM4402CRIZの80 Mbps伝送をインテグリティ高い測定で観測してみる

ADuM4402CRIZは90 Mbpsまで伝送できると説明してきましたが，これまでお見せした測定での高速信号波形は，パッシブ・プローブをそのまま接続したものだったので，あまりキレイなものではありませんでした（インテグリティが悪い）．

そこでここでは，よりインテグリティの高い測定をおこなってみたいと思います．

電源を3 Vにして，**図21**のようにパルス・ジェネレータから40 MHz = 80 Mbps相当の信号を出力します．それを同軸ケーブルで受けてオシロスコープの50 Ω入力に入れて，その50 Ω入力の結合部分から信号を取り出し，ADuM4402CRIZの入力に接続します．

ADuM4402CRIZの出力側は（これも**図21**のように）470 Ωの抵抗を直列に接続し，それ

図21 インテグリティ高い測定を実現するためのセットアップ

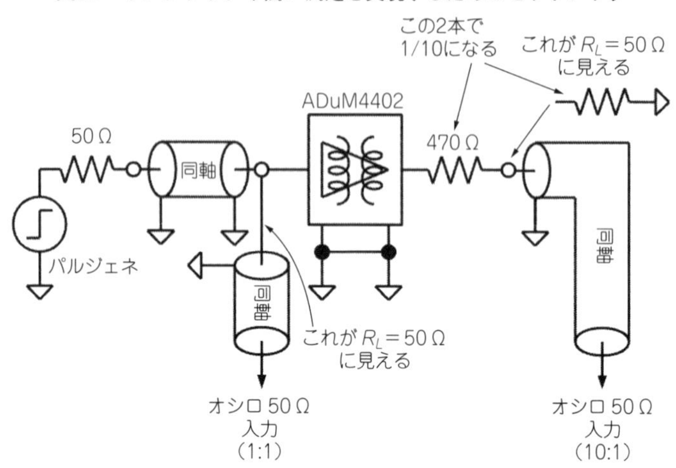

を同軸ケーブルで受けてオシロスコープの50Ω入力に入れて，オシロスコープ側は10:1相当として表示倍率を10倍にして測定します．これと同じしくみでできているプローブのことを「Z0プローブ」といいます．

このようにして，インテグリティを高めた測定をしてみます．**図22**をご覧ください．入力側がCH 1（上），出力側がCH 2（下）になっています．高速信号伝送であっても，非常にきれいな波形が観測できています．80 Mbpsでも非常に良好に動作しているようすがわかります．

■ ADuM4402CRIZの入出力時間ばらつきを観測してみる

これで最後です．オシロスコープをinfinite persistence表示（連続ストア）にして，入出力の時間ジッタのようすを**図23**のように観測してみました．横軸は1 ns/divで，測定はZ0プローブの考え方を用いています．

CH 1（上）が入力側，CH 2（下）が出力側です．トリガは入力側でかけています．1 ns＝1 GHzなわけですが，思いのほか入出力の遅延バラツキ（時間ジッタ）が少ないことがわかります．

なおこれはADuM4402CRIZでの測定ですので，他のiCouplerでは異なる可能性もありますので，ご使用にあたってはご注意いただければと思います．

ここまででわかるように，iCouplerは高速なアイソレーション型インターフェースです．直流絶縁，AD/DAシステムでのAGND/DGNDの分離，レベル変換などなど，多彩なアプ

図22 Z0プローブの考え方を用いてインテグリティ高い測定をしてみた．80 Mbpsでも非常にきれいな波形が観測されている

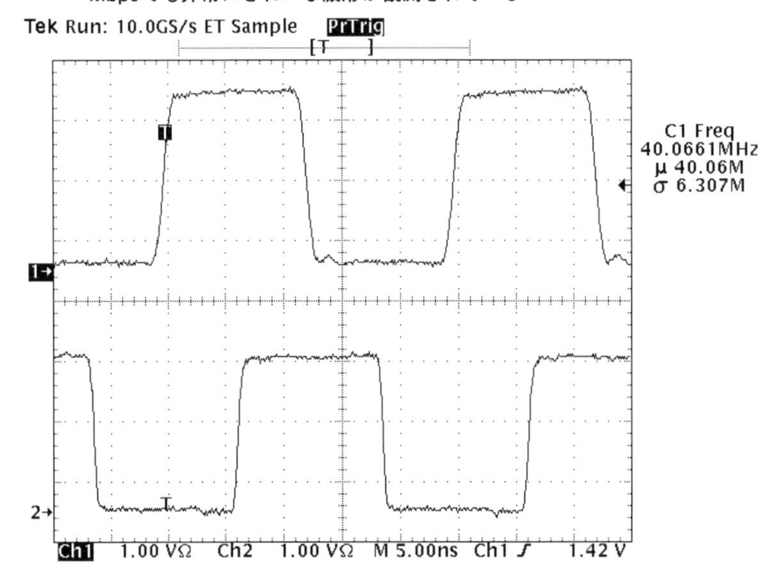

図23 オシロスコープを連続ストアにして入出力の時間ジッタのようすを観測してみる

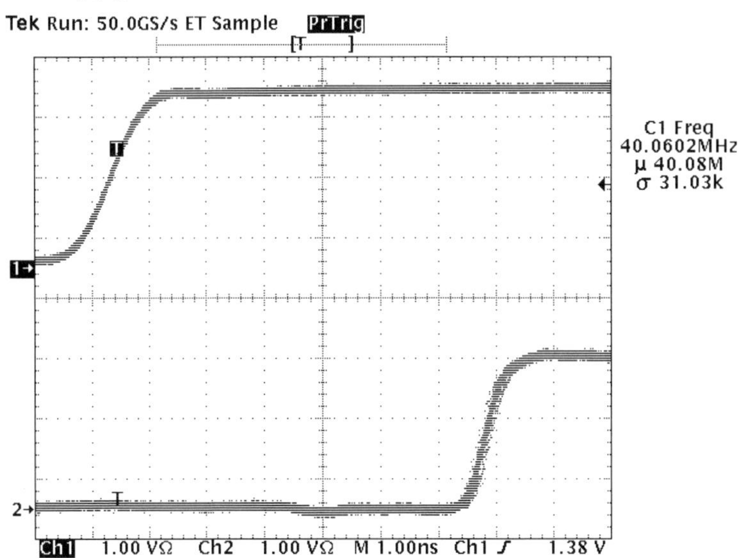

リケーションが考えられるでしょう．ぜひご検討いただければと思います．

■ まとめにかえて

最後になりましたが最近のアナログ・デバイセズのiCoupler新製品・新技術のスライドがありましたので，図24にお見せいたしましょう．

これは600 MbpsのLVDS信号をアイソレーション伝送できる製品です．かなり高速ですね．このうちADN4650の製品ページ(データシートはADN4650/ADN4651/ADN4652で共通)をご紹介しておきましょう．

● ADN4650

http://www.analog.com/jp/adn4650

【概要】

ADN4650は最大600 Mbpsまで超低ジッタで動作する信号が絶縁された低電圧差動

図24　最新の超高速製品．600 Mbps LVDSアイソレータ

ADN4650/51/52 5kV/3.75kVrms 600Mbps LVDSアイソレータ

- 5 kV/3.75 kV rms signal isolated LVDS
- 600 Mbps High Speed, Low Jitter/Skew
  - <1ns Part-to-Part Channel Skew
  - ≤120 ps Total Jitter
- Dual channel, multiple tx/rx options
- Complies with TIA/EIA-644-A LVDS
- 2.5V or 3.3V supplies (On-chip LDO)
- High CMTI
- Pass EN 55022 Class B rad. emissions
- Fail safe receiver inputs (ADN4651/52)
- Operating temperature: -40C to +125C

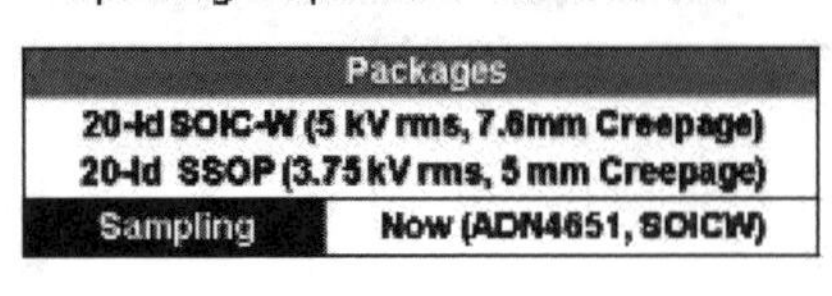

Packages	
20-ld SOIC-W (5 kV rms, 7.6mm Creepage) 20-ld SSOP (3.75 kV rms, 5 mm Creepage)	
Sampling	Now (ADN4651, SOICW)

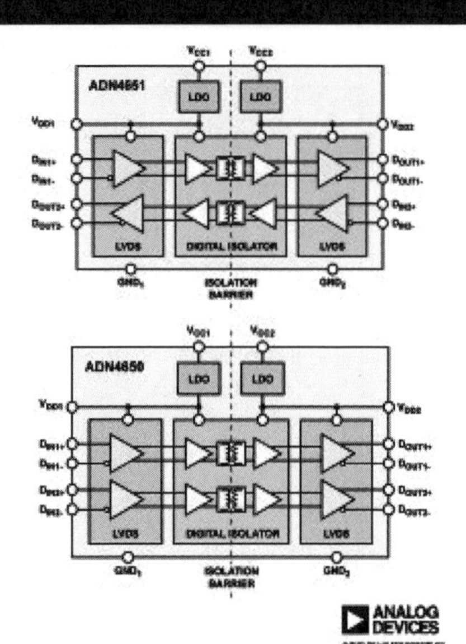

シグナリング(LVDS)バッファです．

この製品にはアナログ・デバイセズのiCoupler技術(高速動作に対応して強化されている)が集積されており，TIA/EIA-644-A準拠のLVDSドライバとレシーバに対応したガルバニック絶縁を実現できます．これによりLVDSシグナル・チェーンのドロップイン絶縁が可能です．複数チャンネル構成になっています．

このような製品も用意しておりますので，一度「どんなものがあるのかな？」という感じでも結構ですので，ぜひアナログ・デバイセズのウェブサイトをご覧いただければと思います．

● 「パネルdeボード」で基板を入手できる

図2や**図11**で紹介した基板は，P板.comの「パネルdeボード」サービスで入手可能です．参考文献(5)のURLから「特別企画/メーカ提供パネル⇒アナログ・デバイセズ⇒8 mm沿面距離iCoupler用」を選んでください．

● アイソレーションされた席でラーメンを食す

最後のオマケです．この実験をしたのはだいぶ前の話なのですが，その前後で久しぶりに

図25
秋葉原の「じゃんがらラーメン」のアイソレーションされたテーブル

図26　注文したのは「ぜんぶ入り」「ライス」と半熟タマゴのトッピング

秋葉原の「じゃんがらラーメン」に行きました．店に入店すると…

「何名さま？お一人！では奥の左側の席へ！」

ゑ…？左側？

「左側ですか？」「はい，左側の壁側です！」

奥に左側の席なんて無いはずだよなぁ．カウンターは右側だけだし….

なんと一番奥の左側に，**図25**のような「アイソレーション」されたシングル・シートがあったのでした！初めて座りましたし，初めて気がつきました．ということでiCoupler = isolationネタでした(笑)．なお写真は，当時持っていたガラケーで撮影したものですので，クオリティが低くてすいません．

注文したのは「ぜんぶ入り」「ライス」「50円(たしか)で半熟タマゴつきになりますよ！」とのお兄さんのサジェスチョンこみで，こんな感じでした(**図26**)．思えばここ，何年ぶりだったかなぁ．

第3章 伝送線路の考え方を理解する

3-1 SPICE伝送線路モデルを使って遅延信号を作ってみる

■ はじめに

とあるところで，複数の遅延した信号同士が足し算されたようすを示す必要性（どうやら「マルチパス」というモノの例を示したかったらしい…）があったため，ADIsimPE[注1]を使ってちょいと作ってみました．その結果をご紹介します．なおADIsimPEはSIMetrixベースなので，SIMetrixでも同じシミュレーションを実行できます．LTspiceでも同様のシミュレーションが可能です．

■ 伝送線路モデルで遅延信号を作る

「さて，どうやって遅延した信号を作るか？」ですが，SPICEでは「伝送線路」（Transmission Line）というモデルで遅延した信号を作ることができます．

ADIsimPEではロス有り，ロス無し（ロス・レス．抵抗成分による減衰が無い）伝送線路の解析は簡単にできます．ADIsimPEの回路入力画面の左側にあるリンク，Searchをクリックして，以下の**図1**のSearchボックスにTransmission（もしくはその途中まで）と入力すると，伝送線路モデルを選ぶことができます．ロス有りの伝送線路（Lossy Transmission Line）もうまく使えれば大変うれしいことですが，とはいっても，この信号遅延を発生させるだけの目的であれば，このロス・レスのモデルでも十分に対応ができます（なおロス有りモデルは，伝送線路のロスを的確にモデル化できていないので，使用の際には要注意）．

注1：第1章の脚注で示したように，アナログ・デバイセズのSPICEシミュレータはNI Multisim，つづいてSIMetrixをベースにしたADIsimPE，そしてLTspiceと変遷してきている．ADIsimPEは本書執筆時点でも依然としてアナログ・デバイセズの公式SPICEシミュレータである．

図1　Searchボックスで見つけられる伝送線路モデル

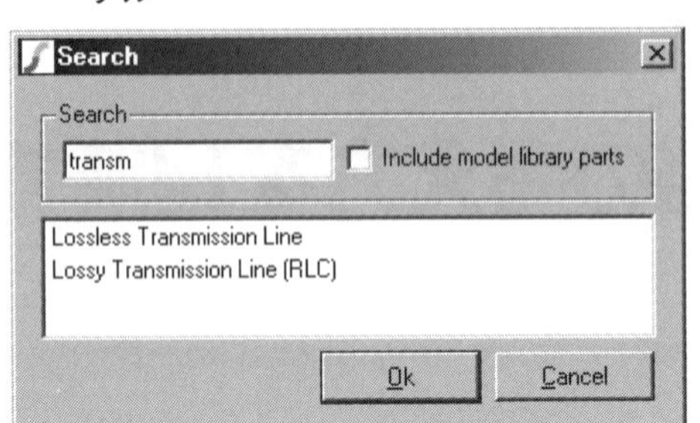

図2　一番簡単な回路で実験してみる

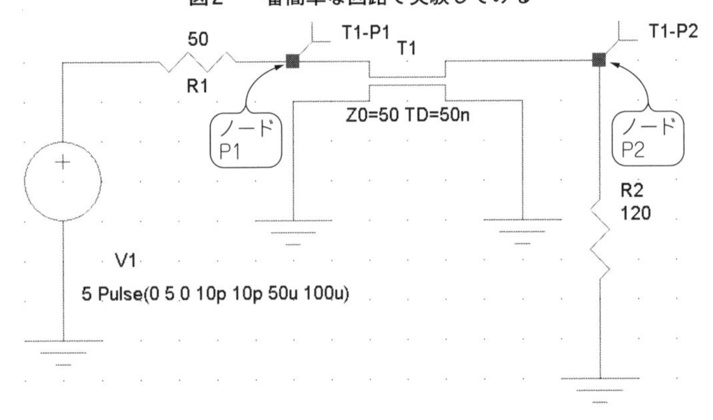

● 一番簡単な回路でまず実験してみる

ちゃんと動くかどうかの確認を，**図2**のような一番簡単な回路にしてシミュレーションしてみました．この回路は基本的な動作を確認してみるもので，目的の遅延時間が得られるかどうかがポイントです(というよりそれだけが目的)．信号源は5 Vディジタル・クロック信号+50 Ωの出力インピーダンス，負荷側は120 Ωを接続してあり，これで反射係数は$\Gamma = 0.41$になります．反射係数については本章第2節で詳しく説明します．

信号源のクロックは矩形波5 Vとしクロック周波数を10 kHz (周期100 μs)，伝送線路は50 Ωで遅延時間50 nsです．シミュレーション結果としてはクロック周波数は関係ないものです．

これでシミュレーションしてみた結果が**図3**です．上が入力(ノードP1)で，下が出力(ノードP2)です．上側のプロットのように伝送線路の入力側の波形が最初2.5 Vまで立ち上って，

図3　一番簡単な回路でのシミュレーション結果

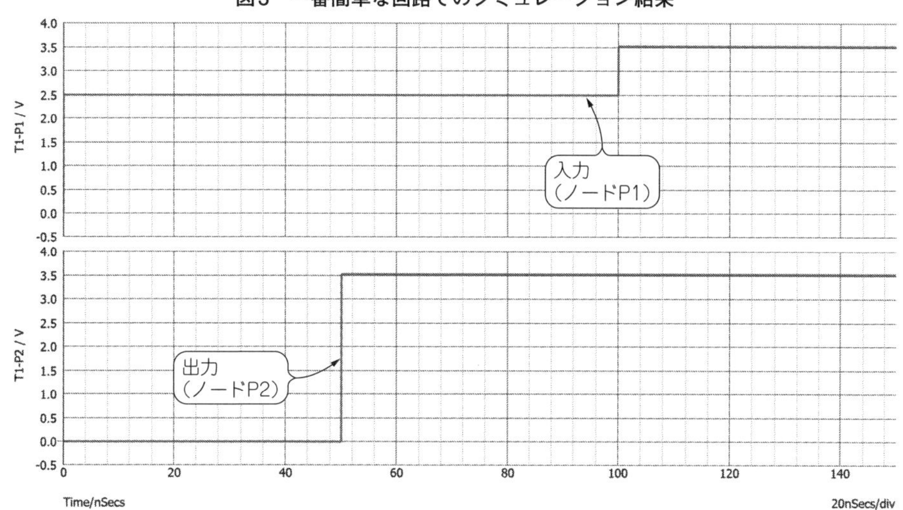

50 nsの時間後に出力(下側のプロット)が変化していることがわかります．

さらに反射係数が0.41なので，50 ns + 50 ns = 100 nsのタイミングで，上側の入力側が2.5 + (2.5 × 0.41) = 3.525 Vにステップ状で変化するようすが見られます．このように50 Ω伝送路をSPICEで実現できることがわかりました．

なおADIsimPEでは，矩形波信号源となるものはVoltage Waveform Generatorと，このUniversal Sourceが利用できます．Voltage Waveform Generatorモデルについてはrise/fall時間が500 ns固定になっています．そのため，より高速な時間変動をシミュレーションする場合には，**図4**で示すUniversal Sourceの「立ち上り時間」Riseと「立ち下り時間」Fallのパラメータを変更してください．ここでは10 psに設定してあります．

● ネット・リストで表すとどうなる？

ところでこれをSPICEネット・リストでは，以下のように表すことができます．

```
T1 2 0 3 0 Z0=50 TD=50 ns
```

T1は伝送線路機能自体(頭文字のT)とそのモデル番号，2は入力ポート，3は出力ポート(入出力は双方向なので入/出を意識することはない)，2個の0はグラウンドのポートになります．Z0は伝送線路の特性インピーダンス，TDは線路の遅延時間です．

```
[Txx] [InPort] [InGnd] [OutPort] [OutGnd] [Z0]
[PropagationTime]
```

図4 高速な時間変動をシミュレーションする際は立ち上り時間と立ち下り時間を設定する

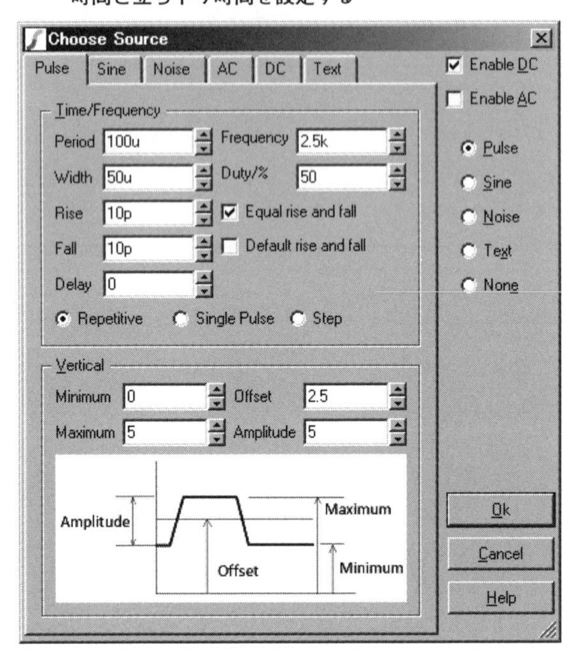

という文法です．ここでは，[InPort] = 2，[OutPort] = 3と（仮に）してあります．50 nsは10 mの同軸ケーブルに相当します（波長短縮率を66%と考えて．真空での位相速度/光速なら15 mに相当）．

■ 実際の遅延モデルを作ってみる

シミュレーション上で作りたかったのは，複数の伝送遅延路なのでありました…．最終的なシミュレーション回路では，7経路（7 pathとも言う）の伝送遅延波形を合成したいというところです．またそれぞれの遅延系（6経路）には加算係数をつけてあります．それぞれのパラメータを以下に示します．

```
T1 TD=100us × −0.3
T2 TD=200us × 0.2
T3 TD=500us × −0.1
T4 TD=600us × 0.05
T5 TD=700us × −0.05
```

図5　7 path遅延モデルのSPICEシミュレーション回路

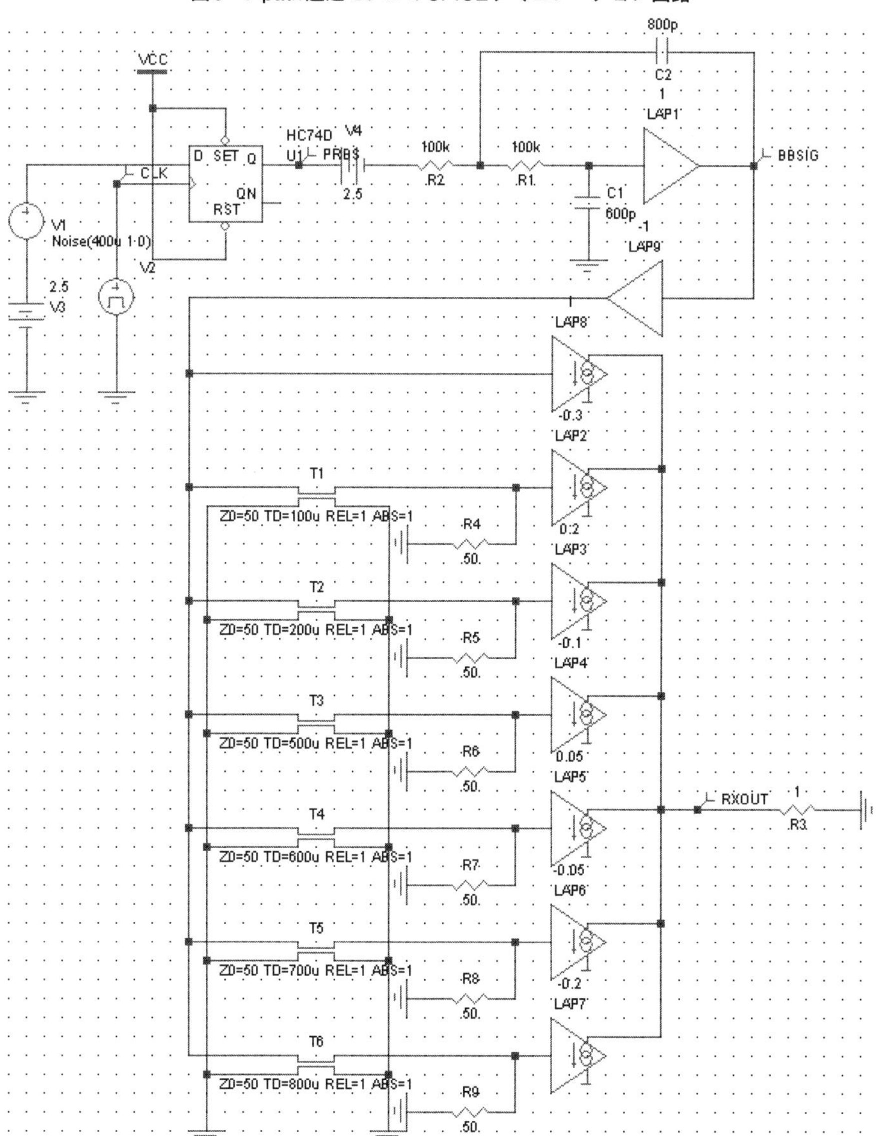

T6 TD=800us × −0.2

Txがそれぞれの経路の線路，TDは経路ごとの遅延時間を示しています．「×」以降が加算係数（伝送線路モデル自体のパラメータではない）で，T1～T6の経路（path）の遅延波形をこの係数で重みづけして足し合わせます．また遅延時間の無いぶんも×1倍として一緒に合成します．この最終目的のシミュレーション回路図を**図5**に示します．

この回路ではU1にてV_1のランダム・ノイズを2.5 kHzのクロックでラッチすることで，2.5 kbpsのランダム・パターンを発生させ，LAP_1（Laplace Transfer Functionブロック）をバッファとしたサレンキー・フィルタでその信号を波形整形します．電圧源V_4で信号を−2.5 Vオフセットさせて，LAP_1の出力が0 Vを中心にスイングするようにしてあります．

LAP_1出力には伝送線路の信号源抵抗に相当する50 Ωを接続してありませんが，これはそれぞれの伝送線路の出力側でそれぞれ終端してあるので（反射がないので），省いてあります．

● 合成の部分は電流出力モデルを使用

合成の部分ですが，それぞれの50 Ω伝送路は50 Ωで終端整合させないといけないので，いったん終端抵抗（R_4～R_9）で終端します．LAP_2～LAP_8それぞれの出力を電流出力にして，これらを直結しLAP_2～LAP_8の計7経路を束ね合せて1 Ωの抵抗に流入させます．なおVCCSモデルで電圧電流変換することもできます．

こうすれば（電流出力なので）シミュレーション上で簡単に信号合成ができるわけですね．

図6は「Σ（LAP_2～LAP_8）」として全体を合成してみた結果です．ビットレートは2.5 kbpsです．なお繰り返しますが，50 Ωの抵抗で各伝送線路を終端しているので，反射なく（伝送遅延だけの）信号を得ることができています．

図中で一番上が2.5 kbps相当のクロック波形で，その下がLAP_1の入力（ディジタル信号），

図6　遅延が合成された状態のシミュレーション結果（上からクロック波形，ディジタル信号，単一経路の波形，7 pathの遅延が合成された波形）

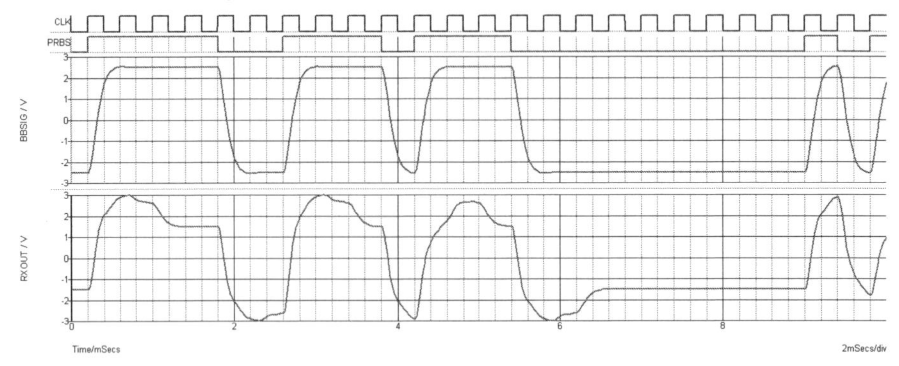

次がLAP$_1$の出力である単一経路相当（T0だけの伝送路）の波形，いちばん下が複数（7 path）の伝送遅延路を通して得られた波形です．

■ アイ・パターン表示は別のツールを利用

最終的には1 UI（Unit Interval; 1ビット相当の時間）に相当するアイ・パターンを作りたかったのですが，その図はADIsimPEやSIMetrix Introだけでは作ることはできません（LTspiceではアイ・パターンを表示する機能がある）．波形データをファイルに吐き出せば良いのですが，これらのSPICEシミュレータではできません．なおSIMetrix製品版ではCommand Shellウィンドウに Command Lineフィールドが用意されており，そこで波形データをファイルに吐き出すことができます．詳細はヘルプのData Analysis Data Import and Exportの章にあるExporting Dataの項をご覧ください．

● そこでNI Multisimを使って

そこでこの図の作成はNI Multisimの力を借りることになりました．同じ回路をNI Multisimの上で作って，そのシミュレーションで得られた波形データをGrapherから

　　ツール > Excelにエクスポート

という機能を使って，Excelファイルとして落とします．その必要な部分だけをコピー＆

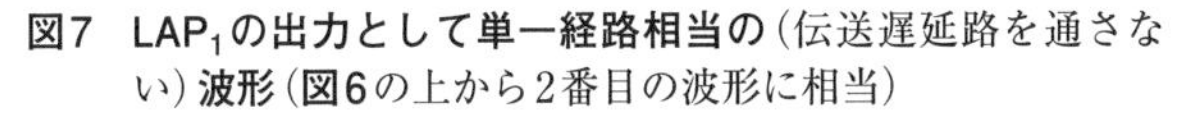

図7　LAP$_1$の出力として単一経路相当の（伝送遅延路を通さない）**波形**（**図6**の上から2番目の波形に相当）

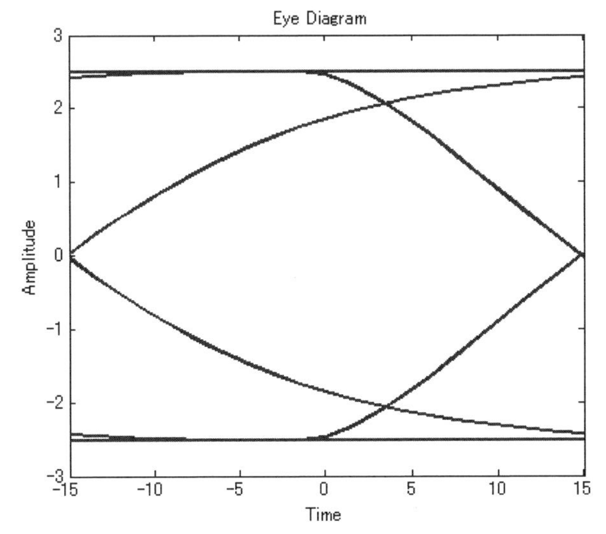

図8 複数(7 path)の伝送遅延路を通して得られた波形(図6のいちばん下の波形に相当)

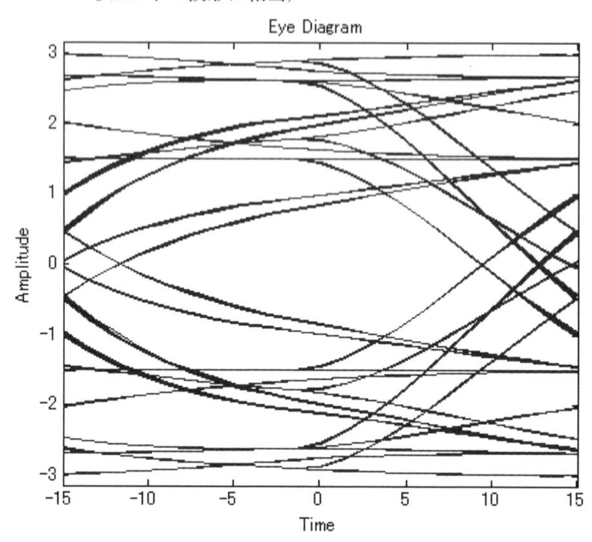

ペーストしてテキスト・ファイルとし，MATLABに読み込ませます．さらにSPICEシミュレーションではタイム・ポイントが一定ではないため，MATLABの関数interp1()で一定時間にリサンプルし，同じくMATLABの関数eyediagram()でアイ・パターンを表示させてみました．

図7と**図8**はこれにより得た波形です．**図7**はLAP_1相当の出力として伝送遅延路を通さない単一経路相当のアイ・パターン(**図6**の上から3番目の波形に相当)，**図8**は複数(7 path)の伝送遅延路を通して得られたアイ・パターン(**図6**の下の波形に相当)です．

■ 伝送線路のSPICEネット表記についてなどの補足

SPICEでの伝送線路ブロックのネット・リスト上の表記は先に示したとおりですが，以下のようにも表記することができます．

```
T1 2 0 3 0 Z0=50 F=1kHz NL=0.2m
```

これは

```
[Txx] [InPort] [InGnd] [OutPort] [OutGnd] [Z0] [Frequency]
[Normalized Electrical Length]
```

という文法です．Tは伝送線路機能名，F [Frequency] は伝送線路に通すと仮定する周波数，NL [Normalized Electrical Length] はその周波数での「波長で規格化」した電気長(波長短

図9 ロス・レス伝送線路の基本モデルの構造

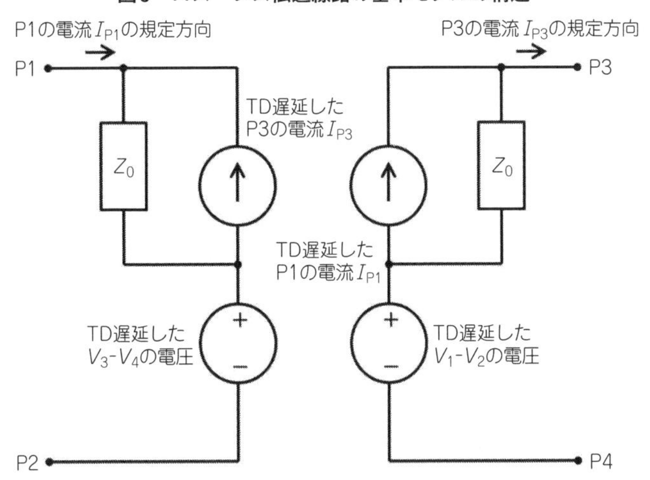

縮率も考慮した長さ）です．NLはデフォルトでは0.25，つまり1/4波長となります．結局は

TD = NL/F

という関係になっているだけで，TDと同じことを表しています．ADIsimPEではTDで指定します．LTspiceでもTDで指定します．なおNI Multisimでは，TDを指定するものがLOSSLESS_LINE_TYPE1に相当し，FとNLを指定するものがLOSSLESS_LINE_TYPE2に相当します．

● ロス・レス伝送線路の基本モデルの構造のご紹介

またおまけですが，SPICEでのロス・レス伝送線路を表現している基本モデルの構造を**図9**にご紹介しておきます．この基本モデルを見てみると，「グラウンド側」という明確な規定がされていません．**図2**で示したような4端子の図形であるSPICEツールの伝送線路モデルの中身がわかると思います．

3-2 イメージがわかれば伝送線路は怖くない…が「反射係数のわりには波形変化が少ないぞ？」

■ はじめに

近年ではいままでになく，回路設計・仕様がどんどんハイ・スピード化しています．ディジタル回路とすれば，たとえばシリアルATA，IEEE-1394，USB 3.0，PCI Express，

JESD204Bなどが例として挙げられるでしょう．そのため，これまでは"Black Magic"とされてきた高周波回路設計に関わる回路設計技法が，どんどん一般的な電子回路設計にも活用されてきています．

そのうちの主たるものが「伝送線路」と「特性インピーダンス」そして「Sパラメータ」といえるのではないでしょうか．

古くは，ディジタル回路は「単に接続すれば動く」といわれていました．しかし近年では特に，高速ディジタル回路において，伝送線路と特性インピーダンスの考えを活用しないと設計できなくなってきています(トラブルが生じることになる)．

ここでは，Black Magicのうち「伝送線路」と「特性インピーダンス」について考えていきます．ちなみにBlack Magicなどと呼ばれてはいますが，結局は電子回路です．従来は無視してきた(無視できた)ひとつひとつの要素を，想定内の要素として取り込んでいけば，それは普通の回路設計となんら変わらない，「別にMagicなんてモノではない」のだと気がつきます．

● ハイ・スピード時代に多くの回路設計で注意すべきことは

ここで必要なことは，

- プリント基板上やケーブル内の電圧や電流の動きを「波動」として考えること
- パターンや導体を伝送線路として考え，また特性インピーダンスを考慮すること

こんなお話をしていきたいと思います．それによって，「謎だ！」という人の多い，Sパラメータの入り口(反射係数の考え方)まで進んでみたいと思います．

■ 現代のプリント基板は伝送線路で考える

「伝送線路」という用語を聞くと，「一体それはなに？」とか「自分には関係ない」とか思われる方もいるかと思います．しかし取り扱う信号が高速化してきている昨今では，プリント基板上のパターンを「伝送線路」として考える必要がでてきます(**図1**)．プリント基板のパターンは，電気信号を送端(ICの出力)から受端(ICの入力)に伝える媒体(伝送線路)です．アナログ・ディジタルを問わず，パターン上を伝わる信号の変動速度と信号が伝わる速度との関係が，パターン長を意識すべき，つまり信号が伝わっていくようすを意識すべきあたりになると，「伝送線路として考える」必要がでてくることになります．

なお伝送線路を信号が伝わる速度のことを，伝搬速度とか位相速度といいます．ここでは「位相速度」を用います．位相速度は以降に式(3)で示します．

この伝送線路，つまりプリント基板のパターンは**図2**のようにモデル化することができ，

- パターン自体(長さ)はインダクタ(インダクタンス)
- パターンとグラウンド間(近接)がコンデンサ(容量)

図1 プリント基板のパターンは伝送線路

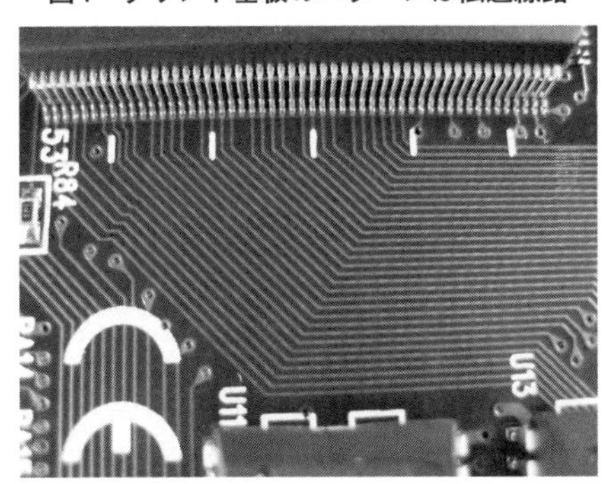

図2 伝送線路（プリント基板のパターン）はインダクタンスと容量で分布定数回路としてモデル化できる

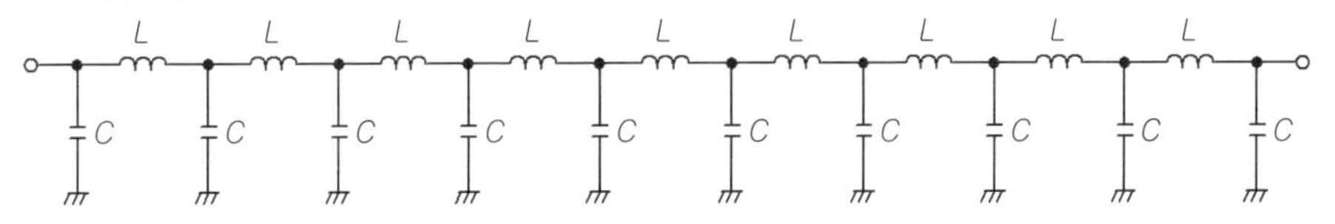

となります．このように全長にわたってインダクタンスや容量が存在しているものを「分布定数回路」と呼びます．ここでは伝送線路（パターン）なので「分布定数線路」とも呼ばれます．

● 伝送線路を特徴づける単位長インダクタンス/単位長容量

伝送線路/分布定数線路は，単位長あたりのインダクタンスL_U［H/m］と容量C_U［F/m］で考えます．同軸ケーブルも伝送線路であり，一般的な50 Ωの同軸ケーブル（5D-2 V）ではL_U = 250 nH/m，C_U = 100 pF/mになっています．

プリント基板上で正しく伝送線路を実現するにも，パターン全長にわたって，この単位長インダクタンスと単位長容量が一定である必要があります．つまり物理的形状が長手方向で変化しない必要性があります．

同軸ケーブルもプリント基板のパターンも「伝送線路」ですが，ここからは一括して「伝送線路」という用語で統一して説明していきます．

● 電圧と電流は伝送線路を波動として伝わっていく

電気信号（電圧V［V］と電流I［A］）は伝送線路中を「波動」として，位相速度で伝わって

図3　電気信号は伝送線路を波動として伝わっていく
（ここでは10 mの同軸ケーブルを伝送線路としている）

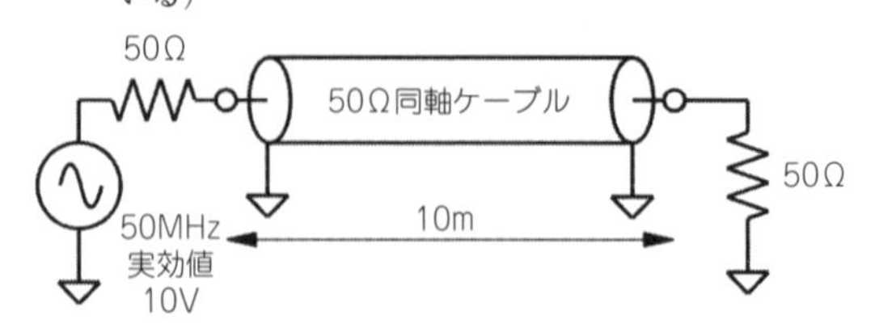

図4　伝送線路としての10 mの同軸ケーブルを周波数50 MHz, 実効値10 Vの電圧の波動が伝わっていくようす

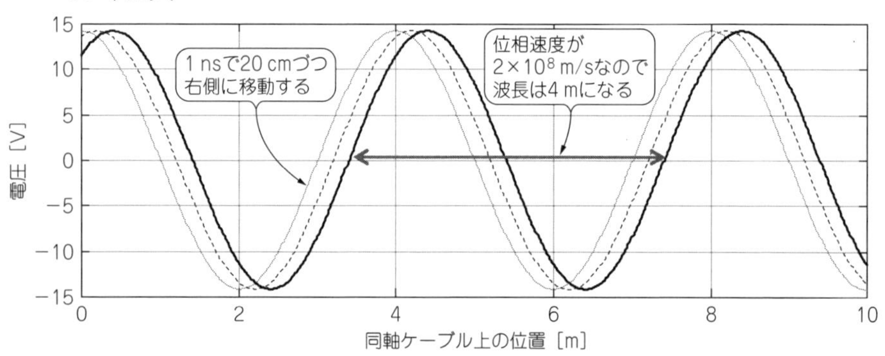

いきます．ここでは伝送線路の例として，**図3**のような10 mの同軸ケーブルを考えてみます．

この伝送線路としての10 mの同軸ケーブルを，実効値10 Vの電圧の波動が伝わっていくようすを**図4**に示します．グラフの横軸は同軸ケーブル上の位置（観測点）です．点線/破線/実線として1 nsごとのスナップ・ショットで，電圧分布の時間変動をプロットしてみました．同軸ケーブルの位相速度は光速の66.7 %，2×10^8 m/sになります．

このように電圧が「波動」として伝わっていきます．実際は電圧変化により，分布定数回路の各部で「LC過渡現象」が生じて電圧と電流が変化し，その過渡現象が伝搬していくことになります．電磁気学的には電圧の波はスカラー量として圧力波のイメージ，電流の波はベクトル量として密度波になります．

■ 伝送線路を伝わる電圧と電流の相互関係が特性インピーダンス

波動として（位相速度で）伝わっていく電圧V［V］と電流I［A］は，伝送線路の中では一定の比率になります．この相互関係/比率が特性インピーダンスZ_0［Ω］で

図5 マイクロストリップ・ラインは物理的形状で特性インピーダンスが決まる

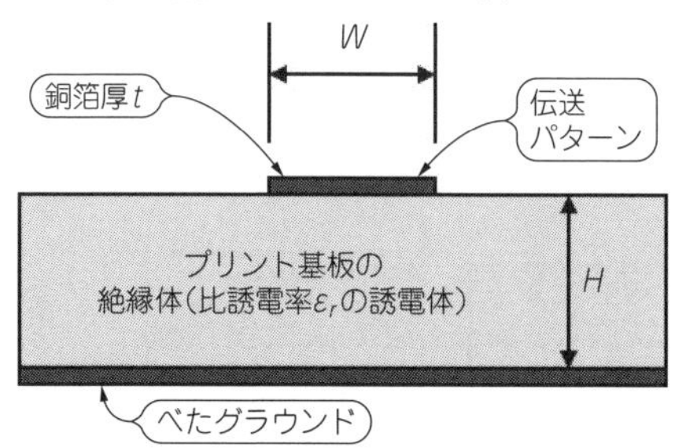

$$Z_0 = \sqrt{\frac{L_U}{C_U}} = \frac{V}{I} \quad \cdots\cdots (1)$$

単位は「オーム（Ω）」です．伝送線路の中にZ_0という大きさの抵抗があるわけではありません．L_UとC_Uから決まることになるわけですね．なおプリント基板での伝送線路である「マイクロストリップ・ライン」は，**図5**のような

- パターン幅 W
- 基板絶縁体の高さ H
- 絶縁体の比誘電率 ε_r
- パターンの銅箔厚 t

という物理的形状から

$$Z_0 = \frac{87}{\sqrt{\varepsilon_r + 1.41}} \ln\left(\frac{5.98H}{0.8W + t}\right) \quad \cdots\cdots (2)$$

として特性インピーダンスZ_0が決まります．ここに入れる数値の単位は「比」なので，なんでもかまいません．この式はアナログ・デバイセズのミニ・チュートリアル MT-094[(11)]から抜粋したものです．その原典は参考文献(12)のようです．原典の筆者Dr. Eric Bogatinは，Dr. Howard Johnsonと並ぶ，シグナル・インテグリティの大家です．

しかしさらに参考文献(12)にも原典があり（笑），IPC-D-317A Design Guidelines for Electronic Packaging Utilizing High-Speed Techniques[(13)]から引用されているようです．IPCはプリント基板のご本尊という感じ団体で，現在はAssociation Connecting Electronics Industries; プリント基板/電子機器製造サービス産業協会という名前ですが，もともとは，Institute for Printed Circuits（IPC）と名乗っていました．このIPC-D-317A[(13)]は古くに規定された技術資料のようですが，新しく発行されたIPC-2141A Design Guide for High-Speed Controlled Impedance Circuit Boards[(14)]では，より精密な特性インピーダンスの式が規定

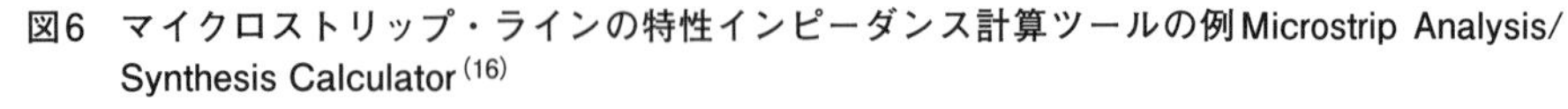

図6　マイクロストリップ・ラインの特性インピーダンス計算ツールの例Microstrip Analysis/Synthesis Calculator(16)

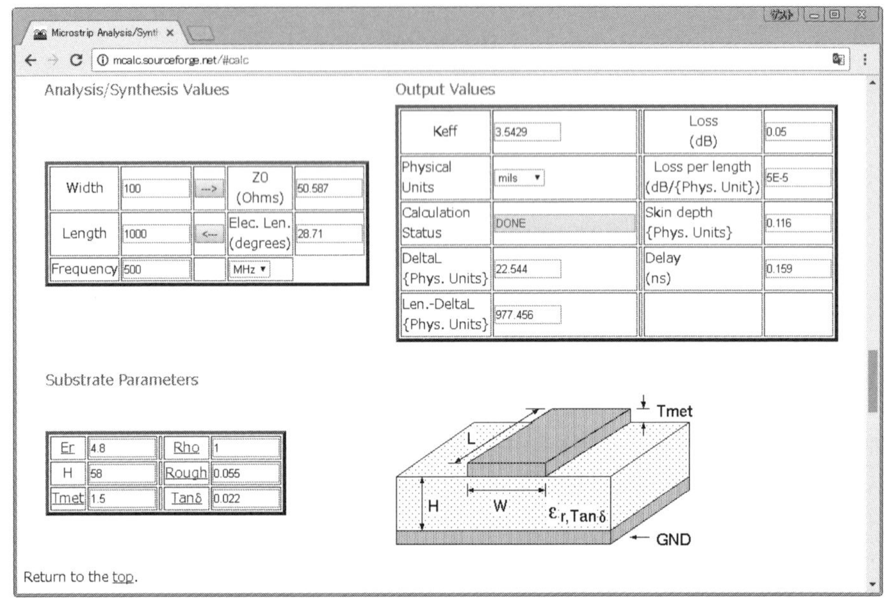

されています．参考文献(13)は参考文献(14)の簡略式のようです．

それでも参考文献(14)で規定されているマイクロストリップ・ラインの特性インピーダンスの式は，超古典となっているWheelerの論文(15)が参照されています…．「温故知新」という感じでしょうか(笑)．ところでこれらの式は「近似式」であり，その他にもいろいろ提案されています．

とはいえ手計算で求めるのも面倒なので，実際の現場的には，**図6**のようなツール(16)を用いて計算することが，現代の設計手法といえるでしょう．

● 信号が伝搬する速度(位相速度)

伝送線路の位相速度v_pも，L_UとC_Uから決まり

$$v_p = \frac{1}{\sqrt{L_U C_U}} \quad \cdots\cdots (3)$$

となります．単位は[m/s]です．さきの同軸ケーブルの単位長値($L_U = 250$ nH/m，$C_U = 100$ pF/m)を代入してみると，$v_p = 2 \times 10^8$ m/sとなり，光速3×10^8 m/sの66.7 %ということがわかります．つまり同軸ケーブルの中を信号が伝搬する速度は，光速よりも遅いこと

図7 「伝送線路の中を電気信号が波動として位相速度で伝わる（伝搬する）」ことを暗に説明しているスライド

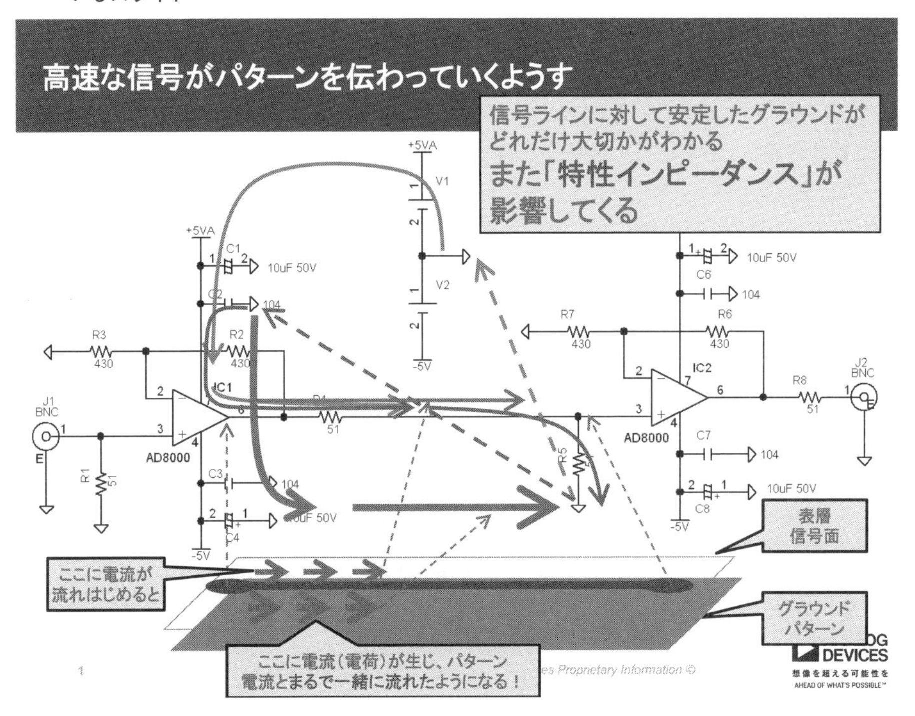

になります．プリント基板上のパターンでも同じしくみになります（大体光速の50～60％程度）．このプリント基板上の位相速度については，次節であらためて説明します．

● 手持ちのプリント基板設計のスライドでも…

私がよく依頼されるプリント基板設計に関する技術講義でも，実は似たようなスライドがあります（**図7**）．実際これは，ここまで説明してきた「伝送線路の中を電気信号が波動として，位相速度で伝わる（伝搬する）」ことを，暗に説明しているものなのでした．

特にこのスライドに関する重要なポイントとしては，グラウンド・プレーンとなる面にも，信号パターンに電流が流れたのにあわせて（まるで電流が誘起するように）一緒に電流が流れ始め（流れる方向は逆になるが），それが受端側に伝わっていくということです．

高速信号（高周波信号）を取り扱うプリント基板では，「パターンは伝送線路である」ということを意識して，設計する必要があるということでもあります．

■ ネット上でみかける「電球が点灯する順番」という質問も…

このように「電気信号は波動として伝送線路を伝わっていくのだ」と考えれば，たとえば2015年のアナログ技術セミナーでのクイズ，**図8**の答えはすぐにわかるはずです．

ところでGoogleで「電球が点灯する順番」とサーチすると，たくさんの同様な疑問に関するQ and Aページが現れ，それぞれで多数かつ熱心なディスカッションがなされています．

これは実験してみれば答えは明白です．その結果がゆるぎない答えになるわけですから．そこで次節で，実際にツイストペア・ケーブルを使って検証してみましょう(笑)．実は「電球が点灯する順番」の実験をしたいがために，この節が，その…，マエフリで…，あったりするわけで…(笑)．

■ 負荷端で信号が反射する

電圧と電流が波動として伝搬する比率が特性インピーダンスです．ところで**図3**では，特性インピーダンス50 Ωの同軸ケーブルを伝送線路として考えました．受端には負荷抵抗と

図8　電気信号が波動として伝送線路を伝わっていくのだと考えればこの答えはすぐにわかる

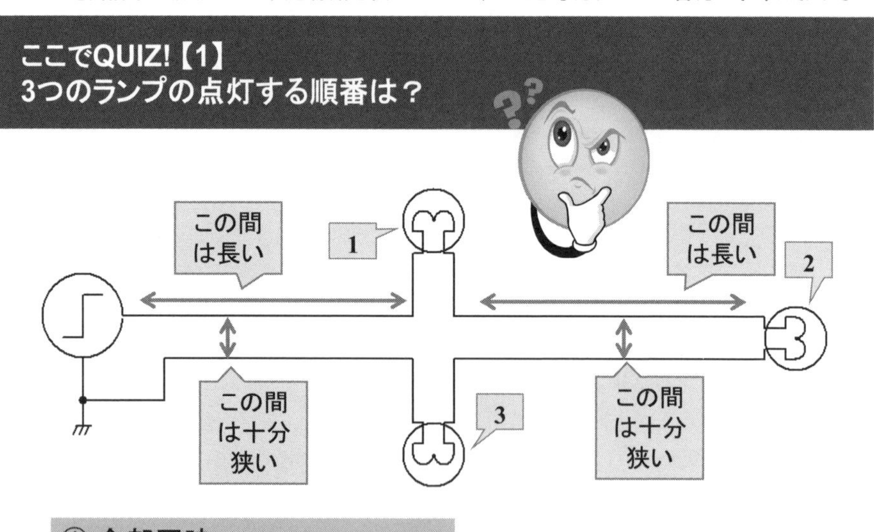

して$R_L = 50\ \Omega$が接続されています（ここを「負荷端」とする）．

● 電圧と電流がよどみなく負荷抵抗に吸い込まれていく必要がある

伝送線路は「電圧のみ／電流のみ」を伝えることができません．「電圧と電流が必ずセット」となって伝わっていくことを考える必要があります．負荷端でも「電圧と電流が必ずセット」となって，よどみなく負荷抵抗に吸い込まれていく必要があります．

特性インピーダンスZ_0の伝送線路中での，電圧Vと電流Iの関係は式(1)のとおりですが，ここで負荷端にZ_0に等しい抵抗R_Lを接続すれば

$$Z_0 = \frac{V}{I} = R_L \qquad \cdots\cdots (4)$$

となり，負荷端で電圧Vと電流Iの波動はよどむことなく，負荷回路側に吸い込まれていくことになります．見方を変えれば，この負荷端は「伝送線路がさらに従属接続されているのと同じ条件」になっているわけです．これは有限長の伝送線路で非常に重要な概念です．

● 負荷抵抗が特性インピーダンスと等しくないと電圧／電流が反射する

この電圧Vと電流Iの関係が負荷端で維持できない場合はどうなるでしょうか．これは

$$Z_0 = \frac{V}{I} \neq R_L \qquad \cdots\cdots (5)$$

という状態です．このとき負荷端で電圧Vと電流Iが「よどむ」ことになります．電気信号がよどむとは「電圧Vと電流Iが負荷端で反射する」という振る舞いになります．このときの反射する率を反射係数Γといい

$$\Gamma = \frac{R_L - Z_0}{R_L + Z_0} \qquad \cdots\cdots (6)$$

という式で表します．この式(6)は書籍などでよく見かけるものでしょう．しかし，なぜこの式が成り立つのでしょうか．それをもう少し考えてみましょう．

■ 反射係数の概念はなんと直流回路で考えられる

図9に反射係数の概念を，非常に単純な直流回路で考えてみたものを示します．別に難しいものではないことがわかります．

図9の抵抗Z_0の右側が伝送線路の負荷端で，抵抗R_Lが接続されているとします．Z_0が特性インピーダンスに相当します．いま$R_L = Z_0$であれば，V_{RL1}は1 V ($V_S/2$)になります．これがよどみなく負荷抵抗に吸い込まれていく条件になるわけで，このとき伝送線路を信号源から負荷端に伝わっていく波（進行波）V_Fは，V_{RL1}と等しく

図9　反射係数の概念を直流回路で考える

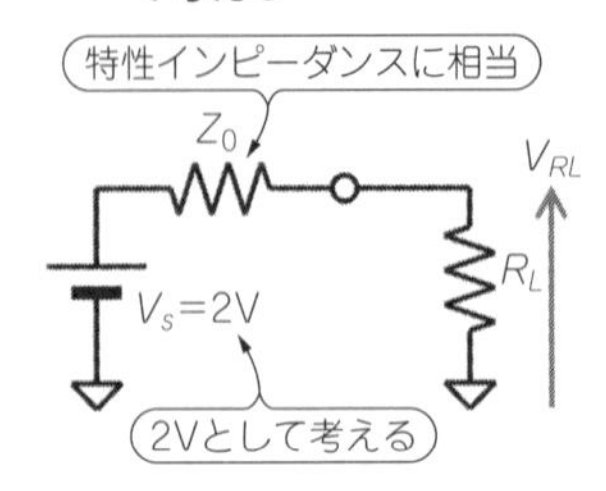

$$V_F = V_{RL1} = \frac{R_L}{R_L + Z_0} V_S \bigg|_{R_L = Z_0} = \frac{1}{2} V_S \quad \cdots\cdots (7)$$

いっぽう式(5)の条件でV_{RL2}は

$$V_{RL2} = \frac{R_L}{R_L + Z_0} V_S \quad \cdots\cdots (8)$$

ですが，これが進行波V_Fと反射する波(反射波)V_Rの合成として

$$V_F + V_R = \frac{R_L}{R_L + Z_0} V_S \quad \cdots\cdots (9)$$

これを変形して，反射波V_Rを求めてみると

$$V_R = \frac{R_L}{R_L + Z_0} V_S - V_F \quad \cdots\cdots (10)$$

このV_Fは式(7)のとおりなので，右辺は

$$= \frac{R_L}{R_L + Z_0} V_S - \frac{1}{2} V_S = \frac{R_L - Z_0}{R_L + Z_0} \cdot \frac{1}{2} V_S \quad \cdots\cdots (11)$$

ここにまた式(7)を使うと

$$V_R = \frac{R_L - Z_0}{R_L + Z_0} \cdot \frac{1}{2} V_S = \frac{R_L - Z_0}{R_L + Z_0} V_F \quad \cdots\cdots (12)$$

反射係数$\varGamma$はV_RとV_Fの比なので

$$\varGamma = \frac{V_R}{V_F} = \frac{R_L - Z_0}{R_L + Z_0} \quad \cdots\cdots (13)$$

こんな単純な直流回路で，反射係数の概念を見事に求めることができます．実際の交流(高周波)回路では，R_Lを複素数(インピーンダンス)Z_Lにして，複素数計算として位相もふくめて考えれば良いだけなのです．

● シミュレーションで確認してみる

図10はADIsimPEの伝送線路モデルを用いたシミュレーション回路です．伝送線路の伝搬時間は5 nsとしてあり，位相速度$v_p = 2 \times 10^8$ m/sの同軸ケーブルだとすれば，1 m長に相当します．

信号源変化は0～5 V，信号源抵抗と伝送線路の特性インピーダンスは50 Ω，負荷抵抗は220 Ωにしてあります．

シミュレーション結果を**図11**に示します．進行波の大きさは信号源電圧の半分ですから，2.5 Vです．それが最初の10 nsの間に観測されています．負荷端での反射係数は，式(6)か

図10　反射係数を確認するシミュレーション回路

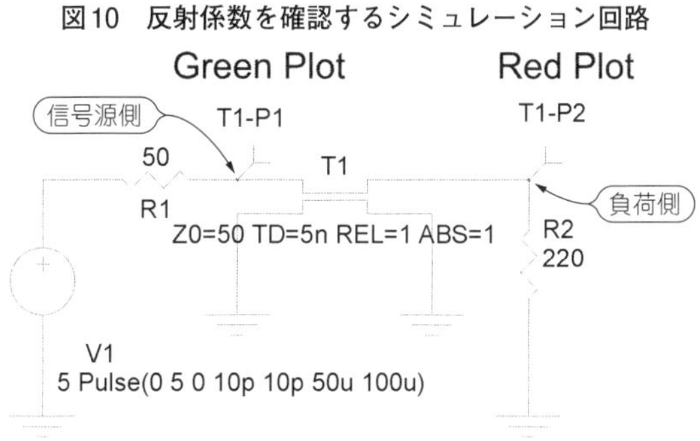

図11　図10のシミュレーション結果（上＝信号源側，下＝負荷端側）

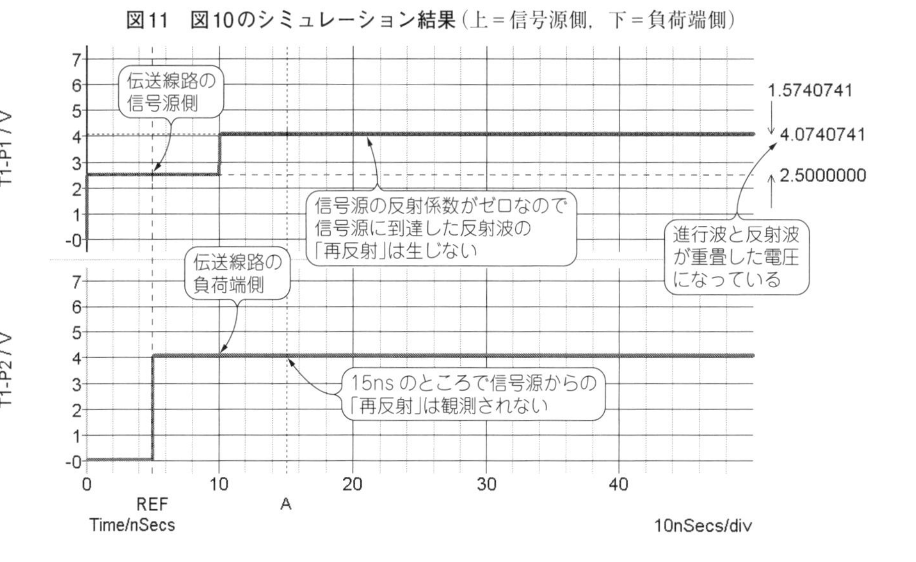

ら0.63と計算されます.

進行波が負荷端に到達すると, 2.5 V × 0.63 = 1.575 Vの電圧が反射します. この反射波は, 進行波の電圧2.5 Vに足された（重畳した）かたちになりますので, 伝送線路上では4.075 Vが観測されることになります. **図11**のシミュレーション結果では, 反射波が重畳した電圧値をマーカで測定していますが, 4.074 Vになっていることがわかります.

● 信号源側は50 Ωの信号源抵抗があるので再反射が生じない

ここで反射波が信号源に到達したときに, どのように振る舞うかを考える必要があります.

ここまでの文脈では, 信号源に到達した電気信号を「反射波」として説明してきました. しかしよくよく考えてみると, この反射波は,「伝送線路という媒体の中を伝搬する信号」には変わりないわけで,「モノ」自体は進行波と同じです. 伝送線路を「右から左に」伝搬しても「左から右に」伝搬しても, それはなんら変わらず, 当然ながら同じなわけです.

つまり反射波が信号源に到達したときも, 負荷端で生じていた反射係数のしくみを, まったく同じように適用することができるわけです.

信号源となる電圧源は「抵抗がゼロ」です. そこに信号源抵抗50 Ωが接続されているわけですから, 反射波からすれば, 信号源抵抗は「負荷端の負荷抵抗」と全く同じものになります. ここで

$$Z_0 = R_S$$

ですから, 反射係数Γは

$$\Gamma = \frac{R_S - Z_0}{R_S + Z_0} = 0 \quad \cdots\cdots (14)$$

となり, 信号源に到達した反射波の「再反射」は生じないことになります. それにより, **図11**の結果となるのでした.

■ このしくみが「送端終端」というテクニック

このように信号源抵抗を特性インピーダンスに整合させ, 信号源に到達した反射波の「再反射」を生じさせないテクニックを,「送端終端」と呼びます.

● 送端終端のしくみはCMOSディジタル信号伝送でも活用できる

このしくみを利用すると, 3.3 Vや5 VのCMOS信号も, 信号品質を維持して（余計な反射を生じさせずに）負荷端に伝送させることができます.

図3のような信号伝送では, 信号源/負荷端それぞれに伝送線路の特性インピーダンスに整合した抵抗が接続されています. これでは5 Vで送出するCMOSディジタル信号は, 半分の2.5 Vになってしまい, 負荷端（レシーバ側）では正しくレベルを検出できません.

しかしここで，**図10**や**図11**で示した送端終端のテクニックを用いることを考えてみましょう．**図10**の負荷抵抗R_2が無限大だとすれば，ここでいったん反射は生じますが，送端終端により，（**図11**と全く同じように）信号源に到達した反射波の「再反射」は生じません．負荷端（レシーバ側）で信号源からの再反射は（これも**図11**と全く同じように）観測されず，負荷端の信号波形は暴れることなく，安定した信号伝送が実現できることになるわけです．

● CMOSディジタル伝送でシミュレーションしてみる

それではまず，従来のCMOSディジタル伝送（終端抵抗は考えていない）のようすをシミュレーションでみてみましょう．**図10**の信号源抵抗R_1をCMOSドライバ出力抵抗相当として5Ω，負荷抵抗R_2をCMOSレシーバ入力抵抗相当として1 MΩに設定します．

結果を**図12**に示します．伝送線路の信号源/負荷端それぞれ，そして特に負荷端（レシーバ側）が大きく暴れていることがわかります．これは伝送線路のどちらの端でも反射が生じている状態で，これを「多重反射」と呼びます．CMOSレシーバ側に相当する負荷端側は，CMOSスレッショルドである2.5 Vを割り込んでおり，これではまともな信号伝送ができません．

これを**図11**のように「送端終端」することで，（実際の波形は示さないが）負荷端側の信

図12 図10の回路で信号源抵抗R_1＝5Ω，負荷抵抗R_2＝1 MΩにしたときのシミュレーション結果．多重反射が観測されており，特に負荷端（CMOSレシーバ側）**はスレッショルド電圧を割っている！**（**図11**と同じ）

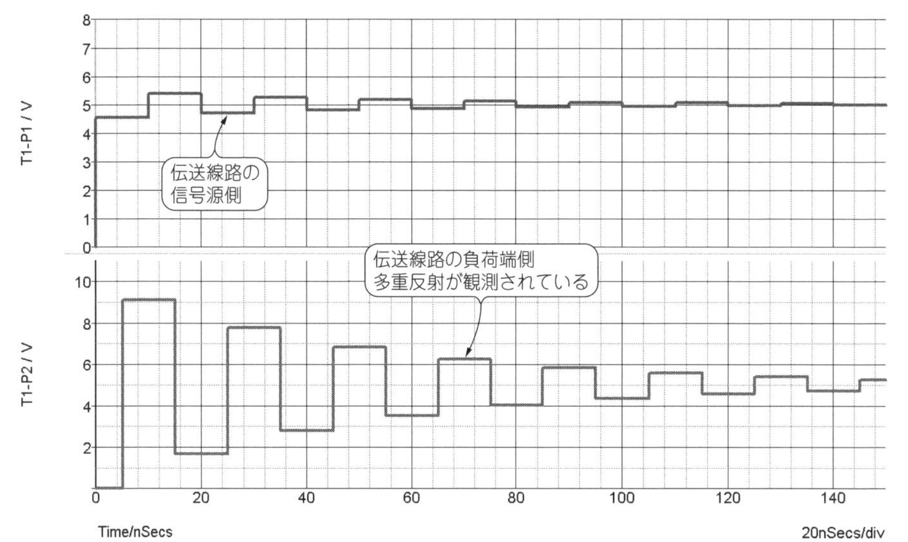

号の暴れをなくすことができるわけです．送端終端のテクニックは，このようにCMOSディジタル信号伝送でも活用できるのです．

■ なぜ従来のCMOSディジタル回路で送端終端がなくても動作していたのか

「これまで長くCMOSディジタル回路を設計してきたが，送端終端なんてしていないし，ちゃんと動いていたぞ」という方が（私も含めて…）多数かと思います．

このような波形が観測されなかったのは，

① CMOSディジタル信号波形の立ち上がり時間が，伝送線路（パターン）の往復時間（つまり反射の生じる時間）に対してゆっくりだったこと

② 伝送線路/パターン自体の距離が十分に短かったこと

が理由です．つまり物理現象としては多重反射が生じていたわけですが，ただそれが見えていなかっただけなのです．

● 送端終端はダンピング抵抗と同じではないか？

「送端終端って，なんだかダンピング抵抗と同じ感じがするな？」と感じる方もいらっしゃるのではないでしょうか．しかしこの2つは，それぞれ異なる振る舞いなのです．ダンピング抵抗は，回路を集中定数LC回路網として扱い，そのQ値（Quality Factor）を低下させるように作用するものです．

一方で送端終端は，信号を「波動」として考えたとき，反射を抑えるように働くものです．そのため違う動作に対して，抵抗素子を用いていることになります．

なおCMOSディジタル回路のプリント基板設計で安易に，「ダンピング抵抗と送端終端の両方に効くように抵抗を挿入しておきたい」とすれば，CMOSドライバ側に数10 Ωの抵抗を挿入しておけば，ひとつの抵抗で最大限の効果を発揮させることができます．

■ 反射係数のわりには波形変化が少ないぞ？

2015年のアナログ技術セミナーで，本節での話題に関連することをお話ししました．そこでは，伝送線路と特性インピーダンス…というストーリでお話ししていきました．

適切な特性インピーダンスの伝送線路をプリント基板上で実現するために，「インピーダンス・コントロール基板を」という話題をご提供しました．

● 基板製造を考慮して適切な仕上がり精度指示をという提案だった

しかしプリント基板を製造するうえでは，パターンのオーバ・エッチング/アンダ・エッチングにより，目的のパターン幅ぴったりに製造することは非常に難しいです．

一方でインピーダンス・コントロール基板として製造を依頼する場合に，どの程度の仕

図13　2015年のアナログ技術セミナーで示したスライド

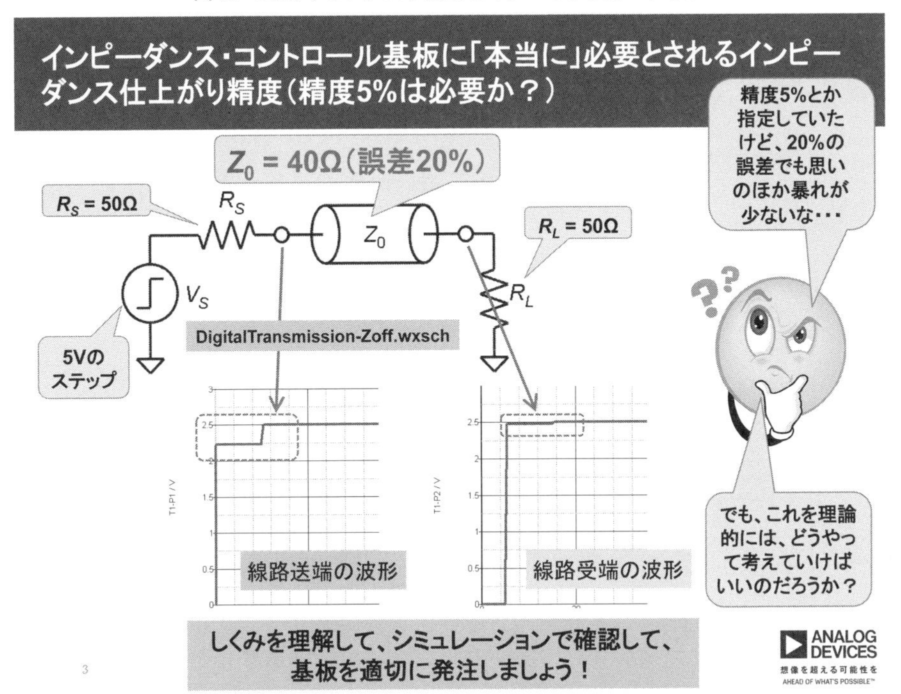

上がり精度指示をすればよいか，見当がつかない場合もあるのではないかと思います．もしかしたら「インピーダンス1％精度でお願いします」などと言ってしまうこともあるでしょう．

しかし要求精度を上げれば歩留まりが低下し，コストが上昇します．そのため適切な仕上がり精度で指示する必要があります．そこでアナログ技術セミナーでは，**図13**のような提案をしました．「20％の特性インピーダンス誤差で波形がどうなるか」というものです．

シミュレーションした回路は，**図14**のように入出力終端抵抗が50Ω，線路の特性インピーダンスが40Ωで20％もずれており（線路伝搬時間は5 ns），高速ディジタル信号回路において，「インピーダンス・コントロール基板のインピーダンス精度をそれほどシビアに指定する必要はないのですよ」というお話をしたかったものでした．

シミュレーションを用意した本人は，スライド作成時には「暴れは小さいよね（笑）」でスルーしていたのですが，終わったあとであらためて考えてみると「インピーダンス誤差が大きくても，負荷端の波形変化はたしかに小さい．しかし反射係数Γの大きさから考えて，

図14　図13の提案でのシミュレーション回路（図10の回路で$R_1 = R_2 = 50\ \Omega$，$Z_0 = 40\ \Omega$とした）

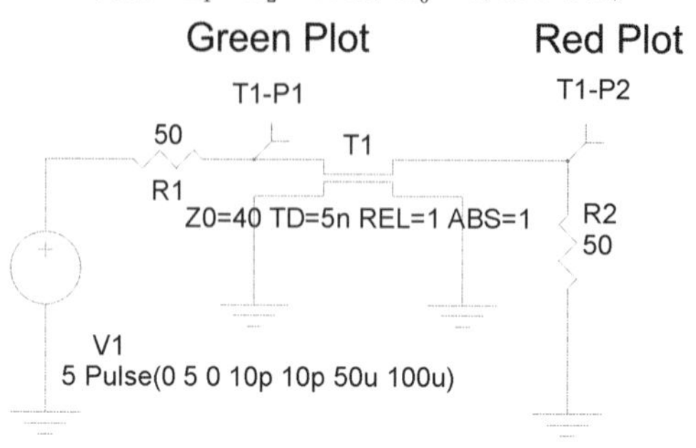

図15　図14のシミュレーション結果（上＝信号源側，下＝負荷端側）

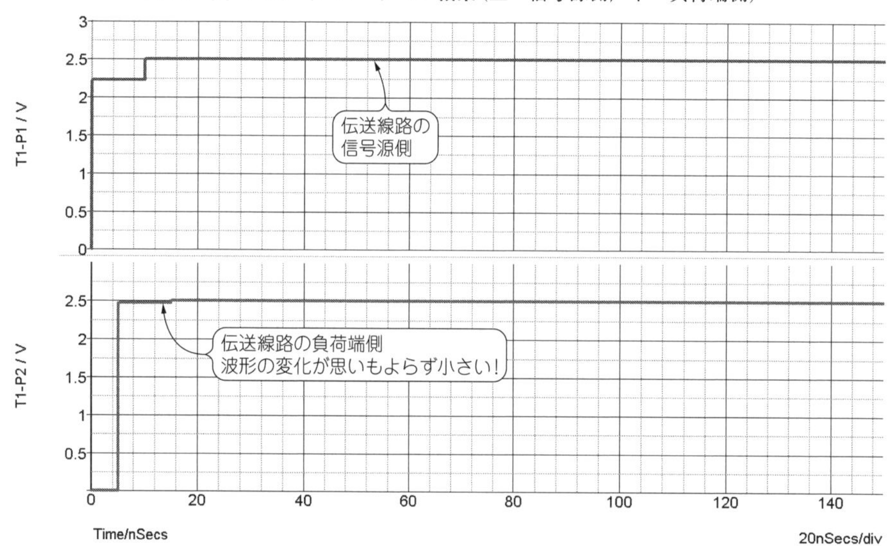

波形変化は小さすぎないか」ということに気がつきました（汗）．

● シミュレーション結果を精査してみる

このうごきをシミュレーションで確認してみます．**図15**はシミュレーション結果です．反射係数を計算してみると，$R_S = R_L = 50\ \Omega$，$Z_0 = 40\ \Omega$から

$$\Gamma = \frac{R_L - Z_0}{R_L + Z_0} = 0.111$$

図16 シミュレーション結果の下＝負荷端側の波形変化点を拡大してみた

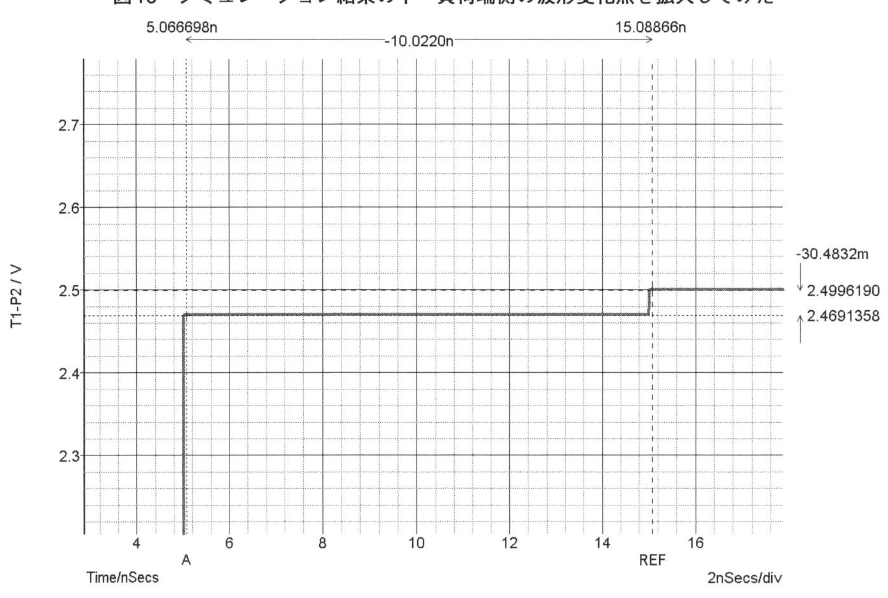

で，反射波は進行波の11％になります．負荷端からはこの率で反射していることは違いありません．しかし**図15**の変化点を拡大した**図16**においては，変化量が30 mVであり，1.2％程度しかありません．「確かにこれは不思議」です．

● 信号源側での注入量（進行波の大きさ）が異なるのだ

一方，信号源側も$R_S \neq Z_0$になります．ここがミソで，これにより進行波V_Fの大きさが整合時と異なる（小さくなる）ことから，多重反射の暴れが小さくなっているわけです．まず信号源側の等価モデルを考えると，進行波V_Fは

$$V_F = \frac{Z_0}{R_S + Z_0} V_S = \frac{40}{90} V_S = 0.444 V_S$$

となります．**図14**の条件だと，整合時より進行波V_Fは若干低くなります．

つづいて負荷端を考えます．進行波V_Fが負荷端に到達した瞬間の，負荷端の端子電圧V_{RL1}を，**図9**の等価モデルで考えると

$$V_{RL1} = \frac{R_L}{Z_0 + R_L} 2V_F = \frac{50}{90} \cdot 2 \cdot \frac{40}{90} V_S = 0.493827 V_S$$

となり，0.493827 × 5 V = 2.469135 Vで，**図16**のシミュレーション結果とぴったり一致す

ることがわかります．なお以降，多重反射を繰り返し（図15では変化は見えないが），最終的にV_{RLend}は

$$V_{RLend}=\frac{R_L}{R_S+R_L}V_S=\frac{1}{2}V_S \quad \cdots\cdots(15)$$

に収束します．V_{RLend}は2.5 Vであり，V_{RL1}とは30 mV程度の差にしかならないわけです．R_S，R_LとZ_0の大きさの相互関係が逆でも，同様に計算できます．結構ややこしく，かつ面白いものですね．

まとめ

ここでは「伝送線路」と「特性インピーダンス」そして「反射係数」についてお話ししました．高速な信号は「波動」だと考えることがポイントです．

3-3 ネット上の疑問「四つの豆電球の点灯する順番は？」を伝送線路から考えて実際に実験してみた

■ はじめに

ここでは，前節での理解を基礎として，ネットを騒がせている（？）「電球が点灯する順番」を，実際にツイストペア・ケーブルを使って実験検証してみます．この実験は「戯れ」ではありません．高速信号伝送の根本原理を知るために重要なものです．

また本節の後半では，プリント基板のパターンを信号が伝搬する位相速度をどう考えるかについて示してみます．

■ ネット上でみかける「電球が点灯する順番」という質問を実際に実験してみる

前節でも説明したように，高速信号では「電気信号は波動として伝送線路を伝搬していくのだ」と考える必要があります．このように考えることで，前節，図8（図1として再掲した）のクイズの答えはすぐにわかるはずです

これも前節でちょっとご紹介しましたが，Googleで「電球が点灯する順番」とサーチすると，たくさんのQ and Aページと，多数かつ熱心なディスカッションを見ることができます．なかには量子力学／仮想光子／素粒子論などを持ち出して議論しているページ[17]もあります．伝送線路の振る舞いが「量子力学／仮想光子／素粒子論」だなんて話になってくると，私も手も足もでません（笑）．

また参考文献(18)みたいのもあります．この参考文献(18)は，伝送線路の負荷側にあるスイッチをオン／オフしたときに，電球が点灯する順番はどうなる？という，これまた興味深いものです（笑）．

図1 電気信号が波動として伝送線路を伝搬していくのだと考えればこの答えはすぐに分かる(前節の図8を再掲)

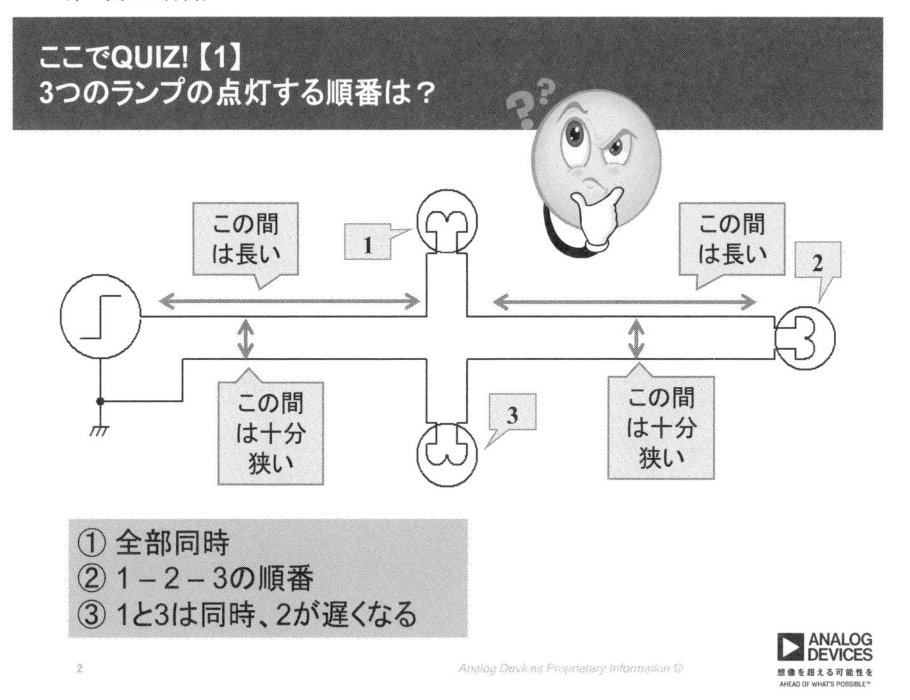

そのような議論がなされているもののひとつが「電気回路の豆電球」(19)です．

話を戻すと，**図1**のクイズの答えは「信号波形は波動だ」という理解があれば，すぐにわかるはずです．答えは③なのです．それでも「ホントかいな？」と感じる方がいらっしゃると思いますので，以降で実際に「電気回路の豆電球」の疑問を実験で検証しながら，確認してみます．

● 実際の電気/電子回路の概念でより条件を限定する

さて，ネット上の議論「電気回路の豆電球」での質問は，回路条件をASCII Art的にテキストで書いてありますが，それをより電気/電子回路の概念で条件を限定してみましょう．なお学会論文誌に投稿する論文なども「マルマルは確立しているものとして考える」などとして，その検討条件を限定することはよくやるものです．

「電気回路の豆電球」を条件限定した豆電球の回路図を，**図2**に示します．もともとの質問では，それぞれの電線は任意の方向に張ってあると読み取れるものですが，電線1と2，また3と4はそれぞれ導体間が相互に電磁気的に結合している，つまり伝送線路だと仮定し

図2 条件を限定した「電気回路の豆電球」の質問での回路(参考文献[19]文中の図を引用して加工)

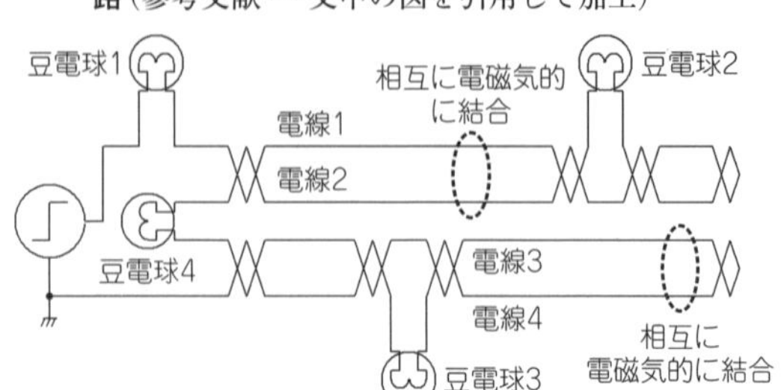

ます．この条件限定は，「電気回路の豆電球」[19]の回答番号6(質問者が選んだベスト・アンサ)でもおこなわれているものです．

また実験するには，豆電球を実際に見ながら…，どれが先に点灯するかなど…，観測不可能(笑)ですから，豆電球のかわりに抵抗を，また肉眼のかわりにオシロスコープと差動プローブを用います．**図2**で限定した「伝送線路だと仮定」はツイストペア・ケーブルを伝送線路として用います．

なんだか複雑に仕掛けられた謎を解き明かすようで，ドキドキしてきます….

● 単なる遊びではなく現代のハイ・スピード回路設計と深く関わるネタ

複雑に仕掛けられた謎などというと，この話題は「戯れ」にも聞こえるかもしれません．しかしこのような「電気信号の伝わり方の理解」は，現代のハイ・スピード回路設計で，非常に重要です．一例として，現在はアナログ・デバイセズとなったRF MMIC (Microwave Monolithic Integrated Circuit)の雄，Hittiteのアプリケーション・ノート「Layout Guidelines for MMIC Components」[20]で説明されているRFテクニックを十分に理解するためにも必要なことです．

このアプリケーション・ノートでは，プリント基板で一般的に用いられる伝送線路であるマイクロストリップ・ラインではなく，CPWG (Coplanar Waveguide)伝送線路，それもL2のグラウンドも活用するGrounded CPWGというテクニックが紹介されています．高速回路やRF回路のプリント基板設計で参考になるものと思います．

● どうでもよい話だが購入したツイストペア・ケーブルのお値段は

ところで，この実験をするためにツイストペア・ケーブルを購入しようと，代理店オフィス訪問後の夕刻に，秋葉原に立ち寄りました．「まあ，だいたい20 mあれば十分だろう」と考えながら店頭に到着しました．店頭に100 m巻きで目的のツイストペア・ケーブルが売っています…．値札も貼ってあります．意外と安いです…．

でも100 mも要りません…．もし買ったとしても，消費しきるのに一体何十年かかるやらです（使い切る前に死んでしまうだろう…笑）．そこで切り売りを買うために，店内に入っていきました．20 mくださいと言って，切り売り品をうけとり，支払った金額は100 m巻きの20 %ではなく…（笑）．

■ 謎を解くまえに図1のクイズの実験をしてみる

謎を解く前に，**図1**の2015年のアナログ技術セミナで出題したクイズの実証実験をおこなってみます．

実験回路を**図3**に示します．ここでも**図2**の説明と同じように，豆電球の代わりに抵抗を用います．また電線は10 mのツイストペア・ケーブルを2本用います（全長で20 m）．**図1**の「この間は十分狭い」という記述は，「それぞれ導体間が電磁気的に相互に結合している伝送線路」という仮定（条件限定）をしていますので，ツイストペア・ケーブルを伝送線路として用いています．

● 実験方法

信号源はVHCMOSロジックICを用いました．オシロスコープのCH 1でこの信号源波形を，CH 2で**図1**の豆電球1，2，3に相当する，**図3**の抵抗R_1，R_2，R_3の電圧降下を，それぞれ順番に1 GHz差動プローブ（テクトロニクスP6247）で差動測定します．差動プローブは1本しか無いので，測定結果はひとつずつしか示せません…．

ところで抵抗R_1，R_3とR_2は大きさを等しくしていません．R_2はこの伝送線路の終端抵抗としても機能しますので，ツイストペア・ケーブルの差動インピーダンス（特性インピーダンスに相当）の120 Ωに合わせて，120 Ωの抵抗にしてあります．このようにすることでR_2からの反射を抑えます．

図3 アナログ技術セミナーでのクイズの実証実験回路

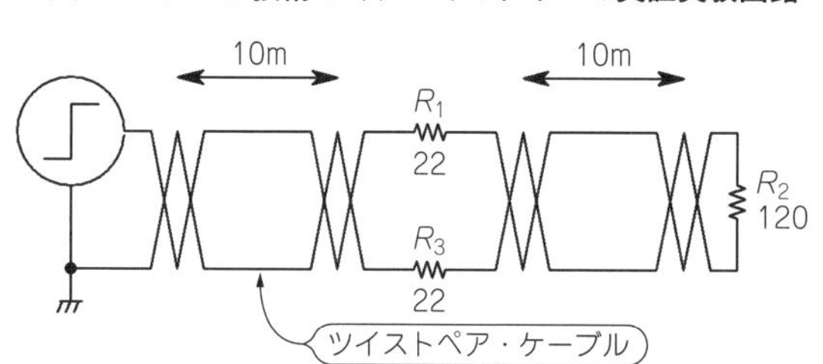

「豆電球が点灯した」ことを判定するには，その部分に電流が流れたことを確認できればよいので，抵抗で生じる電圧降下つまり端子間電圧変化を差動プローブで観測します．そしてその時間を測定して「点灯する順番」を判定します．

あらためて先入観なしに**図3**の回路を考えると，R_1⇒R_2⇒R_3の順序かな？答えは②かな？とか思わせますが…(笑)．

● 実際に測定してみる

さて，豆電球1に相当するR_1の電圧降下を測定したものを**図4**に，豆電球2(R_2)を**図5**に示します．これらは順当に52 ns，107 nsと1倍，2倍の時間経過になっています．

つづいて**図6**は(いよいよ気になる)豆電球3に相当するR_3の電圧を測定したものです．52 nsになっていますね！これはR_1の時間と同じで，10 mの長さを伝搬する時間です．まちがっても10 mを3本ぶん渡ってきた3倍の時間ではありません….

たしかにクイズの答えは③なわけです．これは前節の**図7**の「グラウンドに電流(電荷)が生じ，パターン電流とまるで一緒に流れたようになる」という説明とも符合します．

● 実験結果はこのように説明することができる

この**図3**の回路を伝送線路/分布定数線路だと考えると，**図7**のように説明できます．信

図4　信号源波形(CH 1)とR_1の電圧(CH 2)を観測：伝搬時間は52 ns

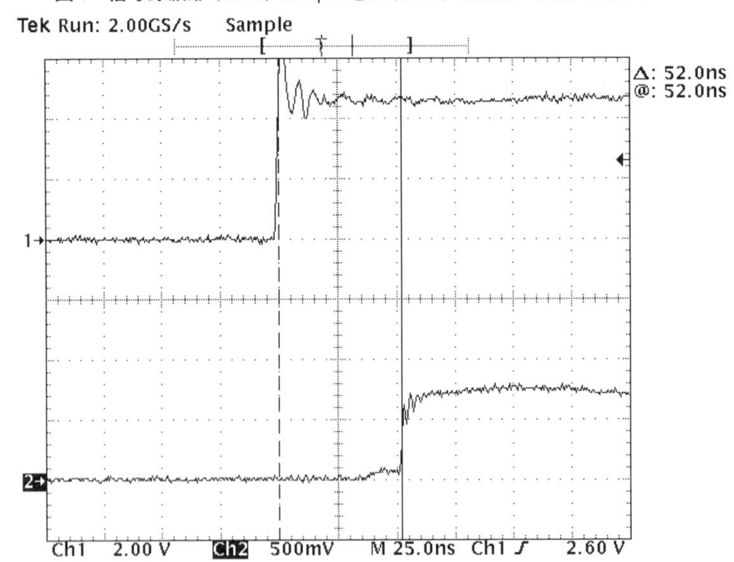

図5　信号源波形（CH 1）とR_2の電圧（CH 2）を観測：伝搬時間は107 ns

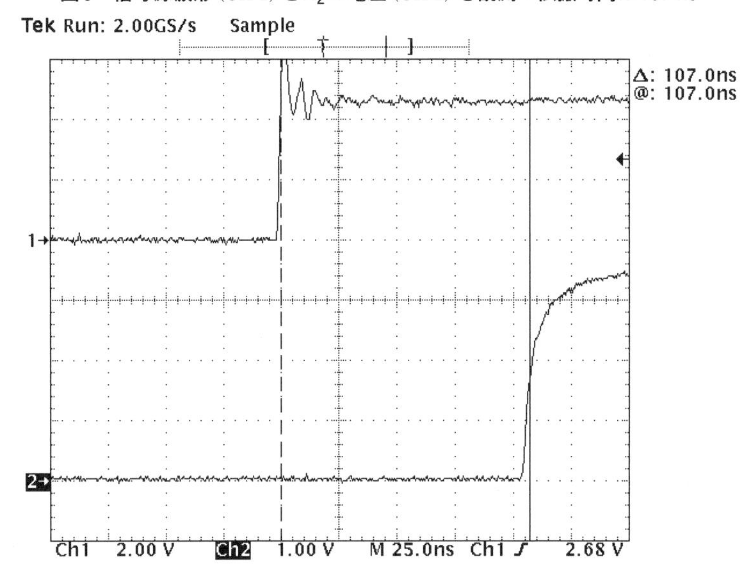

図6　信号源波形（CH 1）とR_3の電圧（CH 2）を観測：伝搬時間は52 ns

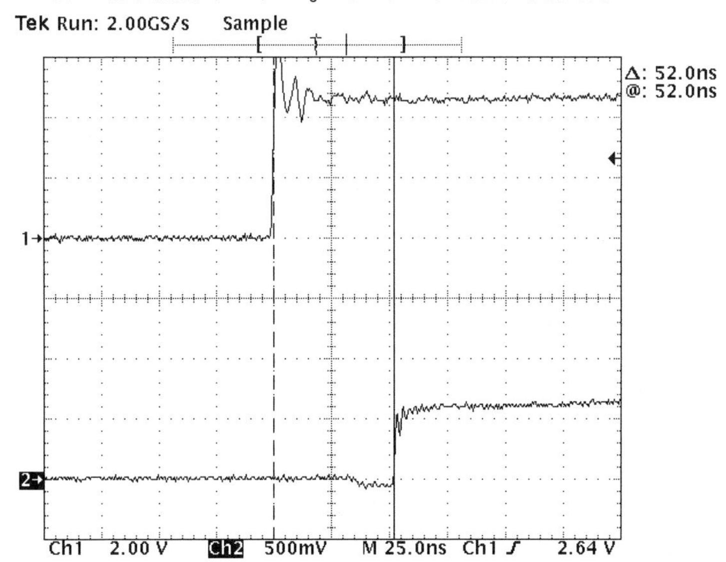

図7　図4～図6の結果は回路を伝送線路/分布定数線路だと考え，信号が波として伝搬していくと考えると説明がつく（実験はツイストペア・ケーブルなので差動伝送線路であり，この図とは若干等価回路が異なる）

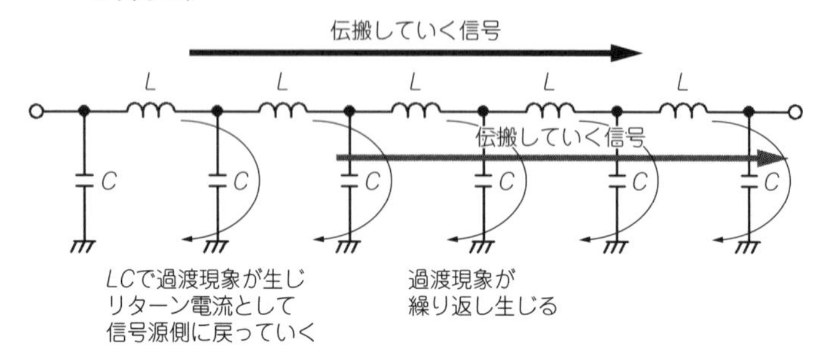

号変化は伝送線路を「波動」として伝搬していきます．波は分布定数線路のLC間で電圧/電流の過渡現象を繰り返し生じさせ，その過渡現象が伝搬していくわけです．

この過渡現象により，伝搬していく電流の波動がCを通じて流れ，これがグラウンドのリターン電流として信号源側に戻ってくるわけです．線路はL/C（リアクタンス）なので無損失ですから，分布定数線路内で継続していくこの過渡現象において，電圧量/電流量は変化しません．損失なくエネルギが伝搬していくのです．これは前節でも同様な説明をしました．

これにより，グラウンドへのリターン電流が過渡現象で生じつつ，波動として伝搬していく信号変化と「一緒に」，そのリターン電流が伝搬していくようになるわけです．

なお実験はツイストペア・ケーブルを用いたので差動伝送線路となります．そのため実際の等価回路は，**図7**とは若干異なることを付け加えておきます．

● ケーブル間も電磁気的に結合している！

この**図4**，**図6**を見ると気になることあります．信号の大きい変化は52 ns時点で観測されていますが，それ以前で（約30 nsのあたり）若干の盛り上がりやへこみが観測されています．

これは測定の都合上（同一のオシロスコープで観測する必要性から），信号源とR_1，R_3を近づけてあったためで，ツイストペア・ケーブル間が電磁気的に結合してしまっていることが原因です．

■「電気回路の豆電球」の質問はとても深い

参考文献（19）として挙げた，またこれから実際に実験をしてみる「電気回路の豆電球」の

図8 図2の「電気回路の豆電球」の質問の実証実験回路

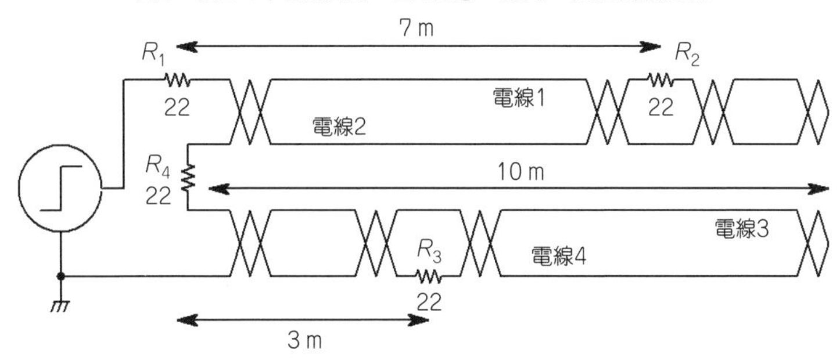

回路（**図2**）は，非常に含蓄が深いものです．

なんといっても，電線2と電線3の間は，豆電球が接続されているだけで，電源側との接続はされていません．たしかに「ホントにこれはどう考えるのだ？」とも思わせる質問なわけです．

質問はいかにも若い学生を装って（？）いますが，実は電磁気学が専門の大学教授が愉快的に書き込んだ質問ではないか？と勘ぐったりもできるものです（笑）．まあ大げさですね…．そんなことは無いでしょうが…（であれば，もっと条件を限定するはず）．

● 「電気回路の豆電球」の質問を実験開始！

それではいよいよ，「電気回路の豆電球」の質問という謎を解き明かすために，実証実験をおこなってみます．実験回路を**図8**に示します（**図2**を詳細化したもの）．ケーブル全長は10 mで，R_2は7 mの位置，R_3は3 mの位置に挿入してあります．

オシロスコープのCH 1で信号源波形を，CH 2で豆電球1，2，3，4に相当する抵抗R_1，R_2，R_3，R_4の電圧降下を，それぞれ順番に差動プローブで差動測定します．ここでも測定結果はひとつずつ示します．

またこの実験では，ツイストペア・ケーブルそれぞれの先端は終端抵抗を用いず（**図8**に示してあるように），単にショートしています．反射波形もどんな波形が見えるでしょうか．結果を**図9**（R_1），**図10**（R_2），**図11**（R_3），**図12**（R_4）に示します．

● 「電気回路の豆電球」の実験結果は…

ここでの波形はとても興味深いです．**図9**では当然ながら遅延はありません．しかしツイストペア・ケーブルの入力周辺で，（グラウンドが浮いていることから）集中定数としてのリンギングか，短距離の多重反射かは判別できませんが，大きな暴れが観測されます．とも

図9 信号源波形(CH 1)とR_1の電圧(CH 2)を観測 伝搬時間はほぼゼロns

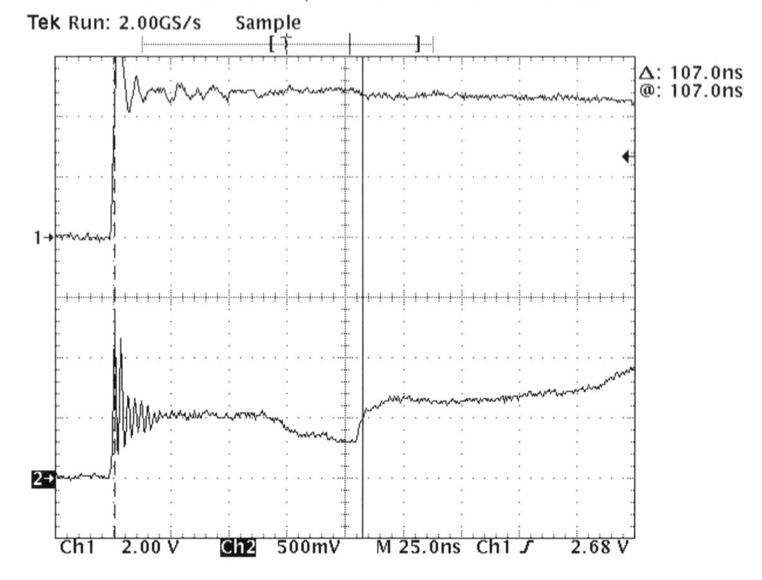

図10 信号源波形(CH 1)とR_2の電圧(CH 2)を観測 伝搬時間は36.5 ns

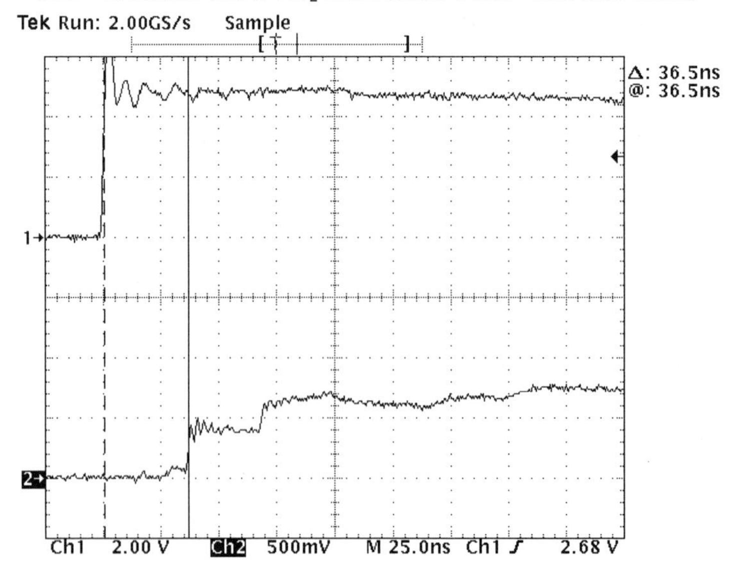

図11　信号源波形（CH 1）とR_3の電圧（CH 2）を観測　伝搬時間は15.5 ns

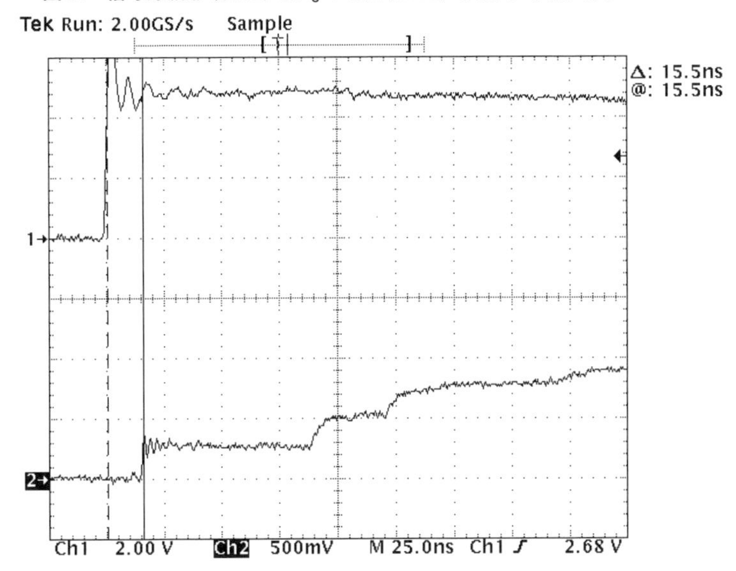

図12　信号源波形（CH 1）とR_4の電圧（CH 2）を観測　伝搬時間はほぼゼロns

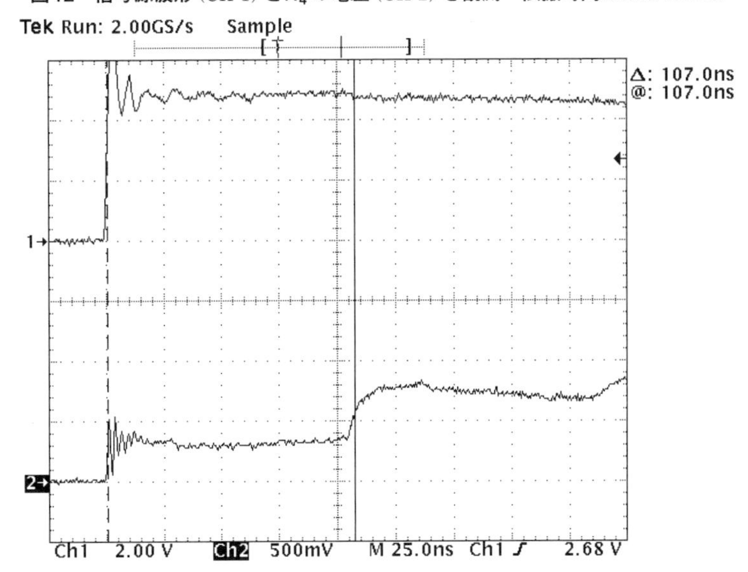

あれ豆電球は点灯するわけです．まず「豆電球1が順当に，一番に点灯する」ことが確認されました．まあ，これは当然です．

つづいて豆電球2に相当するR_2です（**図10**）．これは信号源から7 mのところにあるので，**図4**の10 m = 52 nsの70%となる36.5 nsとなっています．これも順当でしょう．

さらに豆電球3に相当するR_3です（**図11**）．これは信号源から3 mのところにありますが，グラウンド側なので「複雑に配線が巡っているので何mなのか？」と思わせるものですが，10 m = 52 nsの30 %となる15.5 nsとなっています．これは**図6**とも符合するもので，回路のプラス側に電流が流れ始めると，マイナス側にも電流が（**図7**のように）誘起して，それが観測されているわけです．ということで「豆電球2の前に豆電球3が点灯する」となるわけですね！

最後に理解不能（？）な豆電球4です（**図12**）．なんとR_1（**図9**）と同じで，遅延がありません！

ということで「豆電球1と4が同時，つづいて3，最後に2」が答えなのですね．これも**図7**のように考えればよいわけですが，「線間がトランスになっている」という，別の見方というか，イメージすることもできます．

反射のようすも少し考えてみましょう．**図9**と**図12**は20 mを伝搬する（10 mを往復する）時間の107 nsのところにカーソルを置いてあります．**図5**に合わせて107 nsにしてあります．

実験のケーブル長は10 mです．先端をショートした状態が，反射により10 mの伝搬往復時間（107 ns）で，信号源側で観測されています．そのとき抵抗R_1，R_4に流れる電流が増加し，抵抗R_1，R_4両端の電圧が上昇しているわけです．以降でもさらに波形が暴れていますが，これはR_1～R_4で発生している多重反射により生じているものです．

■ プリント基板上での位相速度はどう考える？という質問をいただいた

ここでこのツイストペア・ケーブルという伝送線路を，電気信号が伝搬する時間を考えてみましょう．**図3**の抵抗R_2は，20 mの位置に挿入されています．信号源からここまでの伝搬時間は107 nsです（**図5**の実験結果のとおり）．

これから位相速度を求めると1.87×10^8 m/sとなります．光速（3×10^8 m/s）よりも遅くなっていますね．同軸ケーブルの位相速度は光速の66.7 %（これを波長短縮率という）ですが，ツイストペア・ケーブルでは62 %程度になるのですね．

ところで，あるところで質問をいただきました．「プリント基板上のマイクロストリップ・ラインなどで，位相速度はどう考えるのか？」．

本節の話題からすれば少し補足的な話題ですが，以降ではプリント基板上（マイクロストリップ・ライン）の位相速度についてページを割いてみたいと思います．

■ 位相速度は電界と磁界が伝搬する速度でもある

● 伝送線路の位相速度を透磁率と誘電率で表す

前節で伝送線路における位相速度v_Pは，単位長インダクタンスL_Uと単位長容量C_Uから決まり

$$v_P = \frac{1}{\sqrt{L_U C_U}} \quad \cdots\cdots (1)$$

になると説明しました．別の表し方として以下があります．

$$v_P = \frac{1}{\sqrt{\mu_r \mu_0 \varepsilon_r \varepsilon_0}} \quad \cdots\cdots (2)$$

ここでμ_rは絶縁体の比透磁率，μ_0は真空の透磁率，ε_rは同じく絶縁体の比誘電率，ε_0は真空の誘電率です．この2つの式が等しくなることを，同軸ケーブルで考えてみます（参考文献[21]）．まず単位長インダクタンスは

$$L_U = \frac{\mu_r \mu_0}{2\pi} \ln\left(\frac{b}{a}\right) \quad \cdots\cdots (3)$$

ここでaは内導体の外周半径，bは外導体（シールド）の内周半径です．同じく単位長容量は

$$C_U = \frac{2\pi \varepsilon_r \varepsilon_0}{\ln(b/a)} \quad \cdots\cdots (4)$$

これらから式(1)と式(2)が等しくなることがわかります．

● 伝送線路をガイドとして電界と磁界が伝搬している

しかしここでお伝えしたいことは，式が等しくなることではありません．伝送線路の中で，「電界と磁界の過渡変動が負荷端に向かって伝搬しているとも考えられる」ということです．**図13**のように伝送線路は，電界と磁界が伝搬するための「ガイド（導き台）」として働き，このガイドに沿って電界と磁界が伝搬しています．

そのように記載された電磁気学の本（**図14**）[22]を最初に読んだときには，確かに私も「ホントかいな？」と思いました．しかし

- 電位差は電界を距離で積分したもの
- 電極間の電位差の変動（電界の変動）により電極間に電流（変位電流）が流れる
- 変位電流により磁界が生じる（アンペアの周回積分の法則）
- 変動磁界から電界が生じる（ファラデーの電磁誘導の法則）
- 電界は電位差になる

から，電圧は電界であり，電流が磁界であることがわかり，また**図15**のように「電位変動」⇒「電界変動」⇒「変位電流」⇒「変動磁界」⇒「電位差」と，それぞれが連鎖していること

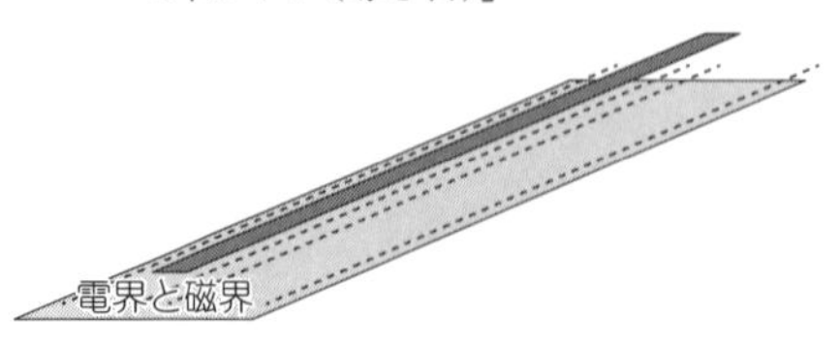

図13 伝送線路は電界と磁界が伝搬するための「ガイド(導き台)」

図14 「ホントかいな？」と感じた電磁気学の本(22)

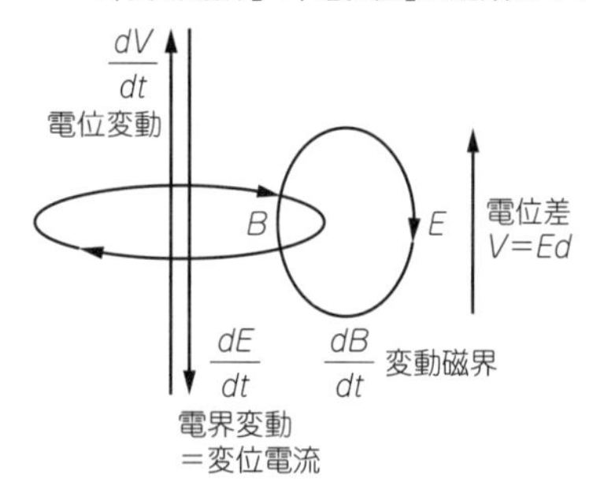

図15 「電位変動」⇒「電界変動」⇒「変位電流」⇒「変動磁界」⇒「電位差」と連鎖している

がわかります．

すなわち，伝送線路を電圧と電流で考えたものが分布定数モデルから得られる答えであり，電界と磁界で考えたものが誘電率と透磁率から得られる答えなわけですね．

■ いよいよプリント基板上での位相速度を考える

● しかし「実効」とか出てくる…

位相速度を計算するには，式(1)のアプローチもありますが，L_U，C_Uを個別に求めるのは困難です．そこで式(2)のアプローチを採ります．プリント基板でのマイクロストリップ・ラインにおいて式(2)は，

- μ_rについては，絶縁体の比透磁率はほぼ1
- ε_rについては，マイクロストリップ・ラインで形成される実効比誘電率ε_{reff}(Effective Dielectric Constant)というもので考える

となります．μ_rはよいにしても，ここでε_{reff}という，またややこしいものが出てきました(笑)．「実効(effective)」です….

マイクロストリップ・ラインでは**図16**のように電界が分布します．空間(ε_r＝1のところ)

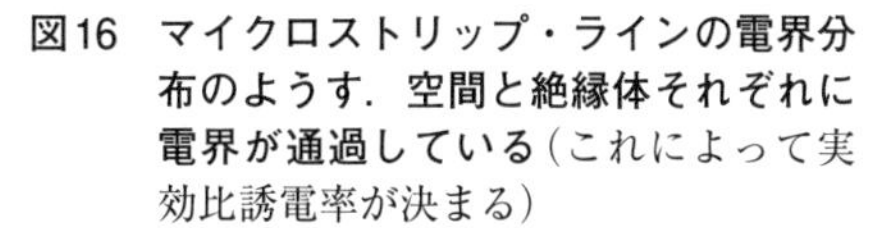

図16 マイクロストリップ・ラインの電界分布のようす．空間と絶縁体それぞれに電界が通過している（これによって実効比誘電率が決まる）

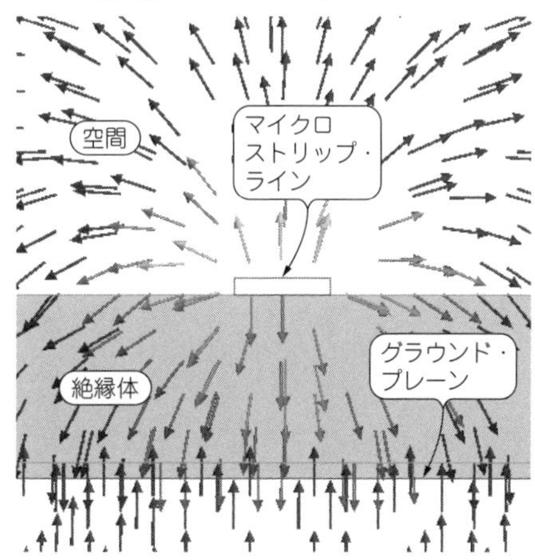

に分布する電界と，絶縁体内部（FR-4であれば$\varepsilon_r \cong 4.8$のところ）に分布する電界があります．すべての電界が絶縁体の中を通過するわけではありません．

そうすると空間の比誘電率と，絶縁体（FR-4）の比誘電率相方の影響度を考える必要がでてくるわけです．この度合いが実効比誘電率ε_{reff}です．プリント基板がFR-4であれば，ε_{reff}は$\varepsilon_r \cong 4.8$より小さくなります．

● ようやくマイクロストリップ・ラインの位相速度が求められる…

ここまでわかれば（といっても実効比誘電率ε_{reff}の算出方法は，改めて以降に示すが），マイクロストリップ・ラインの位相速度を計算できます．式(2)を実効比誘電率として書き直すと

$$v_p = \frac{1}{\sqrt{\mu_r \cdot \mu_0 \cdot \varepsilon_{reff} \cdot \varepsilon_0}} \quad \cdots\cdots (5)$$

また$\mu_r = 1$なので

$$v_p = \frac{1}{\sqrt{\mu_0 \cdot \varepsilon_{reff} \cdot \varepsilon_0}} = \frac{1}{\sqrt{\varepsilon_{reff}}} \cdot \frac{1}{\sqrt{\mu_0 \varepsilon_0}} = \frac{c}{\sqrt{\varepsilon_{reff}}} \quad \cdots\cdots (6)$$

ここでcは光速になります（cはμ_0とε_0から求まる）．マイクロストリップ・ラインを電気信号が伝搬する位相速度は，光速から実効比誘電率ε_{reff}の平方根ぶんの1になるのですね．

ちなみにプリント基板内層に形成される「ストリップ・ライン」では，電界がグラウンド・プレーンまで到達する経路は，すべて絶縁体（誘電体）で充填されているので，$\varepsilon_{reff} = \varepsilon_r$になります．

● IPCの技術資料で実効比誘電率の式が示されている

しかしこの実効比誘電率ε_{reff}をどのように求めるか…という壁があります．前節でも示した，IPC発行のデザインガイドIPC-2141A Design Guide for High-Speed Controlled Impedance Circuit Boards, Standard[14]に，実効比誘電率ε_{reff}を求める式が掲載されています．引用してみると，マイクロストリップ・ラインのケースでは

$$\varepsilon_{reff} = \frac{\varepsilon_r + 1}{2} + \frac{\varepsilon_r - 1}{2}\left\{\sqrt{\frac{w}{w + 12h}} + 0.04\left(1 - \frac{w}{h}\right)^2\right\} \quad \cdots\cdots (7)$$

ここでwはパターン幅，hは誘電体の厚さです（それぞれ比なので，単位は何でもかまわない）．この計算は$(w/h) < 1$の条件のものです．$(w/h) \geqq 1$の条件では0.04の項を無視します．特性インピーダンスが50 Ωだと$(w/h) \geqq 1$の条件になりますので，計算は簡単になります．

● とはいっても，いまどきはネットのツールで…

計算は簡単だとはいえ，実効比誘電率の計算もネット上のツールを活用できます．前節でも紹介したツール[16]を用いて，FR-4を仮定してマイクロストリップ・ラインの実効比誘電率ε_{reff}を求め，それから位相速度v_pを計算してみましょう．

ツールでの計算結果（デフォルト設定の$Z_0 = 50\ \Omega$，$\varepsilon_r = 4.8$で計算．詳細条件は割愛）から，$\varepsilon_{reff} = 3.5439$という「答えの一例」が得られました．これから波長短縮率は，光速の53.1 %（$=\sqrt{1/3.5439}$）となり，位相速度は$v_p = 159 \times 10^6$ m/sと計算できます．マイクロストリップ・ラインを信号が伝搬する速度は，光速の半分程度になっているわけです．

● ディレイ・ラインにもアイデアを活用できる

伝送線路/分布定数や位相速度の考え方がわかると，信号を任意に遅延できる「ディレイ・ライン」を構成することもできます．

図17は分布定数の考え方を活用して，集中定数により実現したディレイ・ライン回路です．単位長に相当するL/Cを$L = 390$ nH，$C = 10$ pFとして，集中定数で分布定数線路を模倣し，L/C 1段で2 nsの遅延時間を実現できました．全体でL/Cが60段あるので，同軸ケーブル24 mに相当する遅延時間が実現できるものです．これは2015年のアナログ技術セミナーで展示したものです．このプリント基板は，P板.comの「パネルdeボード」サービス[5]から，IEEC-DI007Aとして購入できます．

図17 伝送線路の考え方を活用して集中定数で作ったディレイ・ライン回路（同軸ケーブル24mの遅延時間が実現できる）．**P板.comの「パネルdeボード」サービスからIEEC-DI007Aとして購入できる**

図18 グラウンド（大地）**があるという考え方に基づいた場合**

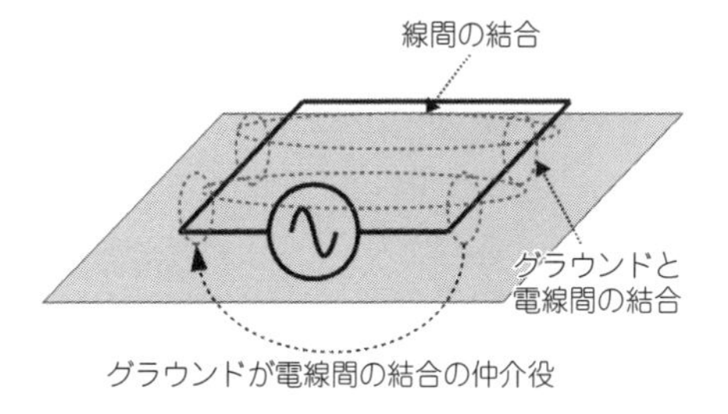

図19 グラウンドも無い，たとえば宇宙空間に回路があるとした場合

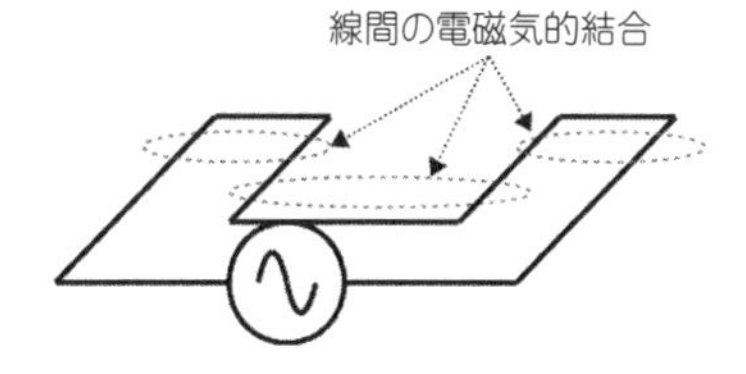

■ ネット上の疑問について条件を限定しないときのふるまいは？

図2の回路は，オリジナルの質問を，電線1と2，また3と4はそれぞれ導体間が相互に電磁気的に結合している，つまり伝送線路だと条件を限定しました．

ここではこの条件をとっぱらって，オリジナルの質問のままではどうなるか考えてみたいと思います．**図18**はグラウンド（大地）があるという考え方に基づいた場合です．いっぽうで**図19**はグラウンドも無い，たとえば宇宙空間に**図2**の回路があるとした場合です．

どちらの場合でも「それぞれの電線が相互に電磁気的にどれだけ/どのように結合しているか」で答えが決まるということです．

単純なループ形状であれば，スイッチに近いところのプラス側とマイナス側にある豆電球が最初に点灯しますが，それこそ形状が複雑だと相互の電磁気的結合のようすで豆電球の点灯する順番が決まってきます．

特に**図18**では，グラウンドが電線間の結合の仲介役を果たしたり，グラウンドと電線と

図20　2015年のアナログ技術セミナーで出題したクイズ - その2（ちなみに答えは②）

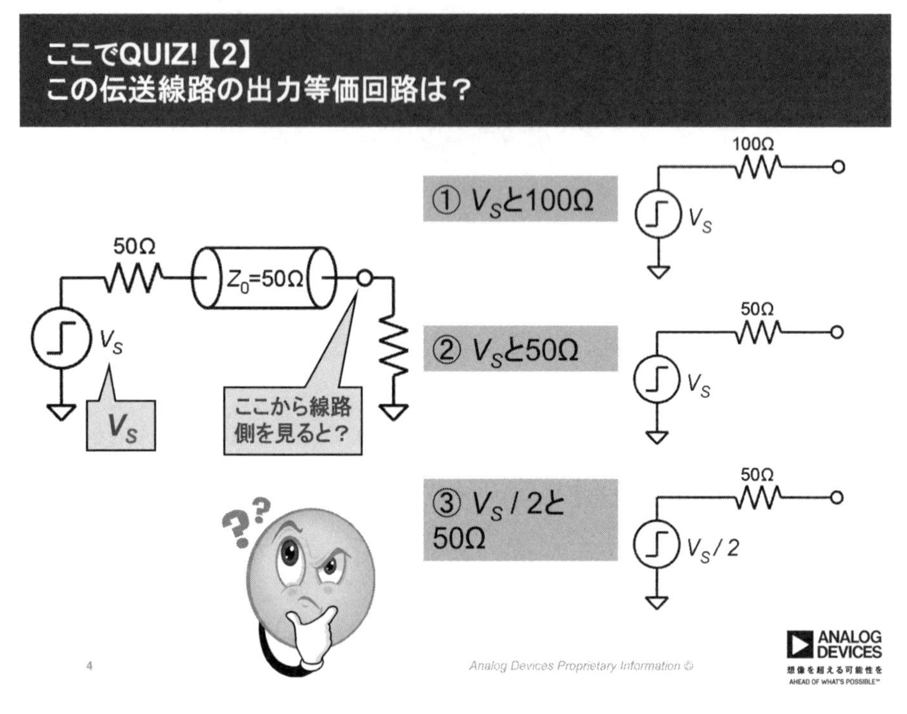

の間で伝送線路が形成されたりすることになります．

■ 2015年のアナログ技術セミナーでクイズの正答率

ところで2015年のアナログ技術セミナーのセッション中で，**図1**と**図20**に示す2つクイズを出題したのですが，クイズの正答率は17％でした（2問それぞれの正答率を平均）．他の講師が出題したクイズの正答率はもっと高いものも多く，そのうちいくつかは80％を超えるものでした．「ちょっと難しすぎたかな」と以降で反省したものでした….

ということで，そのセッションを聴講され，クイズの答えがわからなかった方も，ご心配なさらずに…と思っております．それでも，ここまでの説明をご覧になっていただけると，これらのクイズの答えもわかってくるものと思います．

まとめ

電気信号が伝搬するようすは不思議なようですが，それを「波動」だと考えていくと，だ

図21　高速回路のプリント基板設計への知恵となる3冊

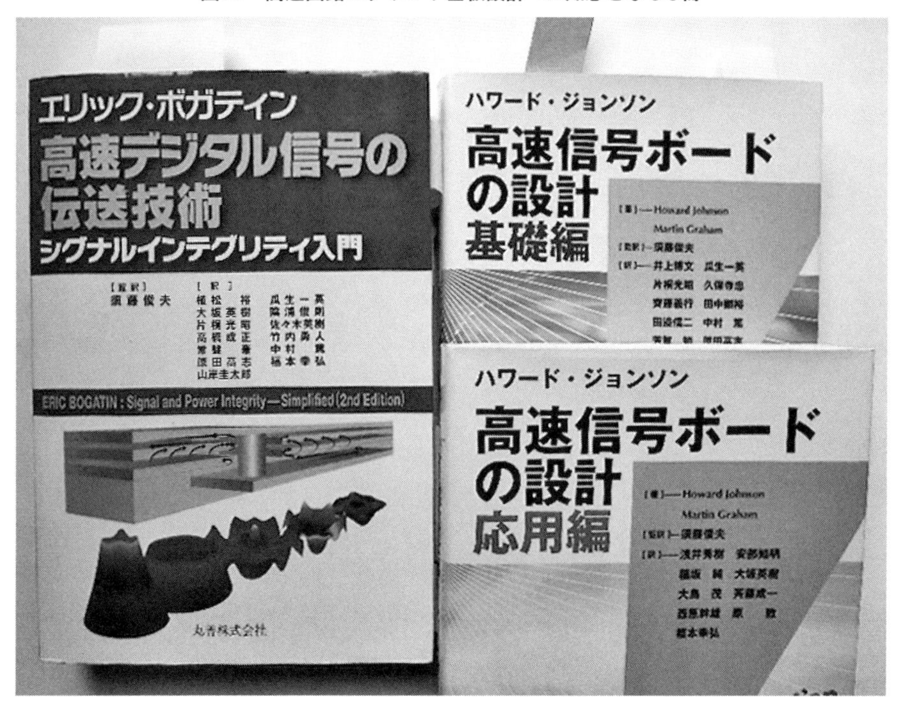

いぶ合点がいくことがおわかりいただけたかと思います．そしてそれらは「伝送線路」が媒体となっているということです．

現代のハイ・スピード回路設計，それも特にプリント基板設計では，ここで説明した概念を「イメージとして理解しておく」ことが非常に重要です．戯れネタのようなこの話題を，ぜひ実務にご活用いただければと思います．

最後の最後に，現代の高速信号伝送に関する書籍を3冊ご紹介しましょう（**図21**）．高速回路のプリント基板設計に，「間違いなく」活用できる知恵となる3冊参考文献(12)，(23)，(24)です［(25)も参考になる］．

第4章 マッチング回路を「足し算」で計算できるようになればスミス・チャートでマッチングをとる原理がわかる

4-1 アドミッタンス⇒インピーダンス⇒アドミッタンス…と逆数をとっていく

■ はじめに

ここまで伝送線路，特性インピーダンス，そして反射係数などの話題をご提供してきました．つづいて「マッチング」について考えてみたいと思います．マッチングはSパラメータやスミス・チャートと関連して説明されますが，「なんだかよくわからない」ということが多いものと思います．そこで，通常の回路計算から見ていくとマッチングはどのように考えられるもので，さらにそこからスミス・チャートとのつながり，という流れで説明したいと思います．

■ 最大電力の伝達条件「マッチング」をみてみる

図1のような超単純な回路を考えます．信号源抵抗R_Sは50 Ωで，負荷側には負荷抵抗R_Lが接続されています．ここで最大電力が伝送する条件をADIsimPEでシミュレーションしてみます．シミュレーションは**図2**のようにAC解析でR_Lを1 Ω～1 kΩでスイープ(変化．

図1　信号源から負荷抵抗に最大電力を伝送する条件を考える回路
(ADIsimPE)

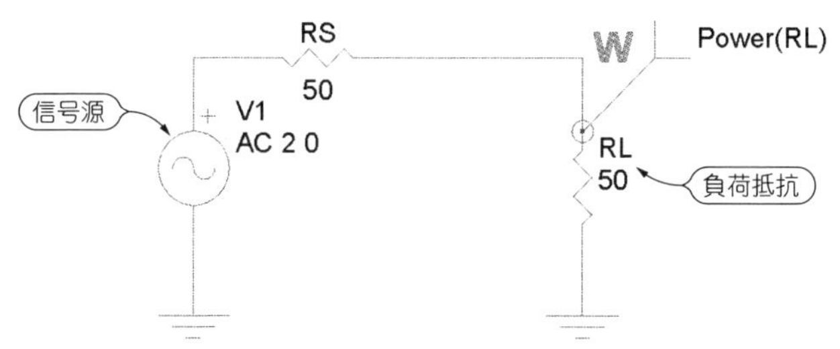

図2　図1のシミュレーション・パラメータ．負荷抵抗値を変えている

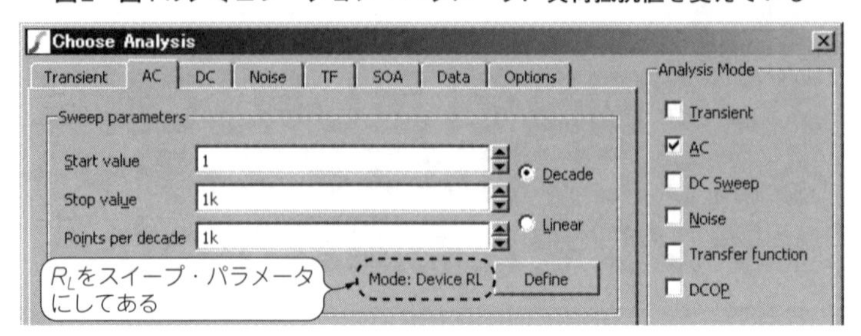

図3　図1の負荷抵抗値を変化させて負荷抵抗の電力を計算した（横軸は負荷抵抗値）

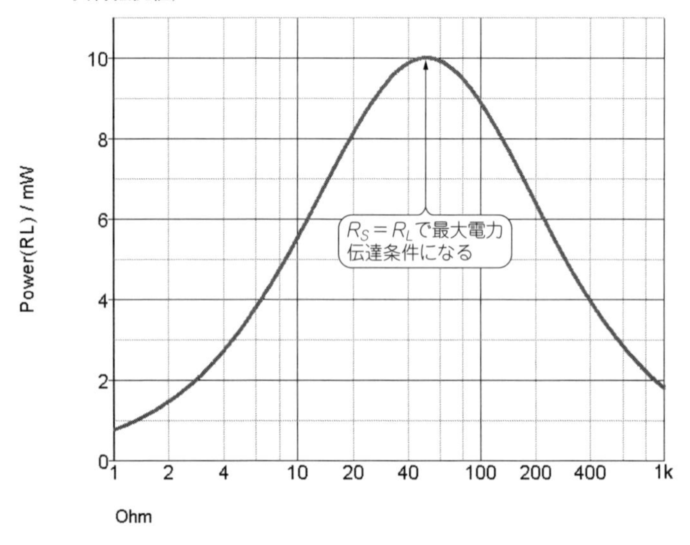

本来は「掃引」と訳されるもの）して，R_Lで得られる電力を表示させます．信号源の大きさはピーク2V，実効値で$2/\sqrt{2}$Vです．

図3が結果ですが，$R_L = 50\,\Omega$のとき，つまり$R_S = R_L$のときに最大電力が伝達されていることがわかります．この状態/条件のことを「マッチング（整合）している」といいます．この条件で信号源側から負荷側に最大電力が伝送できます．

ちなみにこの「最大電力伝送」の条件（信号源抵抗＝負荷抵抗）は，よく電気・通信関係の国家試験に登場する問題です．本節での話題に関しては「信号源抵抗＝負荷抵抗」の関係（マッチングしている状態）を覚えておけばよいのですが，その問題を解くためには，式を負

荷抵抗で一階微分するという数学的テクニック（回路計算では定番といえる）が必要です.

● いやまてよ，信号源抵抗がゼロでもよいだろう

「いや，ちょっとまてよ．信号源抵抗をゼロにすれば，それこそ最大の電力が送れるのでは？」と思うでしょう．確かに私も長らくそのように感じていました．「なぜ，わざわざ『信号源抵抗』なるものを考えるのだろうか」とも．

ここまでの説明のように，「電気信号（電圧と電流）は波動として伝送線路を伝搬していき」，「伝搬する電圧と電流との関係が特性インピーダンス」です．そのため伝送線路の特性インピーダンスが50Ωであれば，伝送線路の受端においては，**図4**として再掲した第3章第3節の**図20**のクイズの答えのように「その受端から伝送線路を見た信号源抵抗（相当）は50Ω」になります．

つまり伝送線路の受端で最大電力を得る条件を考える場合には，受端における「信号源抵

図4 2015年のアナログ技術セミナーで出題したクイズ-その2（答えは②．第3章第3節の**図20**再掲）

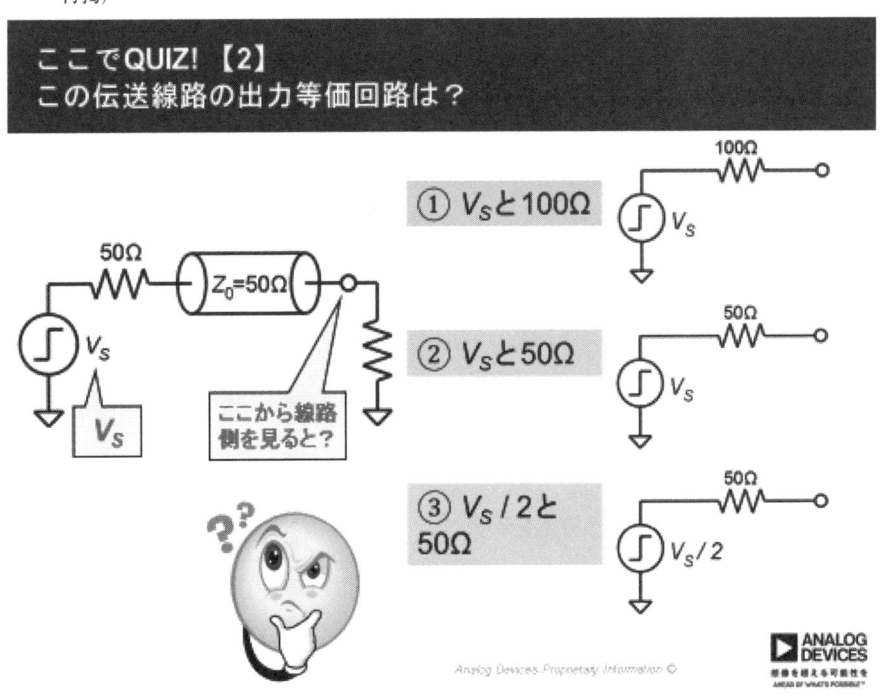

抗＝特性インピーダンス」による等価回路を（図4のように）考える必要があるということです．なおこの等価回路を実現するためには，信号源側も50 Ωでなければなりません．

また受端から反射した信号を考えるのであれば，全く同じ考えを送端にも適応する必要があります．これらのため，「どうしても，わざわざ『信号源抵抗』なるものを考える必要がある」というのが，先の疑問の答えになります．

● それではミスマッチのときに最大電力伝送はできないのか

さて，現実のシステム，特に高周波・アナログ回路では$R_S = R_L$にできない（なっていない）場合が多いかと思います．高周波トランジスタの入力インピーダンスが「どのトランジスタでもぴったり50 Ω」だなんてありえません．

図3を見ると，R_Lが50 Ωの場合には10 mWが伝送できていますが，R_Lが10 Ωの場合には約半分の5.5 mW程度しか伝送できません．この状態をミス・マッチング，また「ミスマッチ」と呼びます．この状態で，どうすれば最大電力を伝送できるのでしょうか．

答えは$R_S \neq R_L$の状態から無理やり（？）$R_S = R_L$の状態に変換すればよいのです．これを「インピーダンス変換」といいます．

■ リアクタンスを付加することでインピーダンス変換が可能になる

インダクタや容量（本章ではコンデンサを「容量」とする）は，電圧と電流の位相が± 90°異なる「電流の流れを妨げる」リアクタンス要素Xになります．リアクタンスはこの位相関係により，素子自体では電力を消費しません．充電と放電のプロセスを繰り返すというイメージです．リアクタンスは「Reactance」で，Reactという動詞から来ており，Reactは「反応する，反抗する」などの意味があります．ちなみに

- 抵抗R：Resistance ⇒ Resist（抵抗する／反抗する）
- インピーダンスZ：Impedance ⇒ Impede（妨げる）

という意味であり，あらためてそれぞれの用語の起源を考えてみると，とても含蓄のある…というか，意味深い表現を（英語の原語でも）選んでいるなと感じるものです．特に電力を消費しないリアクタンスがReact（反抗する）です…．「電力を消費しない」ことにReactという単語を採用したのですね…．

● まずは「こうなる」という答えを示す

このリアクタンス素子を信号源抵抗R_Sと負荷抵抗R_Lの間に直並列に接続することで，インピーダンス変換をおこなうことができます．

難しい話をこねくり回す前に，「ふーん」という感じでまずは答えを示してみましょう．**図5**のインダクタと容量（リアクタンス）を追加した回路を用いると，最大電力の伝達（つま

図5 信号源抵抗と負荷抵抗が等しくないときにリアクタンス素子を追加するとマッチングが実現できる

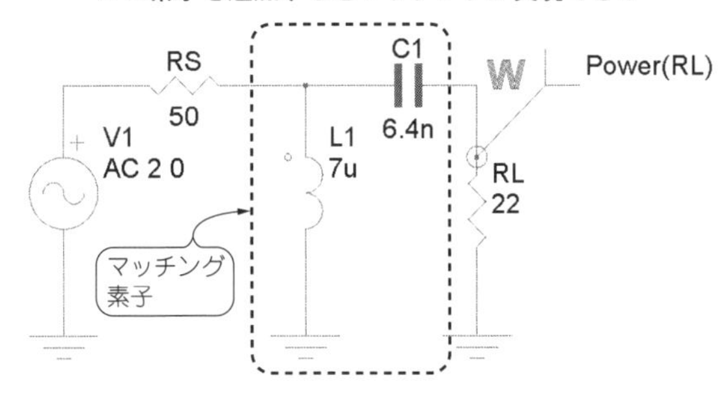

図6 1 MHzの周波数で最大電力伝達条件と同じ10 mWが負荷抵抗で得られている(横軸は周波数)

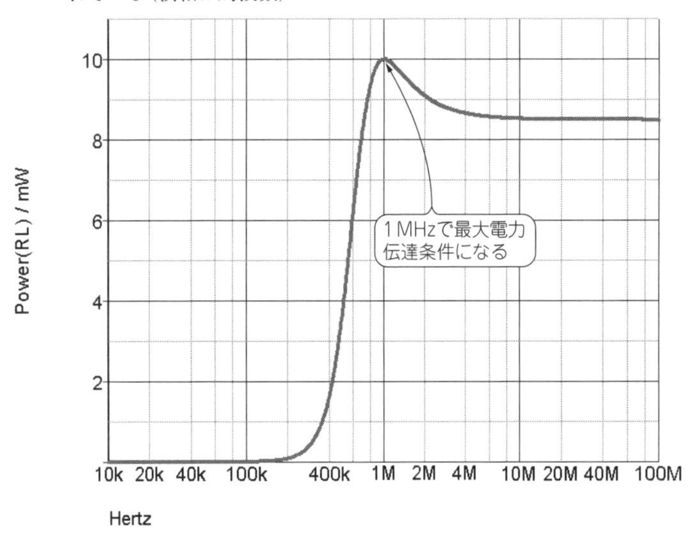

りマッチング/整合)を実現することができます．ただしある特定の(自分の希望する)周波数でしかマッチングをとることができません．1 MHzを目的の周波数とし，負荷抵抗R_L = 22 Ωとしていますが，**図6**のシミュレーション結果のように1 MHzで**図3**の$R_S = R_L$のときと同じ10 mWが負荷抵抗R_Lで得られています．

リアクタンスは素子自体では電力を消費しません．そのためリアクタンス回路をうまく構成することで，信号源の電力をまるでポンプ・アップ(揚水)するように，負荷抵抗に供給することができるわけです．

図7　信号源抵抗R_SとインダクタLの並列接続を考える

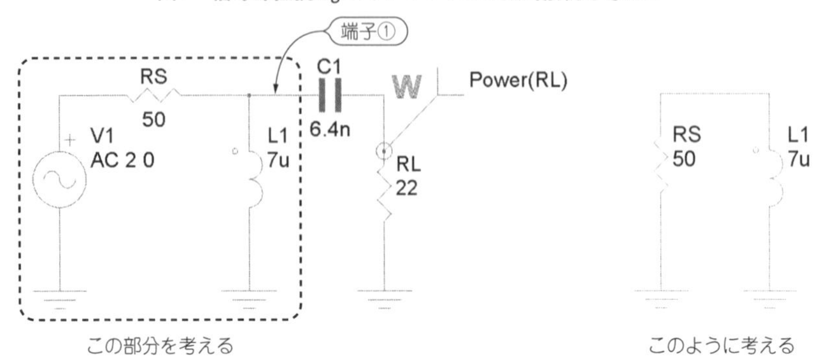

● つづいて計算で求めてみる

ここで簡単なインピーダンス計算をして，**図5**，**図6**でのリアクタンス素子によるインピーダンス変換が実現できていることを確認してみましょう．インピーダンス変換計算に用いる定数は**図5**のものです．

まず信号源抵抗R_SとインダクタLの並列接続を考えます．これは**図7**の破線部分に相当します．信号電圧源がついている回路ですが，回路理論では電圧源は「抵抗がゼロ」となりますので，「ゼロVの電圧源」だと考えてしまえば，**図7**の端子①から左側を見たインピーダンスは「信号源抵抗R_SとインダクタLの並列接続」と単純に考えることができます．

まずインダクタLのリアクタンスX_Lは

$$X_L = j2\pi fL \quad \cdots\cdots (1)$$

ここでjは虚数単位で「位相がプラス90°回転する」ということを表しています．ここにf = 1 MHz，L = 7 μHを代入すると，

$$X_L = +j43.98\ \Omega \quad \cdots\cdots (2)$$

このインダクタが，信号源抵抗R_S = 50 Ωと並列接続されたときの合成インピーダンスは，一般に使われている抵抗の並列接続の式

$$R_{ALL} = \frac{R_1 R_2}{R_1 + R_2} \quad \cdots\cdots (3)$$

と同じように計算できます．なおリアクタンスが入ってくると複素数での（虚数単位±jを使った）計算になります．複素数による並列接続の計算は，関数電卓を使ってがんばってもよいのですが，EXCELも結構便利に使えます．そこで**図8**のようにEXCELで計算させてみました．

答えはZ = 21.81 + j24.80 Ωとなりました．1 MHzにおいて「50 Ωの純抵抗と7 μHのイン

図8　信号源抵抗 R_S とインダクタ L の並列接続を計算 (C列はB列で使用した関数)

	A	B	C
1	R	50	=COMPLEX(50,0)
2	XL	43.98i	=COMPLEX(0, 43.98)
3			
4	R*XL	2199i	=IMPRODUCT(B1,B2)
5	R+XL	50+43.98i	=IMSUM(B1, B2)
6			
7	R*XL/(R+XL)	21.8102789375154+24.7956786465614i	=IMDIV(B4, B5)

表1　EXCELで活用できる複素数計算関数 (26)

計算式	エクセル関数	コメント
A+B	IMSUM(A,B)	
A-B	IMSUB(A,B)	
A×B	IMPRODUCT(A,B)	
A/B	IMDIV(A,B)	
A^(n)	IMPOWER(A,n)	※n乗
|A|	IMABS(A)	※絶対値
ln(A)	IMLN(A)	※自然対数
e^(A)	IMEXP(A)	※オイラーの公式に相当
√A	IMSQRT(A)	
sin(A)	IMSIN(A)	
cos(A)	IMCOS(A)	
Re(A)	IMREAL(A)	
Im(A)	IMAGINARY(A)	

ダクタ(+43.98 Ωのリアクタンス)の並列接続」は,「21.81 Ωの純抵抗と+24.80 Ωのリアクタンス)の直列接続」になるということです.この変形を「並直列変換」と呼びます.

ところでここで「純抵抗」という用語を用いました.インピーダンスを考えていくうえで,抵抗成分(電圧と電流の位相関係がゼロになる)とリアクタンス成分(電圧と電流の位相関係が±90°になる)を分けて取り扱う必要があります.「純抵抗」とは,この抵抗成分を明示的に示したいがために「純」を追加しているのです.一般的にも「純抵抗」と呼びますので,覚えておくとよいでしょう.

EXCELで活用できる複素数計算関数群のリスト(26)も**表1**に掲載しておきます.これだけ関数があれば,複素数計算のかなりのところまでEXCELで対応できますね.

さて,あらためて答えは

$$Z = 21.81 + j24.80\ \Omega \quad \cdots\cdots (4)$$

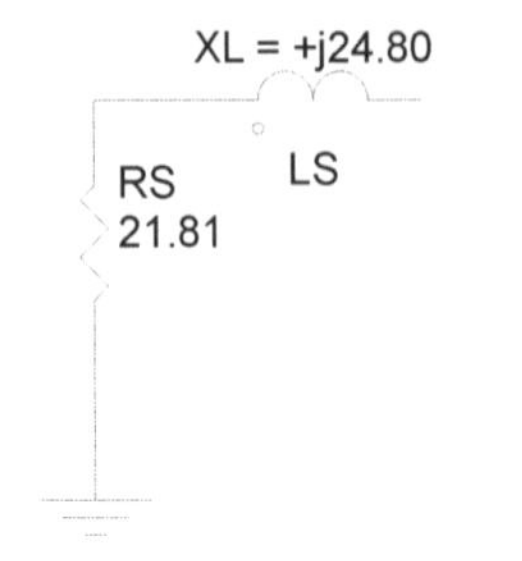

図9　並直列変換で直列接続となった信号源抵抗とインダクタのリアクタンス

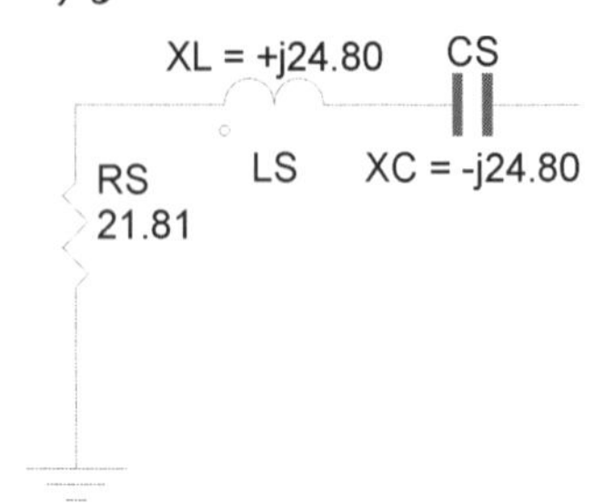

図10　直列接続となった信号源抵抗とリアクタンスに負極性のリアクタンスを直列に挿入してインピーダンス変換を実現する

となりました．これを**図9**に示します．ここに直列に負極性のリアクタンス「−24.80 Ω」を挿入すれば

$$Z = 21.81 + j24.80 - j24.80 = 21.81 \cong 22\ \Omega \quad \cdots\cdots (5)$$

が実現できる（インピーダンス変換によるマッチングが実現できる）わけですね．**図10**に，**図9**に対してこの負極性のリアクタンスを挿入するイメージを示します．

この負極性のリアクタンス「−24.80 Ω」は何で作ることができるでしょうか．容量のリアクタンスX_Cは

$$X_C = \frac{1}{j2\pi fC} = -j\frac{1}{2\pi fC} \quad \cdots\cdots (6)$$

となりますから，容量で負極性のリアクタンスを作ることができるのです．1 MHzで$X_C = -24.80\ \Omega$となる容量Cを上記の式(6)から逆算すると，$C = 6.4$ nFと計算できます．これが**図5**の回路になるわけです．

● 計算結果をシミュレーションで確認してみる

この**図10**の回路の受端である，出力側（右側）から回路側を見たインピーダンスをシミュレーションする回路を**図11**に示します．**図8**に示した$X_L = +j24.80$は，式(1)を用いてインダクタンスを逆算し，3.947 μHとしました．回路の右側にあるのは，シミュレーションを収束させるため（エラー防止のため）のダミーの抵抗です．

シミュレーションでは，出力側（右側）に1Aの定電流源を挿入し，端子の電圧値（と位相）を読むことで，$V = Z \times (1\ \mathrm{A}) = Z$という関係を用いて，電圧値として得られる結果がインピーダンスZになるように構成してあります．

シミュレーション結果を**図12**に示します．このようにして出力側（受端）から回路をみる

図11　図10の右側から見たインピーダンスを測定するシミュレーション回路．1 Aの電流源から$V=Z\times(1A)=Z$を求める

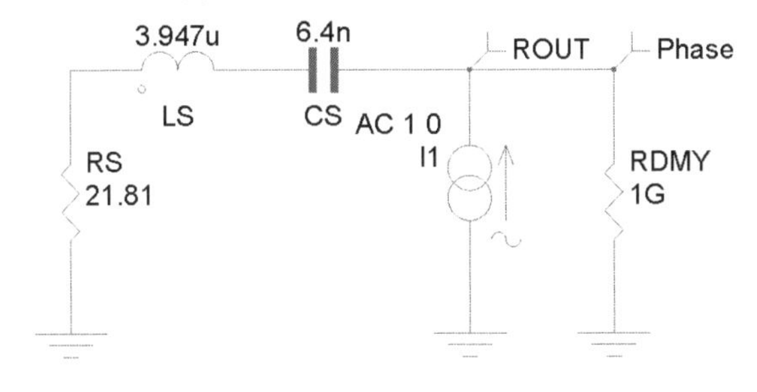

図12　出力側から回路側を見ると22 Ωの信号源抵抗に見える（抵抗値が電圧Vとして得られている．横軸は周波数）

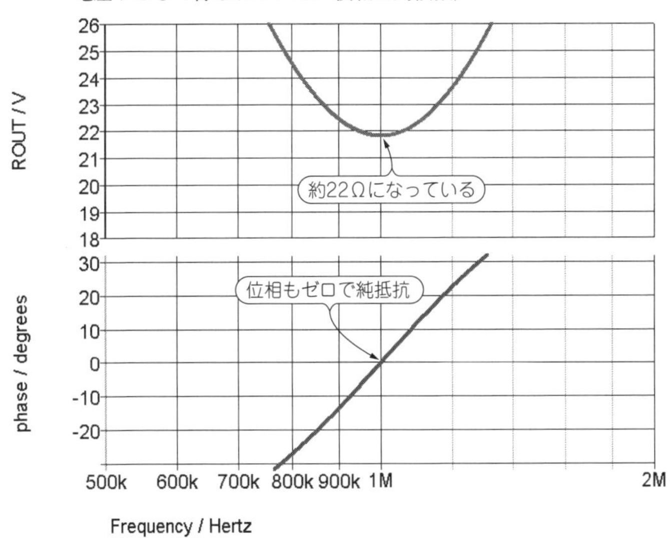

と，22 Ωの信号源抵抗が（ただし1 MHzの周波数において）見かけ上見えることになります．位相もゼロとなり純抵抗成分だけが見えていることがわかります．これでマッチングが実現できるわけです．

● マッチングは特定の周波数でしか成立しない

繰り返しますが，図12のように，マッチングが実現できる周波数は，特定の周波数のみ

です（ここでは1 MHz）．ここは注意してください．

リアクタンスとなるインダクタンスと容量は，周波数特性をもっており，それぞれ周波数に正比例/反比例します．そのため特定の周波数でしかマッチングの条件が成立しないのです．

■ 並列接続を「足し算」の計算でおこないたい

インピーダンス直交座標は，純抵抗に相当する軸がX軸（実数軸）となり，リアクタンスに相当する軸がY軸（虚数軸）となり，これで任意のインピーダンスを図中でグラフィカルにプロットできるものです．

● 直交座標で複数素子の接続を表すには「足し算」つまり直列接続しかない

「ある回路素子に素子を追加する」という行為を，「インピーダンス直交座標上でグラフィカルにやる」ことを考えると，**図13**のように「足し算」つまり「直列接続の概念」しかありません．

純抵抗$R = 50\,\Omega$にインダクタ$L = 7\,\mu$Hを直列に接続することを「周波数$f = 1$ MHz」で考えます．このときのインダクタのリアクタンスは，先の式(1)，式(2)のとおり，$X_L = +j43.98\,\Omega$ですから，これらの直列接続は

$$Z = 50 + j43.98 \quad \cdots\cdots (7)$$

となります（これはあたりまえかもしれない）．

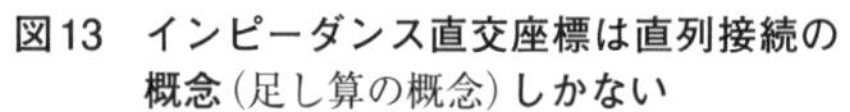

図13　インピーダンス直交座標は直列接続の概念（足し算の概念）しかない

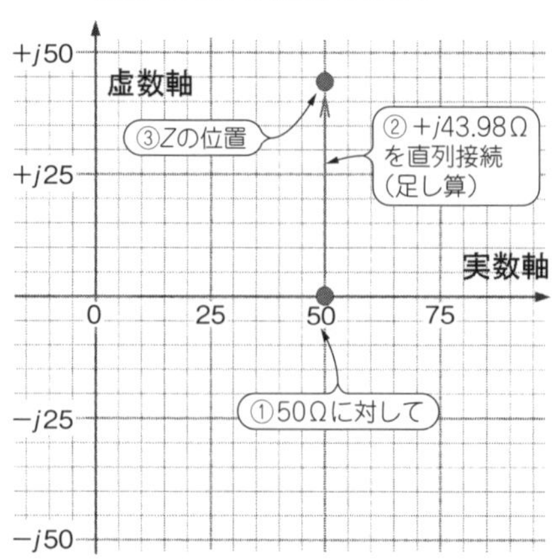

これをインピーダンス直交座標上でやってみます．純抵抗$R = 50\ \Omega$を起点（**図13**中の①）として，ここにインダクタ$L = 7\ \mu$Hを直列に接続することを周波数$f = 1$ MHzで考えると，これはインピーダンス直交座標上でY軸（虚数軸）の上方向に+43.98 Ωだけ移動すれば（**図13**中の②），その位置③がさきのインピーダンスZの位置になるわけです．

しかし上記の**図7**や，式(3)を複素数に拡張して計算した**図8**は「並列接続」の計算でした．この「並列接続の場合」は，どのように考えればよいのでしょうか?!

● 並列接続は抵抗値の逆数（コンダクタンス）で表せば「足し算」になる

2つの素子の並列接続を足し算の計算で実現するには，抵抗の逆数（コンダクタンス）で計算すればよいのです．並列接続の式(3)を，逆数（コンダクタンス．$G_x = 1/R_x$）で表すと

$$\frac{1}{R_{ALL}} = \frac{1}{R_1} + \frac{1}{R_2} \quad \cdots\cdots (8)$$

して「足し算」で計算できます．コンダクタンスの式とすれば

$$G_{ALL} = G_1 + G_2 \quad \cdots\cdots (9)$$

としてホントの「足し算」になります．これをリアクタンス/インピーダンスとして複素数に拡張すればよいだけなのです．ということで，純抵抗RとコンダクタンスGは

$$G = \frac{1}{R} \quad \cdots\cdots (10)$$

という逆数の関係になっています．インピーダンスZの逆数をアドミッタンスYと呼び

$$\vec{Y} = \frac{1}{\vec{Z}} \quad \cdots\cdots (11)$$

この式中で記号の上につけた「→」は「ベクトル（大きさと位相がある）」という意味です．ここにはインピーダンス角（位相と考えればよい）θがありますが，それは逆数にすると逆位相になりますので，

$$|Y|\angle(-\theta) = \frac{1}{|Z|\angle(+\theta)} \quad \cdots\cdots (12)$$

式中の| |は「絶対値（大きさだけ）」という意味です．リアクタンスXの逆数はサセプタンスBと呼び

$$\vec{B} = \frac{1}{\vec{X}} \quad \cdots\cdots (13)$$

ここでもインピーダンス角（位相）θがあります．ここでの±90°（$\pm j$）も逆数にすると逆位相になりますので，

$$-j|B| = \frac{1}{+j|Y|} \quad \cdots\cdots (14)$$

図14　アドミッタンス直交座標で並列接続を足し算の概念で表せる（実数軸の右がゼロ，虚数軸は上方向がマイナスなので注意）

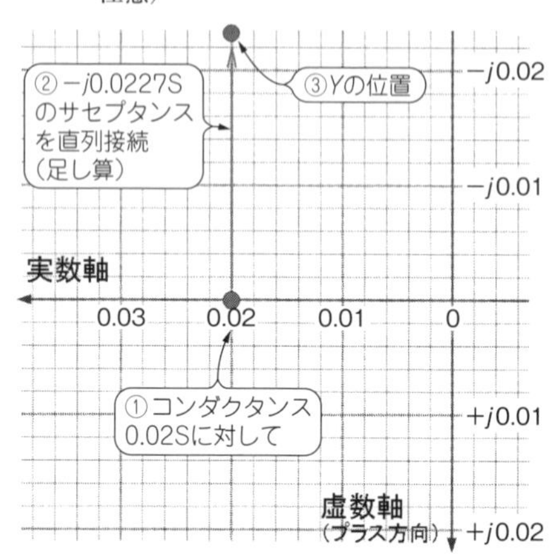

これらアドミッタンス/コンダクタンス/サセプタンスの単位は[S]（ジーメンス）になります．

● 図7の並列接続を抵抗値の逆数の計算で考えれば足し算になる

このように逆数で，アドミッタンス/コンダクタンス/サセプタンスとして表せば，複数の素子の並列接続を「直列接続（的な…という意味．つまり足し算）の概念」で計算できるわけです．それでは実際に，先の**図7**の計算をしてみると，

$$G = \frac{1}{R} = \frac{1}{50} \quad \cdots\cdots (15)$$

$$\vec{B} = \frac{1}{\vec{X}} = \frac{1}{+j43.98} = -j\frac{1}{43.98} \quad \cdots\cdots (16)$$

これを「足し算」すればよいだけで，

$$\vec{Y} = \frac{1}{\vec{Z}} = \frac{1}{R} + \frac{1}{\vec{X}} = G + \vec{B} = \frac{1}{50} - j\frac{1}{43.98} \quad \cdots\cdots (17)$$

このようすをアドミッタンス直交座標で**図14**のように表してみます．式(16)からわかるように，リアクタンス$\vec{X}$の逆数のサセプタンス$\vec{B}$は，逆数をとることによりインピーダンス角（位相）が逆転します．そのため（というより，以降で説明する「イミッタンス・チャート」までの流れをスムースにするために），このアドミッタンス直交座標では実数軸の右をゼロ，

虚数軸の上方向をマイナスにしてあります．

アドミッタンス直交座標で，コンダクタンス$G = 1/50\ \mathrm{S} = 0.02\ \mathrm{S}$を起点として（**図14**中の①），ここにインダクタ$L = 7\ \mu\mathrm{H}$を並列に接続することを周波数$f = 1\ \mathrm{MHz}$で考えます．

このインダクタLのリアクタンスは，式(1)，式(2)のとおり$\overrightarrow{X_L} = +j43.98\ \Omega$ですから，逆数をとったサセプタンスは$\overrightarrow{B_L} = -j/43.98 = -j0.0227$になります．これはアドミッタンス直交座標上をY軸（虚数軸）方向に0.0227 Ωだけ，それも

「虚数軸の上方向をマイナス」

にしてあるため，上方向に移動すれば（**図14**中の②），その位置③が式(17)のアドミッタンス$\overrightarrow{Y}$の位置になるわけです．これは「足し算」の計算です．

■ インピーダンスとアドミッタンスを読み替えながら「足し算」していけば直並列接続素子の合成計算が実現できる

ここまでの理解をもとに，**図5**から**図10**でおこなったインピーダンス変換の手順を，インピーダンス直交座標とアドミッタンス直交座標を用いながら「すべての計算を足し算」でおこなう方法を考えてみましょう．

これが実はこの一連のストーリの最終目的である，「スミス・チャートによるインピーダンス変換を理解する」ということに直結します．ここまでの説明をまとめてみると

㋑ 直列接続であれば，インピーダンス/純抵抗/リアクタンスで考えれば，「すべての計算を足し算」でおこなえる（**図13**のインピーダンス直交座標が使える）

㋺ 並列接続であれば，アドミッタンス/コンダクタンス/サセプタンスで考えれば，「すべての計算を足し算」でおこなえる（**図14**のアドミッタンス直交座標が使える）

まず**図7**の信号源抵抗R_SとインダクタLとの並列接続は，ここまでの説明どおり，上記㋺の足し算で可能です（**図14**を再度参照）．ただしすべてをアドミッタンス/コンダクタン

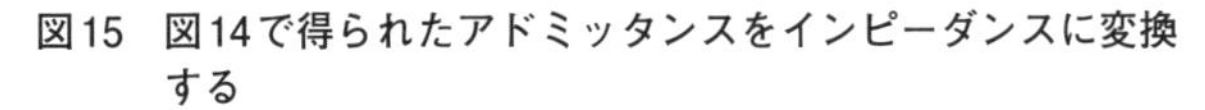
図15　図14で得られたアドミッタンスをインピーダンスに変換する

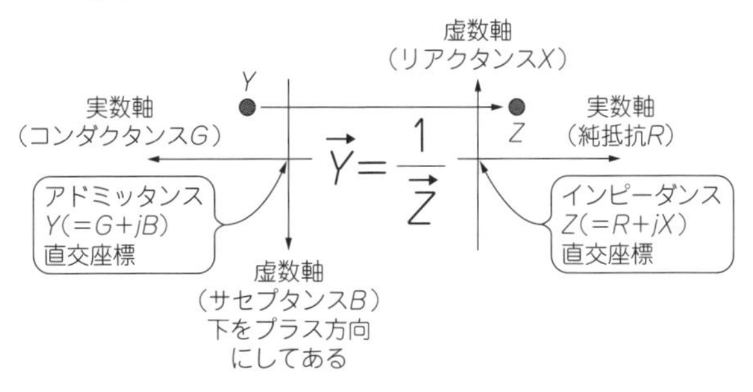

図16 図15で得られたインピーダンスをアドミッタンスに変換する

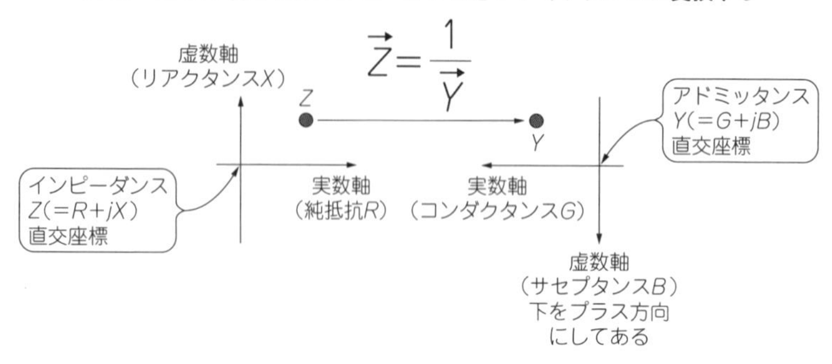

図17 インピーダンス/アドミッタンスを繰り返し変換していけば直並列接続された回路網のインピーダンスを計算できる

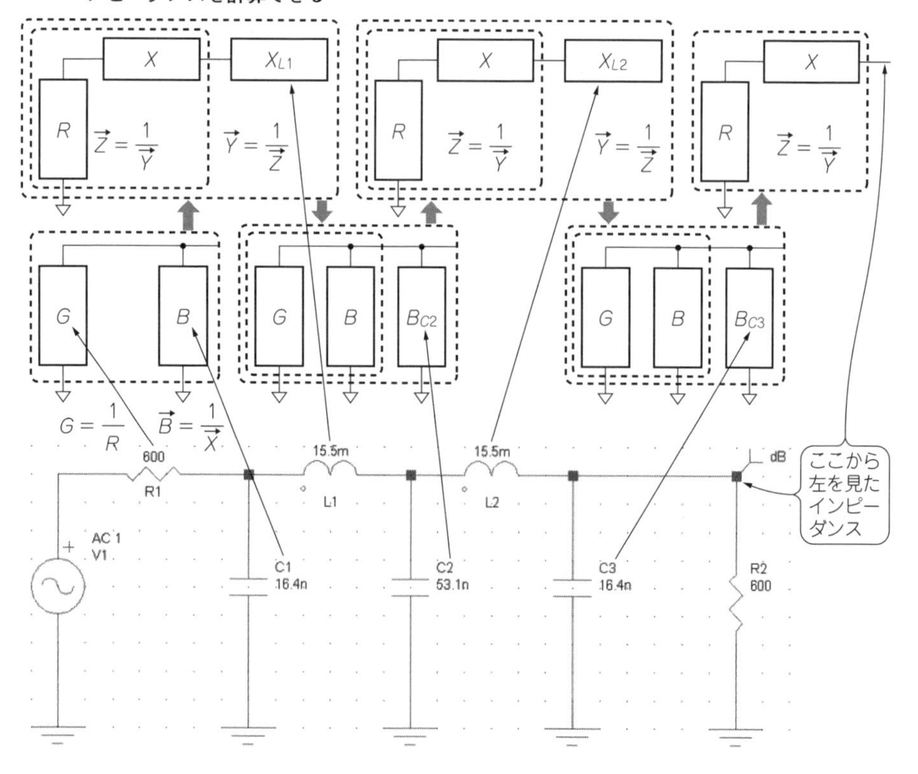

図18　イミッタンス・チャート

NAME	TITLE	DWG. NO.
SMITH CHART FORM ZY-01-N	ANALOG INSTRUMENTS COMPANY, NEW PROVIDENCE, N.J. 07974	DATE

NORMALIZED IMPEDANCE AND ADMITTANCE COORDINATES

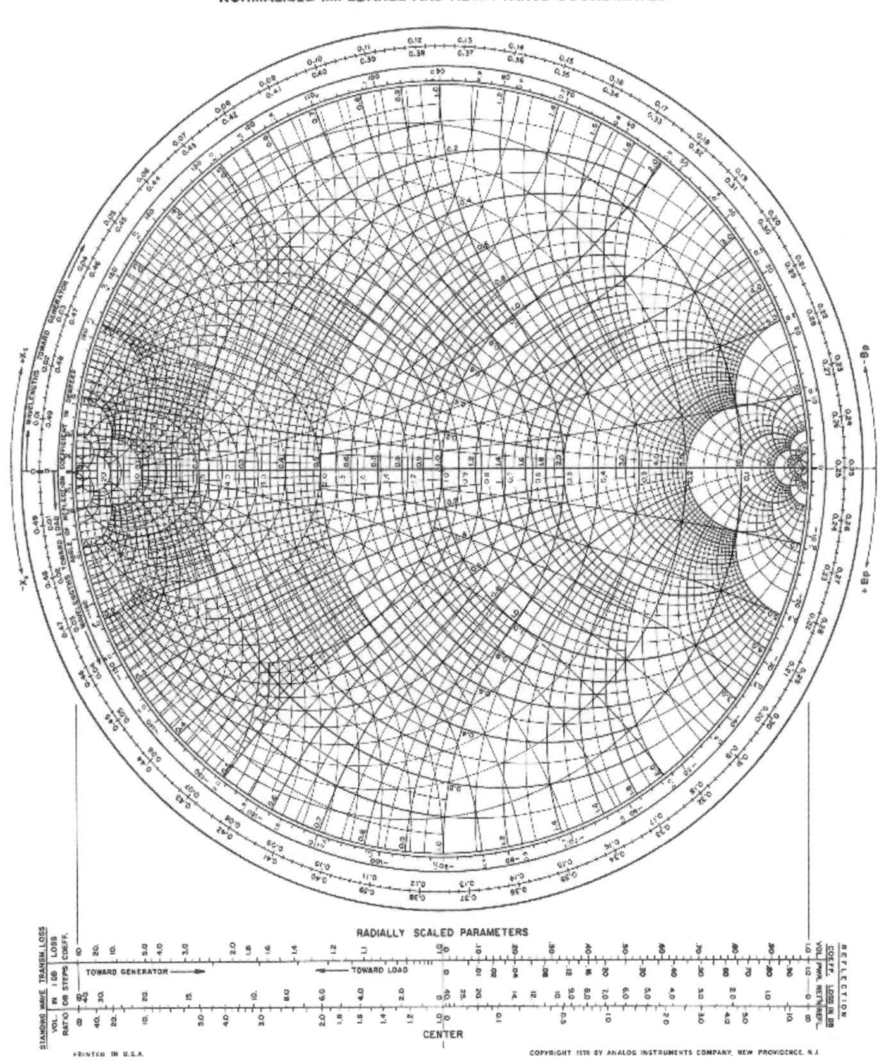

ス/サセプタンスで考えます.

つづいて**図10**の「負極性のリアクタンスを直列に挿入してインピーダンス変換を実現する」をおこなうためには，上記㋑の足し算で計算する必要があります．そこで**図15**のように，**図14**で得られた結果（アドミッタンス）を，アドミッタンス⇒インピーダンスに「逆数をとることで」変換し，その答えに㋑を適用すれば，**図13**でグラフィカルに足し算すればよいのです.

もし，さらにこの先にまた並列接続の素子があったなら，**図16**のように，**図15**の結果（インピーダンス）を，またインピーダンス⇒アドミッタンスに「逆数をとることで」変換し，その答えに㋺を適用すればよいのです．これを順々につづければ，**図17**のように直並列素子が従属接続された回路網のインピーダンスを計算することができるわけです．ここに適切な素子定数を用いれば，直並列素子の従属接続によるマッチングも実現できるわけですね.

まとめ

このようにアドミッタンス⇒インピーダンス⇒アドミッタンス…と逆数をとっていくことは，実は「並直列変換/直並列変換」をやっていることに相当します.

この手順は「なんだか便利そうだな」と思う反面,「毎度逆数を取っていくことは面倒だな」と思うことでしょう.

たしかにそのとおりで，インピーダンス/アドミッタンスは複素数であるため，共役複素数などを使って面倒な計算（**図8**でEXCELを例にして計算したようなもの）を毎回おこなっていく必要があります.

この面倒な計算をすることなく図表上でおこなえるものが,「イミッタンス・チャート（**図18**）」です．これはスミス・チャートの拡張版です.

イミッタンス（Immittance）とは「Impedance + Admittance」から作られた「造語」で，インピーダンスZの軸とアドミッタンスYの軸とがひとつのグラフ上に描かれたものです．以降ではスミス・チャート，そしてイミッタンス・チャートとの関係を説明し，イミッタンス・チャートでマッチング設計が実現できる理由についてみていきましょう.

でも結局は，このイミッタンス・チャートでさえも，ここまで説明してきた「アドミッタンス⇒インピーダンス⇒アドミッタンス…の並直列/直並列変換を繰り返す」という，**図15**～**図17**の手順をひとつの図上でやっているだけなのです.

4-2　スミス・チャートの成り立ちを考える

■ はじめに

実は本章のストーリは，お客さまからの要望に基づいたものなのです….

2015年に実施したアナログ技術セミナーで，スミス・チャートについての導入を簡単にご説明しました．そこでスミス・チャートによるマッチングの説明をさらっと（プレゼンテーションの時間の都合で）おこないました．

そのときのアンケートには「スミス・チャートによるマッチングについて，より詳細を聞きたい」というフィードバックが多数ありました．また「スミス・チャートは難解だ」と思われている方も多数いらっしゃるようなので，このようなお話をさせていただいているわけでした．

ちなみにスミス・チャートでマッチングまでおこないたいのであれば，実はスミス・チャートだけではできません．前節の最後の**図18**で示した，「イミッタンス・チャート」というインピーダンス平面とアドミッタンス平面が両方描かれたものでないと実現できません．これは注意が必要なことですし，その事実がこの一連のストーリのゴールでもあります．

■ マッチングはローパス回路構成とハイパス回路構成の２通りがある

前節の**図5**の回路で，1 MHzにおいてマッチングをとることができ，信号源側から負荷側に最大電力が伝送できます．このようすをもう少し見てみたいと思います．

その図の回路は，ハイパス・フィルタの構成になっていることがわかります．同じく前節の**図6**では，縦軸をリニア・スケールにして電力伝達を表示させていましたが，これをログ・スケールにしてみたものが**図2**になります．

この結果をみてると，12 dB/Octave（40 dB/Decade）になっています．この傾斜はそれこそLCフィルタにより形成される，2次のLCハイパス・フィルタそのものです．

ところで回路を組むときに信号源（もしくは前段）で生じた高調波を落としたい場合もあるでしょう．しかしこのマッチング回路ではハイパス構成になっているので，高調波を落とすローパス・フィルタの機能を実現することは当然ながらできません．

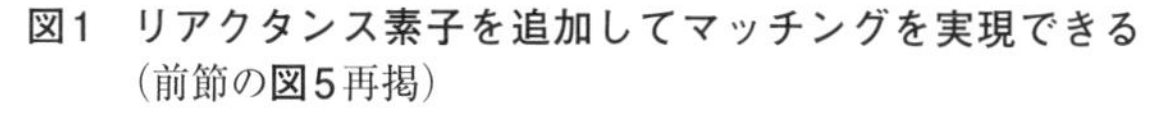
図1　リアクタンス素子を追加してマッチングを実現できる
（前節の**図5**再掲）

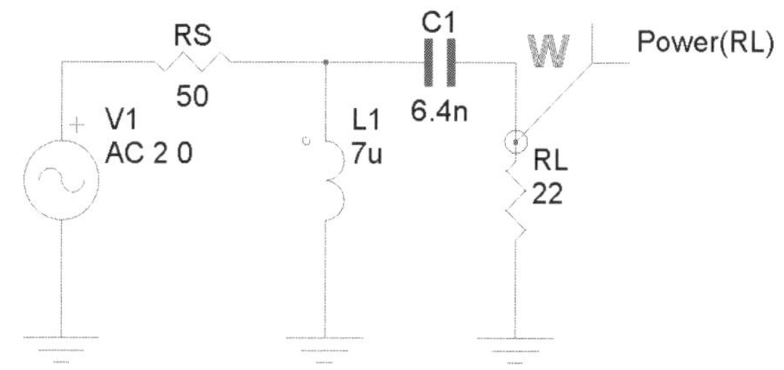

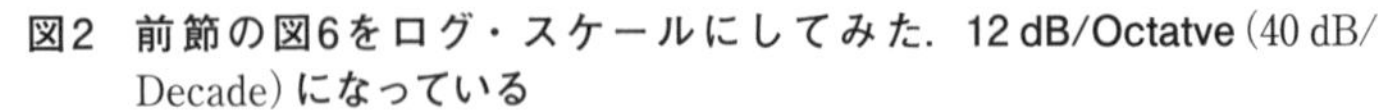

図2　前節の図6をログ・スケールにしてみた．12 dB/Octatve（40 dB/Decade）になっている

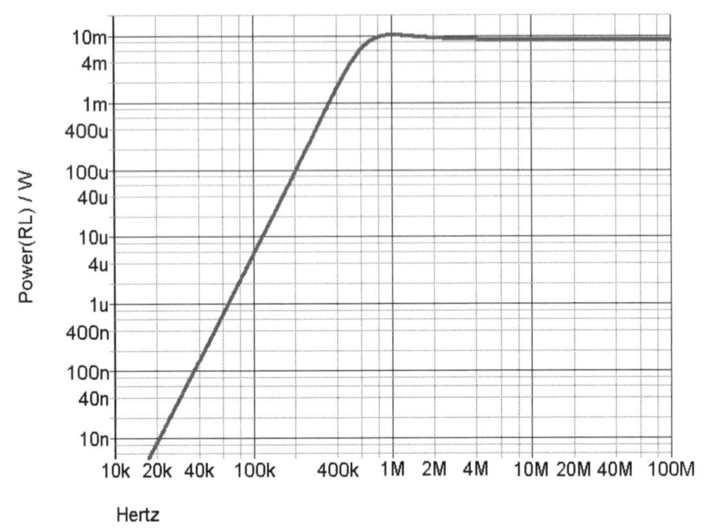

図3　シャントのリアクタンスを容量，アームをインダクタにするとローパス構成が実現できる

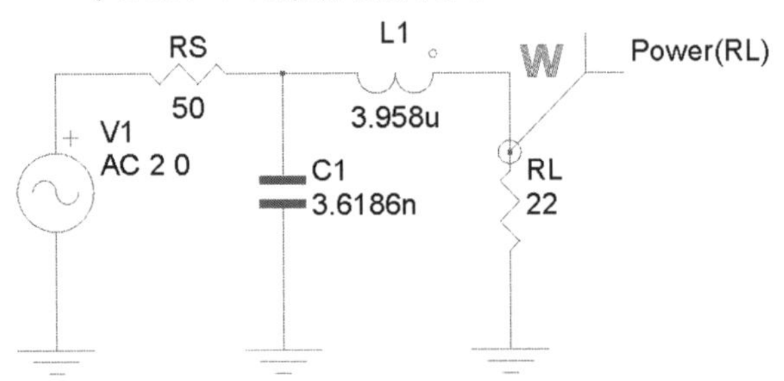

図1の回路以外にも，インピーダンス変換ができる構成を実現できます．**図3**のように並列（シャント）に接続するリアクタンスを容量にして，直列（アーム）に接続するリアクタンスをインダクタにすることができます．

この回路によるシミュレーション結果を**図4**に示します．このような構成にすることで，ローパス・フィルタが実現できます．LCで2次のフィルタになりますので，3次高調波（3 MHz）で約10 dB，5次高調波（5 MHz）で約20 dBの減衰特性が得られることがわかります．

図4　図3のシミュレーション結果．1 MHzでマッチングが実現でき，またローパス・フィルタが実現できている

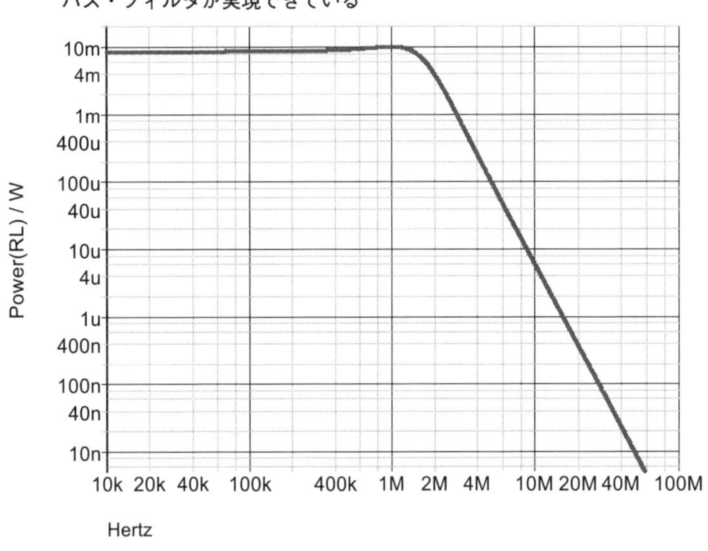

これは結構便利な話です．

このように基本的なマッチング回路は，「ローパス構成とハイパス構成の2種類」があります．この話は次節であらためて触れてみたいと思います．

■ ここでも出てくる反射係数

第3章第2節で反射係数という概念を示しました．そこで示した概念図に加筆したものを**図5**に再掲します．反射係数Γとは，伝送線路の特性インピーダンスもしくは信号源インピーダンスをZ_0としたとき，負荷端R_Lで電圧Vもしくは電流Iが反射する率で

$$\Gamma = \frac{R_L - Z_0}{R_L + Z_0} \quad \cdots\cdots (1)$$

となります．この式は「負荷端R_L」として抵抗R，つまり純抵抗（前節にも示したが「純抵抗」とはインピーダンスを考えていくうえで，電圧と電流の位相関係がゼロになる純粋な抵抗成分を指す）だとして表していますが，これを負荷インピーダンスZ_L（複素数）として

$$\vec{\Gamma} = \frac{\vec{Z_L} - Z_0}{\vec{Z_L} + Z_0} \quad \cdots\cdots (2)$$

と書き換えます．ここで「→」はベクトルです．Z_Lは

$$\vec{Z_L} = R + jX \quad \cdots\cdots (3)$$

図5　反射係数の概念（第3章第2節の**図9**に加筆して再掲）

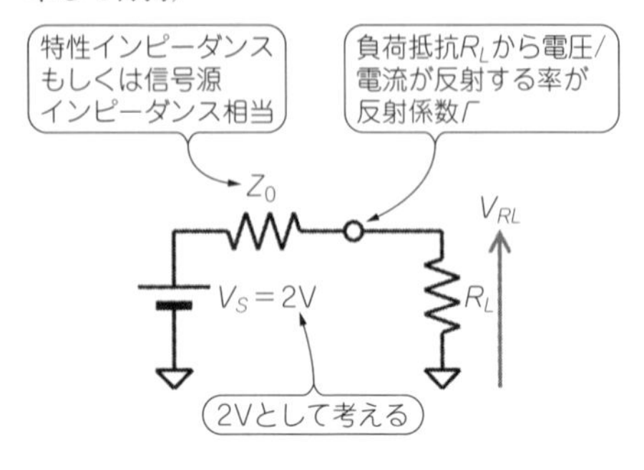

で複素数ですから，任意の負荷インピーダンスZ_Lを信号源インピーダンスZ_0から観測すると，その反射係数Γも複素数として決まることになります．つまり「任意のインピーダンスは反射係数Γで表せる」ということです．

● インピーダンス直交座標を反射係数で表す

この関係から，インピーダンス直交座標の任意の位置は，反射係数の対応する位置として，1対1の関係で表すこと（写像）ができます．

ところで，反射係数の軸（これを「反射係数平面」と呼ぶ）は，本来は極座標です．本書の説明においては，最初は反射係数平面を直交座標として説明を始めていきますが，最終的には「オイラーの公式」を使って極座標に変換するというストーリーで進めます．

さて最初に少し「おまじない」をしておきましょう．ここまで伝送線路の特性インピーダンスもしくは信号源インピーダンスをZ_0としておきましたが，これを基準値として以下のように反射係数の式(2)を変形します．なお以降の式では，ベクトル記号「→」は省略します．すべての記号は複素数として見てください．

$$\Gamma = \frac{\dfrac{Z_L}{Z_0} - 1}{\dfrac{Z_L}{Z_0} + 1} = \frac{z-1}{z+1} \qquad \cdots\cdots (4)$$

ここで出てきたzについてですが，zも複素数で，Z_0を基準とした比率になります．これを「正規化インピーダンス」と呼びます．また

$$z = \frac{R}{Z_0} + j\frac{X}{Z_0} = r + jx \qquad \cdots\cdots (5)$$

で横軸相当（実数軸/純抵抗）となる比率r，縦軸相当（虚数軸/リアクタンス）となる比率xとして「インピーダンス直交座標」で表すこともできます．

正規化インピーダンスzも式(2)と同じ式(4)によって，反射係数平面に変換できるわけですね．

まずここでは反射係数平面を直交座標として考えていきましょう（示したように最終的には，オイラーの公式を使って極座標に変換する）．

● 反射係数平面への変換をいくつかみてみる

正規化インピーダンス$z = +1$ ($Z_L = 50\ \Omega$) の場合をみてみましょう．これを反射係数に変換すると

$$\Gamma = \frac{z-1}{z+1} = \frac{1-1}{1+1} = 0 \quad \cdots\cdots (6)$$

図6　$z = 1$を反射係数平面に変換する

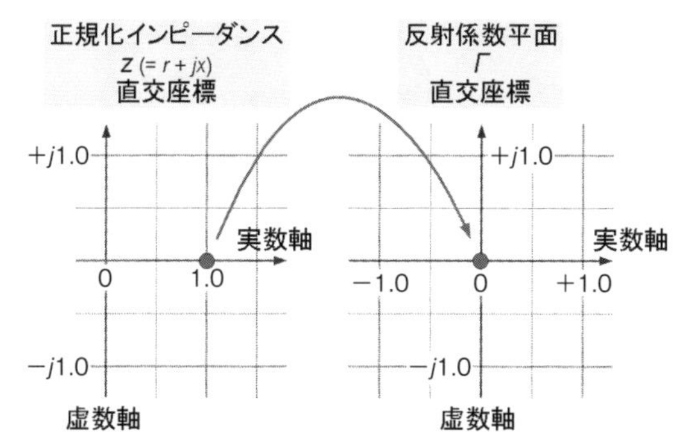

図7　$z = 0$を反射係数平面に変換する

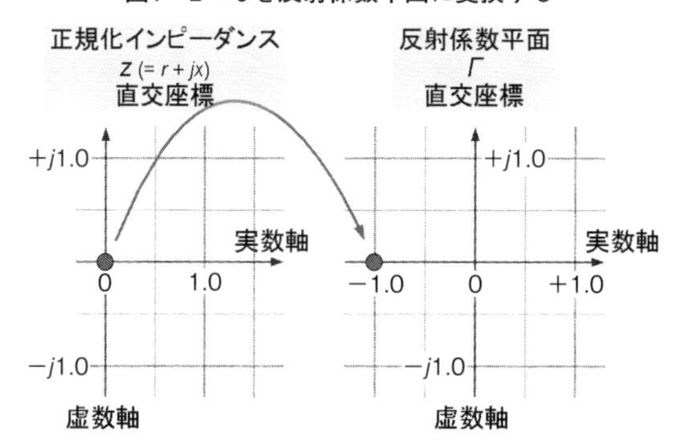

図8　$z=\infty$を反射係数平面に変換する

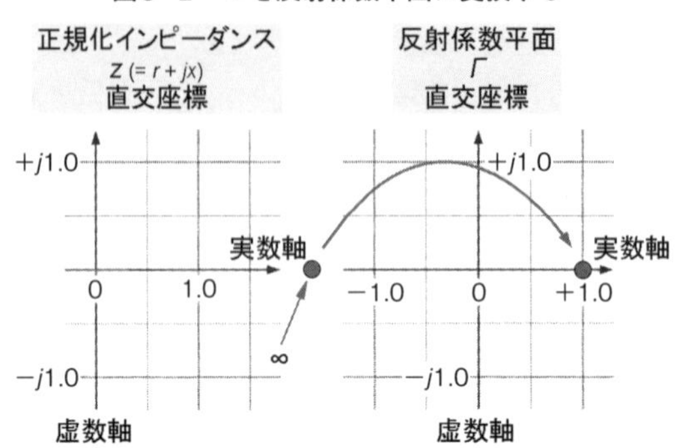

図9　$z=+j$を反射係数平面に変換する

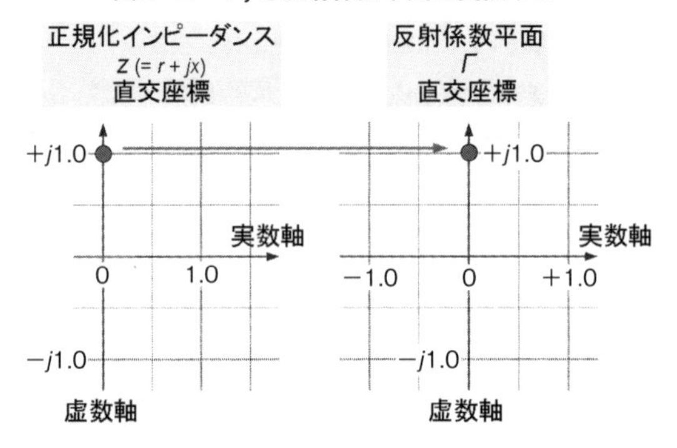

これは**図6**のように変換されます．反射係数平面の中央（ゼロのところ）になります．

つづいて$z=0$（$Z_L=0\,\Omega$）の場合です．これを反射係数に変換すると

$$\Gamma=\frac{z-1}{z+1}=\frac{0-1}{0+1}=-1 \qquad (7)$$

これは**図7**のように変換されます．実数軸の「マイナス1」のところです．

さらに$z=\infty$（$Z_L=\infty\,\Omega$）の場合をみてみましょう．これを反射係数に変換すると

$$\Gamma=\frac{z-1}{z+1}=\frac{\infty-1}{\infty+1}=+1 \qquad (8)$$

これは**図8**のように変換されます．無限大は$+1$に変換されるのですね．

つづいて虚数軸をみてみましょう．$z=+j$（$Z_L=+j50\,\Omega$）の場合を反射係数に変換すると，

図10 $z = -j$を反射係数平面に変換する

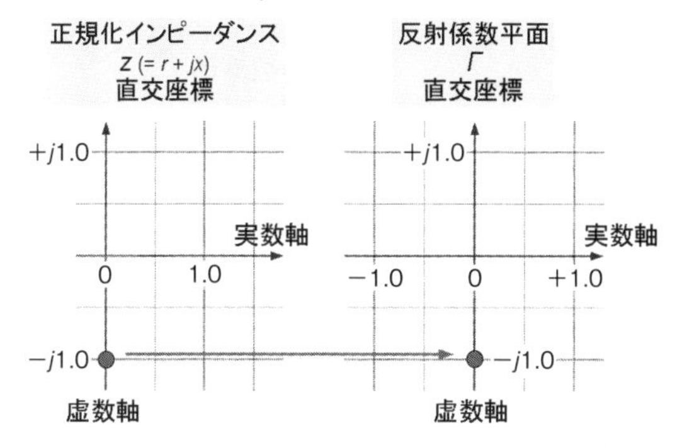

表1 おのおののzを反射係数Γに変換する(①～⑥は図11の番号)

z	Z_L	Γ
0.5	25	− 0.5/1.5 = − 1/3 (①)
2	100	+1/3 (②)
+ j0.5	+ j25	− 0.6 + j0.8 (③)
+ j2	+ j100	+ 0.6 + j0.8 (④)
− j0.5	− j25	− 0.6 − j0.8 (⑤)
− j2	− j100	+ 0.6 − j0.8 (⑥)

図11 表1のおのおののΓを反射係数平面にプロットする(①～⑥は表1の番号)

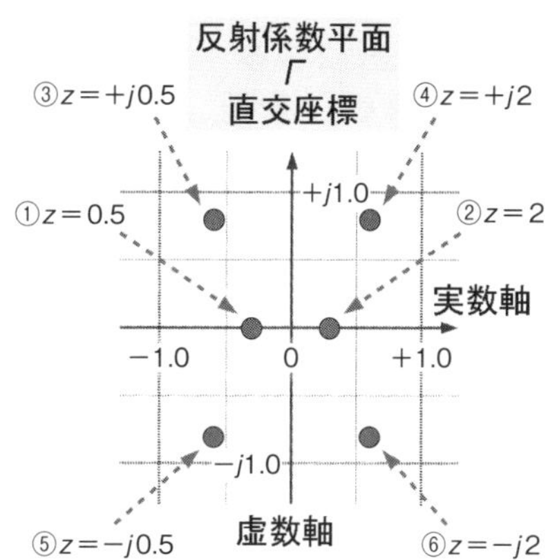

$$\Gamma = \frac{z-1}{z+1} = \frac{j-1}{j+1} = \frac{(j-1)(j-1)}{j^2-1} = \frac{j^2-2j+1}{-2} = +j \quad \cdots\cdots (9)$$

これは図9のように変換されます．この計算では，共役複素数を用いています．

「もういいだろう」という感じになってしまいますが(汗)，$z = -j$ ($Z_L = -j50\,\Omega$)の場合は

$$\Gamma = \frac{z-1}{z+1} = \frac{-j-1}{-j+1} = \frac{(-j-1)(-j-1)}{j^2-1} = \frac{j^2+2j+1}{-2} = -j \quad \cdots\cdots (10)$$

これは図10のように変換されます．

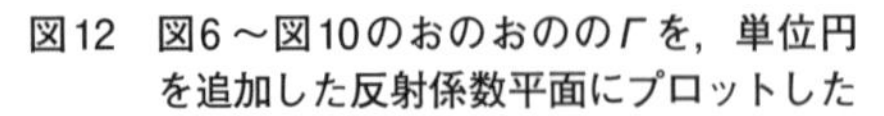
図12　図6～図10のおのおののΓを，単位円を追加した反射係数平面にプロットした

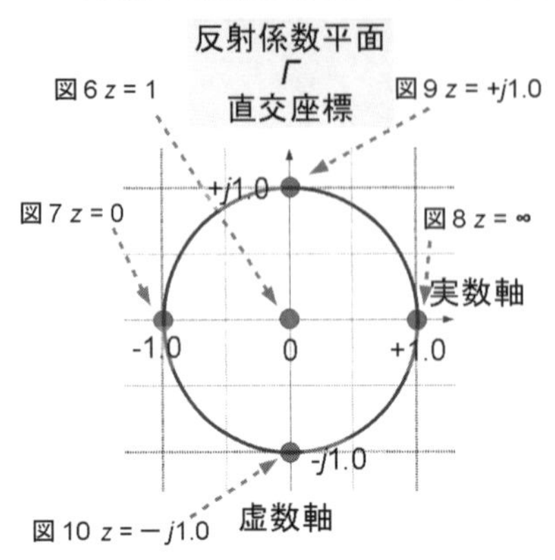

図13　表1のおのおののΓを，単位円を追加した反射係数平面にプロットした

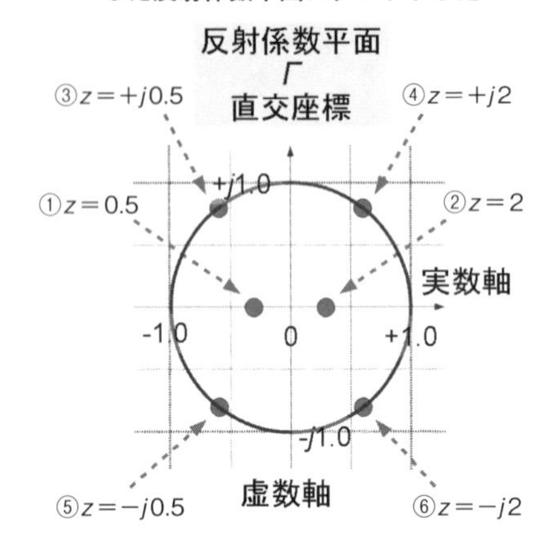

● もう少し反射係数平面への変換をみてみる

さらにもう少しいくつかの変換計算をしてみましょう．今度は表にしてみました（**表1**）．これをそれぞれ反射係数平面に乗せてみたものを**図11**に示します．ゼロを中心として広がるように，それぞれ反射係数平面上に変換されていることがわかります．

ちなみにzが虚数だけの場合（**表1**の下側の四つ）で，この複素数の絶対値を計算してみると，どれも$|z| = 1$になっていますね…．また**図7**の$z = 0$の場合や，**図8**の$z = \infty$ の場合でも，$|z| = 1$になっています．

これまでの**図6**～**図10**，そして**表1**をプロットした**図11**を少し書き換えて，半径1の単位円も加えて表したものを**図12**と**図13**それぞれに表します．それぞれの正規化インピーダンスzが，単位円という視点からどこに変換されているかがわかりますね．

● ここで出てくるオイラーの公式

ということで，「どれも$|z| = 1$に…」ということがわかりました．ここでそれぞれに，オイラーの公式

$$|\Gamma| e^{j\phi} = |\Gamma| \cos\phi + |\Gamma| j \sin\phi \quad \cdots\cdots (11)$$

を当てはめてみれば（ϕは反射係数の位相），これまでの反射係数直交座標平面は，**図14**の極座標平面上にも表せるわけです．なお**図14**の太い縦横の矢つき直線は，反射係数直交座標平面の軸を表しています．たとえば**図8**の$z = +\infty$，$\Gamma = +1$であれば

$$|\Gamma| = 1, \quad \phi = 0$$

として**図14**のポイントⒶに，また**表1**の$z = +0.5$，$\Gamma = -1/3$であれば

図14　オイラーの公式で極座標平面に変換する

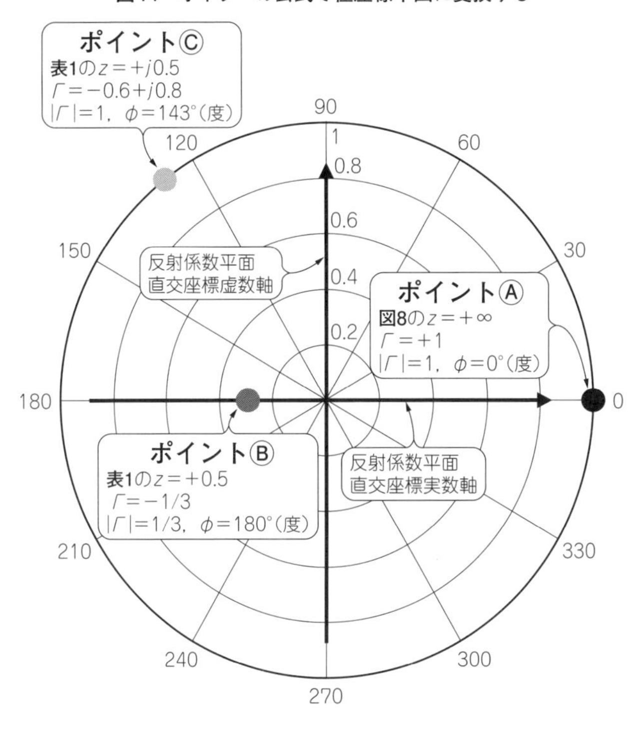

$$|\Gamma| = 1/3,\quad \phi = 180°$$

として**図14**のポイントⒷに，**表1**の$z = +j0.5$，$\Gamma = -0.6 + j0.8$であれば

$$|\Gamma| = 1,\quad \phi = 143°$$

として**図14**のポイントⒸに，それぞれ表されるわけです．**図12**，**図13**の各点と**図14**の各点は，座標軸が変わるだけであり（というよりオイラーの公式でつながっている），その点自体は「同じ位置」になります．

■ スミス・チャートは反射係数平面のうえにインピーダンス軸を引いてあるもの

ここまでの話をまとめると，

「インピーダンス直交座標上の正規化インピーダンスを反射係数で座標変換して，それを極座標上に表すことができる」

ということになります．ここまで示してきた正規化インピーダンスzの例を，すべて反射係

図15　図6～図10と図12に対応した座標変換

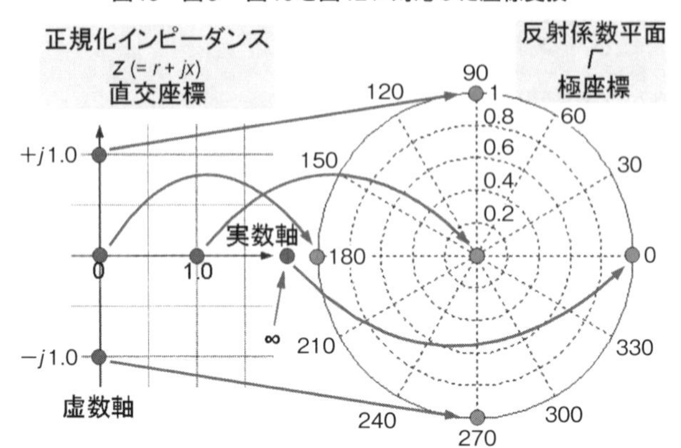

図16　表1と図13に対応した座標変換

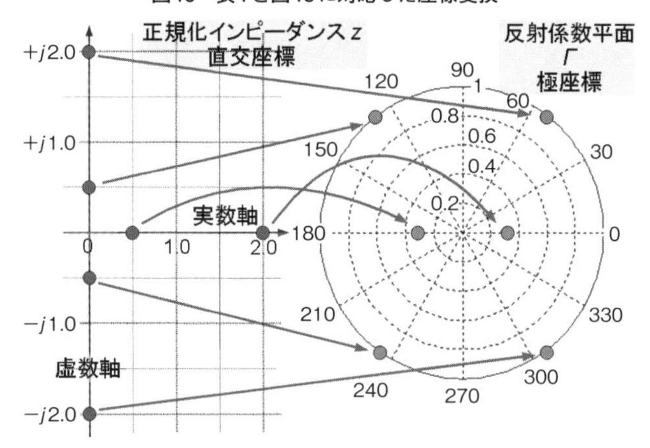

数Γに変換して，極座標に載せたようすを，図15（図6～図10に対応している．図6～図10は図12にもプロットしてある）と，図16（表1に対応している．表1については図13にもプロットしてある）に示します．

● 個々のインピーダンス値ではなく直交座標軸自体を座標変換してみる

ここまでおこなってきた座標位置の変換は，それぞれ「1点ごと」の座標位置の変換だったわけですが，これを一括して，

図17　インピーダンス直交座標軸全体を反射係数で座標変換して，それを極座標上に表してみる．これがスミス・チャート

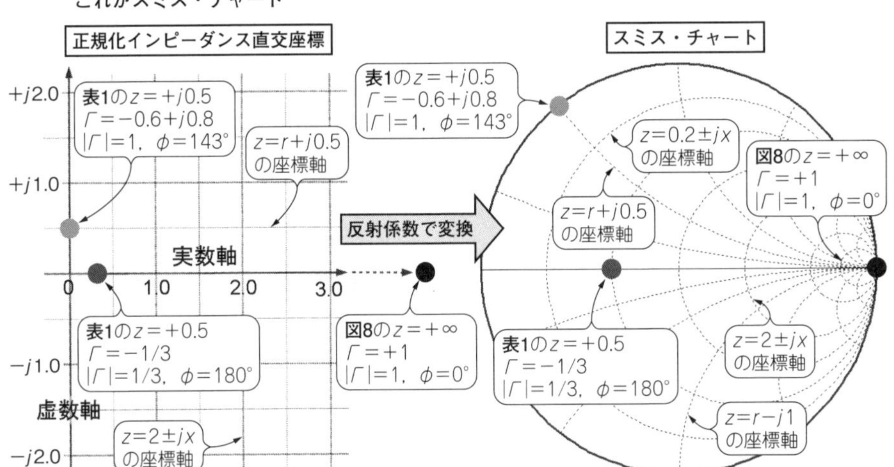

「正規化インピーダンス直交座標軸全体を反射係数で座標変換して，それを極座標上に表してみる」

という変換をおこなったものを**図17**に示します．またこの変換のようすをアニメーション的に示したスライド（アナログ技術セミナー2015でご説明したもの）も**図18**に示します．このようにインピーダンス直交座標軸全体を反射係数で変換して，それを極座標上に表してみたものが「スミス・チャート」になります．

■ これでスミス・チャートが描けたのだが…

ここまででわかったことは，

- 正規化インピーダンス直交座標軸全体を
- 反射係数で変換して
- それを極座標上に
- もともとの直交座標軸全体を描く
- これがスミス・チャート

ということです．ところで参考文献(27)によると，スミス・チャートはPhillip H. Smithが発明し，1930年台から使われているとのことです…．参考文献(28)によるとヘルツによる電磁波の実験的発見が1888年，また参考文献(29)によるとマルコーニによる大西洋横断無線通信の成功が1901年…，それから30年から40年程度です．結構歴史が古いのですね….

図18　インピーダンス直交座標軸を反射係数で変換しスミス・チャートになるようすをアニメーション的に示した(アナログ技術セミナー2015でのスライド)

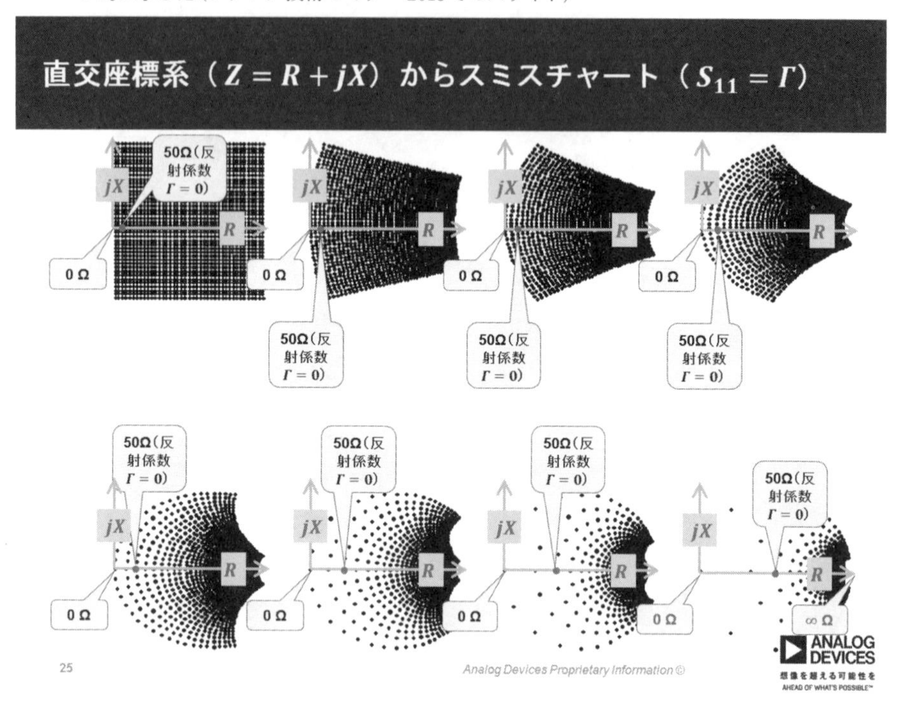

というより30～40年程度で，こんな概念まで電気回路理論が進化しているということは驚異的です．

● アドミッタンス直交座標はどうする？

長々と説明しましたが，この一連のストーリの目的は何だったでしょうか(汗)．あらためて前節の説明に戻ってみると，

- リアクタンスが直並列に接続されたマッチング回路によるマッチングを，直交座標上でグラフィカルに計算したい
- 直交座標上で素子を追加するのは「足し算」
- 並列接続をアドミッタンスで考えると，アドミッタンス直交座標上であれば
- 素子を並列に追加するのに「足し算」でグラフィカルに計算できる

これにより，リアクタンスによる直並列マッチング回路で，インピーダンスとアドミッタンスを用いて，アドミッタンス⇒インピーダンス⇒アドミッタンス…と逆数をとっていけば

(変換していけば)，すべての計算を「足し算」でグラフィカルにおこなうことができる，という話でした.

なお正規化アドミッタンスyは正規化インピーダンスzの逆数で

$$y = \frac{1}{z} \qquad \cdots\cdots (12)$$

しかしそこでの課題は

- 正規化インピーダンスz軸と正規化アドミッタンスy軸は別々の(逆数の関係の)軸空間
- その間を行き来するため，毎度逆数を取っていくことは面倒だ
- z軸とy軸とがひとつのグラフ上に描かれていたらいいな

というところでした．これを解決できるアイデアが，ここまで何度も出てきたスミス・チャートなのですが，しかし(残念ながら)この問題を解決するには，スミス・チャート「自体」では力不足なのです….

この問題を本当に解決できるのが，前節で紹介した，スミス・チャートを拡張した「イミッタンス・チャート」というものです(前節の図18).

● アドミッタンス直交座標を反射係数平面に変換する

詳細は引き続きご説明したいと思いますが，正規化インピーダンスzを反射係数平面にプロットした位置(反射係数)と，その逆数をとった正規化アドミッタンスyを反射係数平面にプロットした位置(反射係数)は同じになります．すなわち反射係数平面を媒介として使えば，zでの表現とyでの表現とを同一位置としてプロットできるのです.

正規化アドミッタンスyの直交座標も，反射係数の極座標上に変換すること(描くこと)ができるわけで，それとスミス・チャートを合体させたものが「イミッタンス・チャート」になります.

ここまでわかると，実は最初で示した「基本的なマッチング回路は，ローパス構成とハイパス構成の2種類がある」という話題も合点のいくことになります.

これらそれぞれの話題については，次節でご説明します.

4-3 インピーダンスとアドミッタンスを同一位置としてプロットできるイミッタンス・チャート

■ はじめに

「スミス・チャートでのマッチングを説明しよう」と思い立って書き始めてみると，あっというまに相当な分量になってしまいました(汗)．丁寧に説明しようとすると，なかなか….どうしても紙面を食ってしまいます．とはいえ「なんだかよくわからない」と思われがちな

スミス・チャートでのマッチングの考え方を，より多くの方にご理解いただけたら幸いとも思っております．

● 前節まででわかったことは

これまででわかったことは，

- 素子の接続をインピーダンス直交座標上でグラフィカルに（描画として）計算したいなら直列接続を「足し算」で計算する
- 並列接続はアドミッタンスで考えればアドミッタンス直交座標上で「足し算」でグラフィカルに計算できる
- インピーダンス直交座標軸全体を反射係数で座標変換して極座標上に表すものがスミス・チャート
- しかしインピーダンス軸とアドミッタンス軸は別々の軸空間

ということでした．また直並列に接続されるマッチング回路を，インピーダンスZ軸とアドミッタンスY軸を相互に活用してグラフィカルに計算するためには，少なくとも

$$Y = \frac{1}{Z} \quad \cdots\cdots (1)$$

という数値変換の必要性があります（なおY，Zはベクトル）．その議論として

- Z軸とY軸の間を行き来するため，毎度逆数を取っていくことは面倒だ
- Z軸とY軸とがひとつのグラフ上に描かれていたらいいな

という要望が出てくることも示しました．

● 反射係数と正規化アドミッタンスとの関係を表してみる

前節で示した反射係数の式(4)を再掲すると

$$\Gamma = \frac{\dfrac{Z_L}{Z_0} - 1}{\dfrac{Z_L}{Z_0} + 1} = \frac{z-1}{z+1} \quad \cdots\cdots (2)$$

ここでzは正規化インピーダンス（複素数）で

$$z = \frac{Z_L}{Z_0} \quad \cdots\cdots (3)$$

式(2)を変換してみましょう．一応こまごまと見ていくことにします．まず正規化アドミッタンスyは

$$y = \frac{1}{z} = \frac{Z_0}{Z_S} \quad \cdots\cdots (4)$$

なおあたりまえですが(汗),

$$z = \frac{1}{y} \quad \cdots\cdots (5)$$

y, zもベクトルです．式(5)を反射係数の式(2)に代入してみます．

$$\Gamma = \frac{z-1}{z+1} = \frac{\frac{1}{y}-1}{\frac{1}{y}+1} = \frac{1-y}{1+y} \quad \cdots\cdots (6)$$

ここから正規化アドミッタンスを求める式に変形してみると，

$$y = \frac{1-\Gamma}{1+\Gamma} \quad \cdots\cdots (7)$$

が得られます．なんだか中学1年生の数学という感じですが，このような結果となりました．

ここでこの式(7)を使って，前節でおこなった「反射係数平面への変換をいくつかみてみる」を逆にひねって，「反射係数平面からアドミッタンス直交座標への変換をいくつかみてみる」というのをやってみます．

● 反射係数平面からアドミッタンスへの変換をいくつかみてみる

まず反射係数$\Gamma = 0$の場合をみてみましょう．これを正規化アドミッタンスに変換すると

$$y = \frac{1-\Gamma}{1+\Gamma} = \frac{1-0}{1+0} = 1 \quad \cdots\cdots (8)$$

正規化アドミッタンス$y = 1$なら，正規化インピーダンス$Z_0 = 50\,\Omega$とすれば，実アドミッタンス$Y_L = 1/50$ Sになります．

つづいて，$\Gamma = -1$の場合です．これを正規化アドミッタンスに変換すると

$$y = \frac{1-\Gamma}{1+\Gamma} = \frac{1+1}{1-1} = \infty \quad \cdots\cdots (9)$$

実アドミッタンスも$Y_L = \infty$です．

さらに，$\Gamma = +1$の場合をみてみましょう．これを正規化アドミッタンスに変換すると

$$y = \frac{1-\Gamma}{1+\Gamma} = \frac{1-1}{1+1} = 0 \quad \cdots\cdots (10)$$

実アドミッタンスもゼロです．

つづいて虚数軸をみてみましょう．$\Gamma = +j$の場合です．

$$y = \frac{1-\Gamma}{1+\Gamma} = \frac{1-j}{1+j} = -j \quad \cdots\cdots (11)$$

この計算は前節の式(9)などで示した，共役複素数を分母・分子に掛け算することで求めら

れます．実アドミッタンスは$-j/50$ Sになります．

さらに$\Gamma = -j$の場合，正規化アドミッタンスは

$$y = \frac{1-\Gamma}{1+\Gamma} = \frac{1+j}{1-j} = +j \quad \cdots\cdots (12)$$

実アドミッタンスは$+j/50$ Sになります．これらをまとめてみると，**図1**のように変換されています．図中では右から左へ変換されるよう表記しているので，注意してください．

図1　反射係数平面からアドミッタンスへ変換してみる

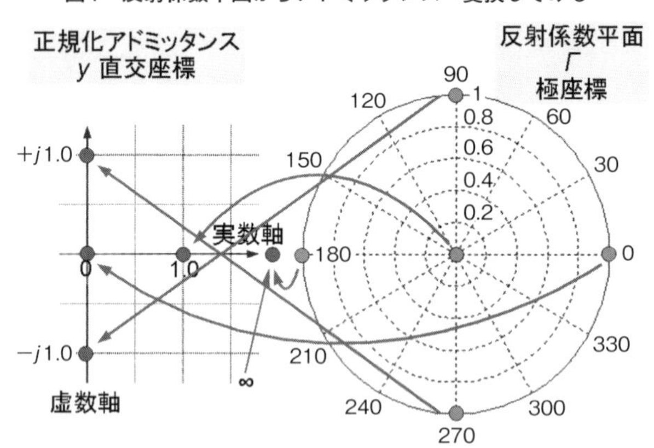

図2　正規化アドミッタンス直交座標の実数軸のゼロを右側に，虚数軸の天地をひっくりかえして表記し，反射係数平面と対比してみる

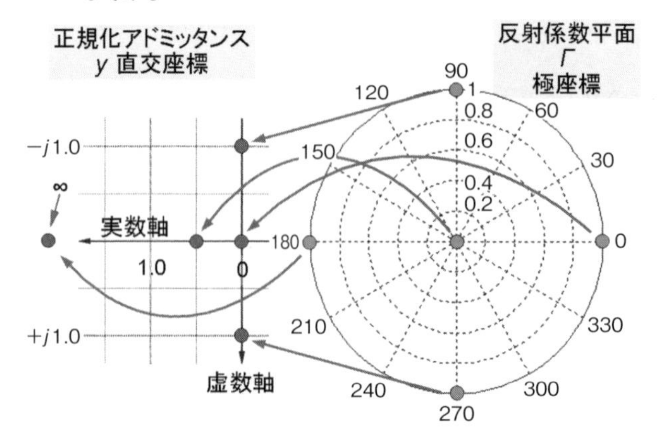

しかしこれでは，相互に座標変換した図として，どうもすっきりしませんね．そこで**図1**のアドミッタンス直交座標の「向き」自体を変換してみましょう．**図2**のように実数軸のゼロを右側に，また虚数軸の $+j$ 側を下側，$-j$ 側を上側にしてみます．

こうすると左右の図（直交座標と極座標）の各点の位置関係がすっきりしてくることに気がつきます．

これは前節の**図15**（**図3**として再掲）や**図16**（**図4**として再掲）のインピーダンス直交座標

図3　前節の図15再掲（正規化インピーダンス直交座標を反射係数平面に変換した①）

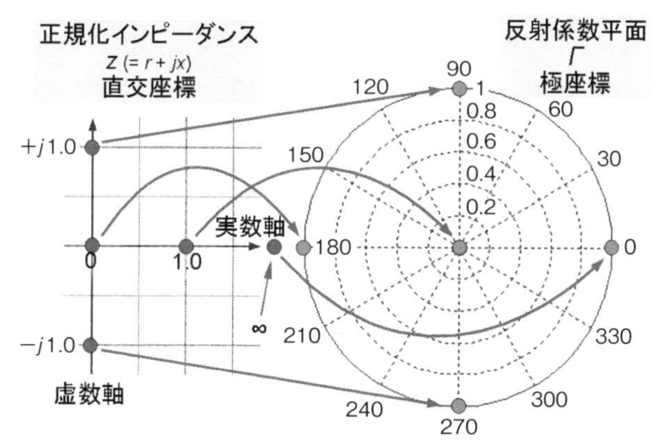

図4　前節の図16再掲（正規化インピーダンス直交座標を反射係数平面に変換した②）

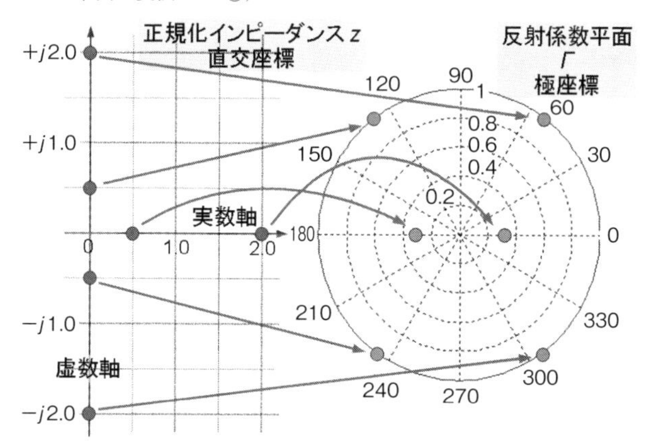

と似ており，その変換の向きを左右逆にしたものと同様です．

またこの直交座標の表記方法は，直交軸をアドミッタンスにした本章第1節の**図14**に近いことにも気がつきます．実はこれがすべての謎を解くカギなのです(大げさ…)．

■ 反射係数平面のうえにアドミッタンス直交座標軸全体をひいてみる

ここまでの説明は，

- ある正規化アドミッタンスを反射係数平面からアドミッタンス直交座標に変換した
- 変換時に(変換先の)アドミッタンス直交座標の天地左右を逆転させると，見た目すっきりする
- 天地左右を逆転させるとインピーダンス直交座標と反射係数との位置関係と似ている

というはなしでした．

また前節で「インピーダンス直交座標軸全体を反射係数で変換して，それを極座標上に表したものがスミス・チャートである」と説明しました(**図5**)．このことをアドミッタンスについて**図2**と**図6**を用いて同様に考えていきましょう．**図2**ではアドミッタンス直交座標のゼロ位置を右側にしており，$y=0$に対応する反射係数平面上の位置は

$$|\Gamma|=1,\ \ \phi=0^\circ$$

で極座標の右側だと示しました．他の座標位置も同様に対応位置をプロットしてありました．この考えを延長して，アドミッタンス直交座標軸自体を反射係数平面のうえに引いてみるとすれば，これは**図6**のように「スミス・チャートが左右反転したかたち」と同様とい

図5　インピーダンス直交座標軸全体を反射係数で変換し極座標上に載せたものがスミス・チャート

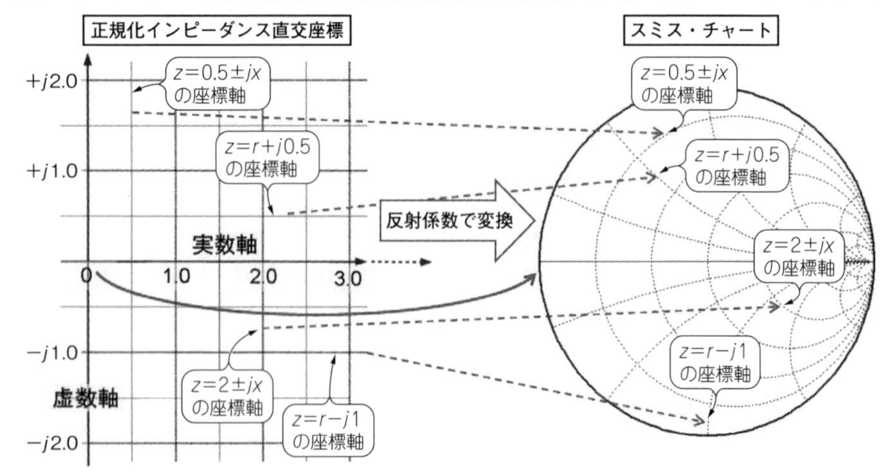

図6 スミス・チャートと同じ考えでアドミッタンス直交座標軸全体を反射係数で変換する

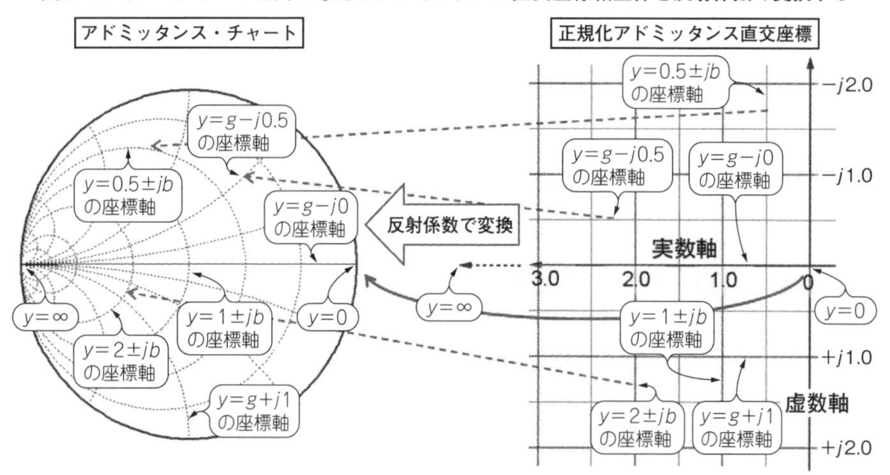

う結論になります．

このようにして得られた図（**図6**の左側）は，スミス・チャートの「アドミッタンス版」ともいえるものです．これを「アドミッタンス・スミスチャート」，「アドミッタンスでマッピングされたスミス・チャート」，「スミス・チャートのアドミッタンス軸」「スミス・チャートのアドミッタンス・グリッド」などと呼ぶようですが，ここでは簡潔さを考慮して，「アドミッタンス・チャート」と以降，呼ぶことにします．

■ これでインピーダンスとアドミッタンスを同一図上の同一位置で表せるようになった

ここまできて（実は）ようやくこの「スミス・チャートでのマッチングを説明しよう」のゴールが見えてきたのです（涙）．本章の最初に示したように，リアクタンスの直並列回路でマッチングをとっていく場合に

- インピーダンス平面とアドミッタンス平面の間を行き来するため，毎度逆数を取っていくことは面倒だ
- Z 軸と Y 軸とがひとつのグラフ上に描かれていたらいいな

という課題がありました．ある回路のインピーダンスの大きさ&位相と，その逆数であるアドミッタンスの大きさ&位相が

- 同一のグラフ上で，同一の点にプロットされていたら
- インピーダンス軸とアドミッタンス軸を行き来するために，毎度逆数を取っていく必要が

なくなり
- 素子の直並列接続をグラフ上ですべて「足し算」でグラフィカルにおこなえる

となるわけです.

● インピーダンス座標(スミス・チャート)もアドミッタンス座標(アドミッタンス・チャート)も同じ反射係数平面のうえに描かれているんだ

図5と**図6**は異なる図のように感じるかもしれません. しかし, ここまでの説明からわかるように, 結局は同じ素子の接続により生じる「インピーダンス/アドミッタンス」を反射係数平面上で表現しているもので, この図の任意の点における「インピーダンス/アドミッタンス/反射係数」はすべて同じ物理現象, 物理的接続状態を見ていることになります. つまり「表現方法が違うだけ」なのです. これを**図7**に示します.

これにより, ようやく…,

「Z軸とY軸とがひとつのグラフ上に描かれていたらいいな」

が実現できることになるわけです. これができることにより, 上記に説明したような「同一のグラフ上で…(中略), グラフィカルにおこなえる」も実現できることになるわけです.

● これでなぜ本章第1節でアドミッタンス直交座標を「実数軸の右をゼロ, 虚数軸は上方向がマイナス」で表していたかの理由が判明する

この「スミス・チャートでのマッチングを説明しよう」というトピックのルーツを遡(さかのぼ)った本章第1節の**図14**で,

「アドミッタンス直交座標で並列接続を足し算の概念で表せる(実数軸の右がゼロ, 虚数軸は上方向がマイナスなので注意)」

として, 図自体とキャプションで示しました. 本文では

「そのため(というより, 以降で説明する『イミッタンス・チャート』までの流れをスムースにするために), このアドミッタンス直交座標では実数軸の右をゼロ, 虚数軸の上方向をマイナスにしてあります」

と説明しました. 一方でここまでの直交座標と反射係数平面(極座標)の図の組み合わせからわかるように,

- インピーダンス直交座標を「実数軸左をゼロ, 虚数軸の上方向をプラス」として表して, それを折り曲げ圧縮するように反射係数平面上にインピーダンス直交座標をプロット(座標変換)していくとスミス・チャートになる
- アドミッタンス直交座標を「実数軸右をゼロ, 虚数軸の上方向をマイナス」として表して, それを折り曲げ圧縮するように反射係数平面上にアドミッタンス直交座標をプロット(座標変換)していくと…,

図7 すべて同じ物理現象，物理的接続状態を見ている

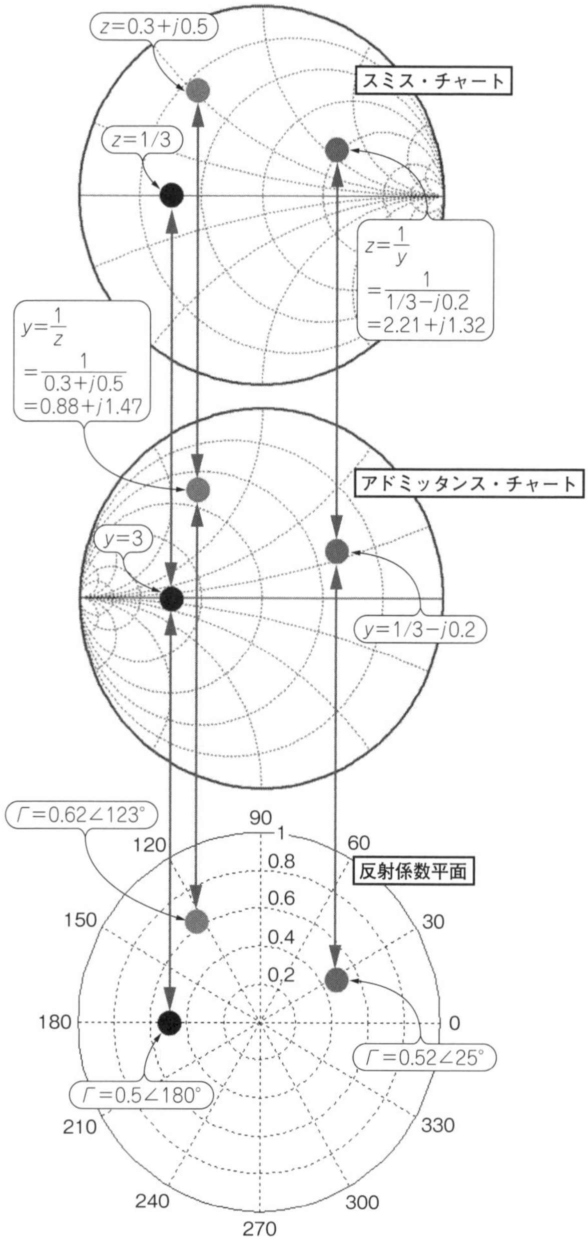

スミス・チャート

$z=0.3+j0.5$

$z=1/3$

$z=\frac{1}{y}$
$=\frac{1}{1/3-j0.2}$
$=2.21+j1.32$

$y=\frac{1}{z}$
$=\frac{1}{0.3+j0.5}$
$=0.88+j1.47$

アドミッタンス・チャート

$y=3$

$y=1/3-j0.2$

反射係数平面

$\Gamma=0.62\angle 123°$

$\Gamma=0.52\angle 25°$

$\Gamma=0.5\angle 180°$

90 60 30 0 330 300 270 240 210 180 150 120

1 0.8 0.6 0.4 0.2

- それが先に用語定義した「アドミッタンス・チャート」である
- これで極座標上に任意のインピーダンス/アドミッタンスを同じ位置として表せる
- Z軸とY軸とをひとつのグラフ上に描くことができる

なんだか繰り返して説明しているようですが，これが本章第1節で説明した「アドミッタンス直交座標では実数軸の右をゼロ，虚数軸の上方向をマイナス」という理由なのでした．

■ 反射係数平面に座標変換したインピーダンス／アドミッタンスでインピーダンス・マッチングをグラフィカルに求めてみる

ようやくこれでトピックのルーツである，本章第1節において示した計算でのインピーダンス・マッチングを，グラフィカルにおこなえることになりました．そこで本章第1節の図7を再掲したマッチング回路(**図8**)での，インピーダンス・マッチングのプロセスを，ここまで得られたチャートを使ってグラフィカルに求めてみましょう．

正規化インピーダンスの基準となるインピーダンスを50 Ωとします．周波数はf = 1 MHzで考えます．まず信号源抵抗R_S = 50 Ωは

- 正規化インピーダンス $z = 1.0\angle 0°$
- 正規化アドミッタンス $y = 1.0\angle 0°$

となり，**図9**のようにアドミッタンス・チャート上の中心にプロットできます．いきなりここでアドミッタンス・チャートを示した理由は，信号源抵抗R_Sに接続されるものが「並列接続」のインダクタ(受動素子$R/L/C$なら何でもよいが)だからです．

● インダクタンスを正規化サセプタンスに変換する

並列に接続されるインダクタL_1 = 7 μHを考えてみましょう．これはリアクタンスとして1 MHzにおいて

$X_L = +j43.98\ \Omega$

正規化アドミッタンス(正規化サセプタンス)にしてみると

図8 本章第1節の図7再掲

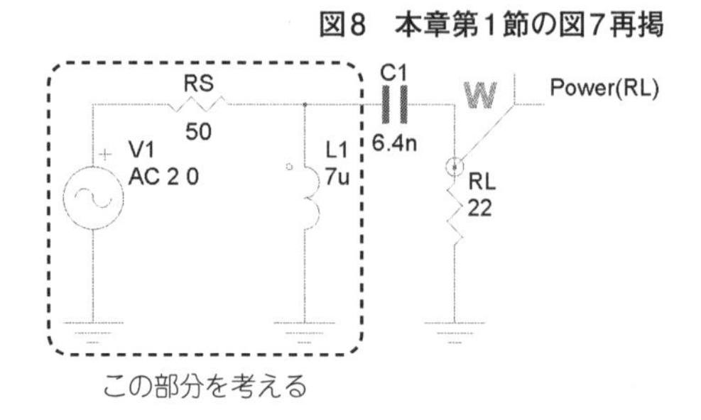

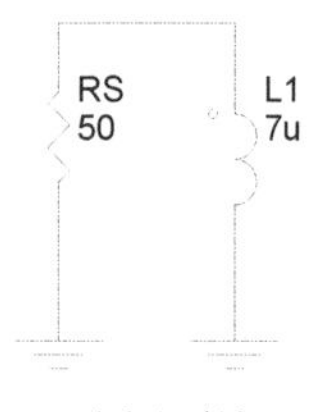

図9 図8の信号源抵抗の「正規化アドミッタンス」をアドミッタンス・チャート上にプロットする

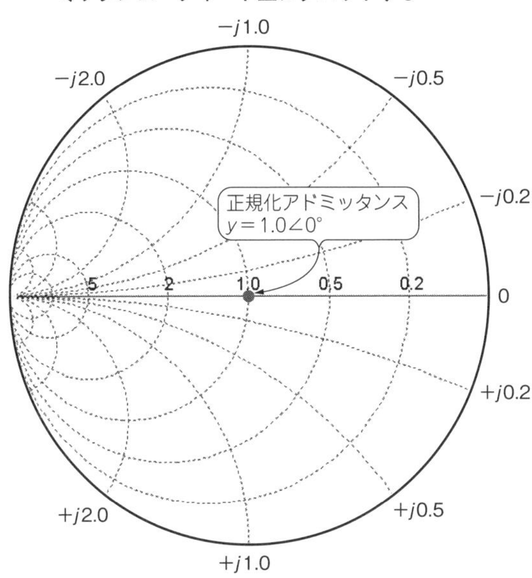

$$y = \frac{50}{+j43.98} = -j1.137$$

これは正規化インピーダンスの逆数ですから，正規化の基準となるインピーダンス値の「50」が分子にあります．

● インダクタの並列接続をアドミッタンス・チャート上でグラフィカルに求めてみる

インダクタ（正規化サセプタンス）を並列接続することを，アドミッタンス・チャート上で表せば，グラフィカルに（そのアドミッタンス直交座標軸上で）足し算で描画することができます．これまで説明してきたとおりです．これを**図10**に示します．

この「インダクタ7μHの並列接続をグラフィカルに足し算」する操作は，図上では「なんだかカーブしているぞ」というように見えますが，実際はアドミッタンス直交座標上でのグラフィカルな足し算と全く同じことです．

● 容量を直列接続するため正規化インピーダンスに変換する必要がある

並列接続された信号源抵抗とインダクタに，容量を「直列接続」する操作をグラフィカル

図10 「インダクタの並列接続」をアドミッタンス・チャート上でグラフィカルに足し算で描画する

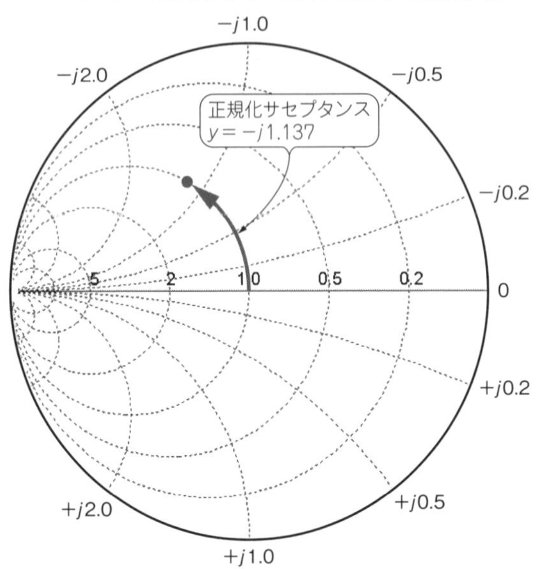

に求めてみます.

図8の回路でマッチングを実現するには，同図のように並列接続されたインダクタに対して，さらに容量を直列に接続する必要があります．これは「インピーダンス(リアクタンス)の直列接続」ですね.

そこでここまでの「正規化アドミッタンスでグラフィカルな足し算」をした結果を，正規化インピーダンスに変換する必要があります．それは

$$z = \frac{1}{y} \quad \cdots\cdots (13)$$

であり，「もしここで」，もともとの直交座標を用いたなら，これまでの説明のとおり当然ながら同じ軸上(位置)に表すことはできません．しかしアドミッタンス・チャート(アドミッタンス直交座標軸相当)とスミス・チャート(インピーダンス直交座標軸相当)では

- 極座標上に任意のインピーダンス/アドミッタンスが同じ位置として表されている
- Z軸とY軸とがひとつのチャート上に描かれている

となっているわけです.

図11 図10の位置を反射係数平面にプロットしてみる

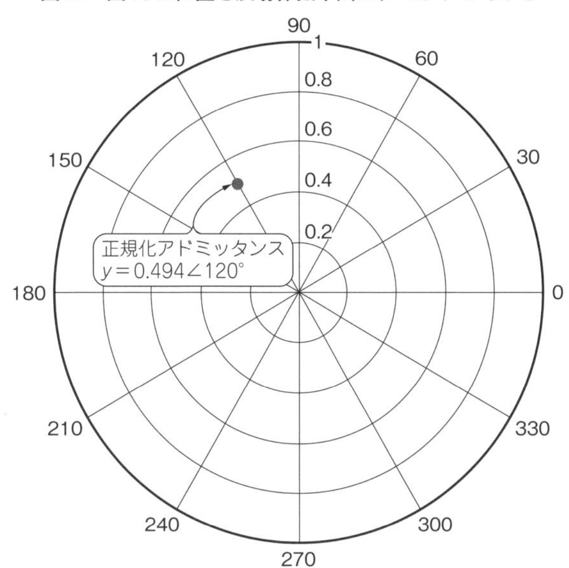

● 信号源抵抗とインダクタの並列接続をスミス・チャート上のインピーダンス直交座標軸相当で読み出す

そこで**図10**の位置（正規化アドミッタンス）を，**図5**のスミス・チャートの軸で読み出します．まず取り急ぎ（？）この位置を反射係数として求めてみると

$|\Gamma| = 0.494,\quad \phi = 120°$

この位置も一応，極座標の反射係数平面として**図11**に示しておきましょう．**図10**と同じ位置になります．

さて，**図10**，**図11**のプロット位置をスミス・チャート（インピーダンス直交座標軸相当）上に載せたものを**図12**に示します（位置は同じ）．これを同図の「なんだかカーブしているぞ」という感じの湾曲したインピーダンス直交座標上で読み出してみると

$z = 0.436 + j0.496$

と読むことができます．

● 容量の直列接続をインピーダンス直交座標でグラフィカルに求めてみる

さらにこれをインピーダンス直交座標上で表したものを**図13**に示します．

素子の直列接続は，これまで説明したとおりインピーダンス直交座標上でグラフィカル

図12　図10，図11のプロット位置をスミス・チャートの軸で読み出してみる

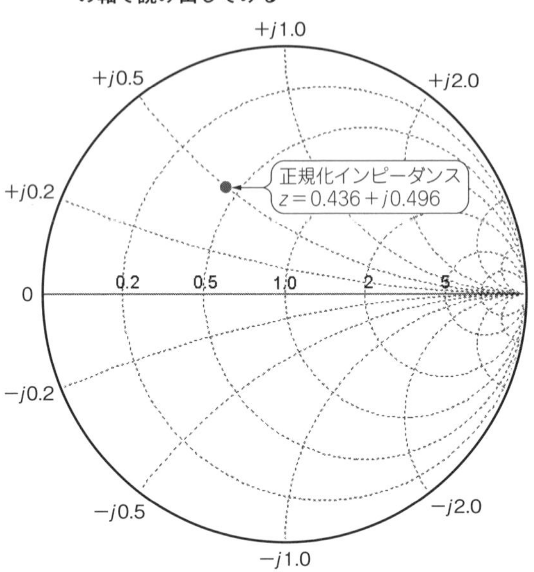

に行えます．**図8**ではC_1＝6.4 nFを直列接続して22 Ωに対してマッチングをとっていますが，この直列に接続される容量は，リアクタンスとして

$$X_C = -j\,24.80\ \Omega$$

です．これを正規化インピーダンス（正規化リアクタンス）にしてみると

$$z = \frac{-j\,24.80}{50} = -j\,0.496$$

このリアクタンスC_1＝6.4 nFを直列接続するには，**図13**（インピーダンス直交座標）の当初の位置から虚数軸（縦軸）のマイナス方向に－0.496動くと（「足し算」すると．実際にやっていることは引き算だが…．「マイナス方向に足し算すると」が適切かもしれない），実数軸（横軸）上にぴったり乗ることがわかりますね．これで22 Ω（得られる正規化インピーダンスとしては「0.436」になる．22/50で計算すると0.44になる）にインピーダンス変換ができるわけです．

● 容量の直列接続をスミス・チャート上でグラフィカルに求めてみる

スミス・チャート（インピーダンス直交座標軸相当）上で，この「足し算」をグラフィカルにやってみると，**図14**のようになります．0.436の位置に移動することがわかりますね．

図13 図12のスミス・チャートでのプロット位置をインピーダンス直交座標上で表してみる（「容量の直列接続」をグラフィカルに足し算した表記も記載）

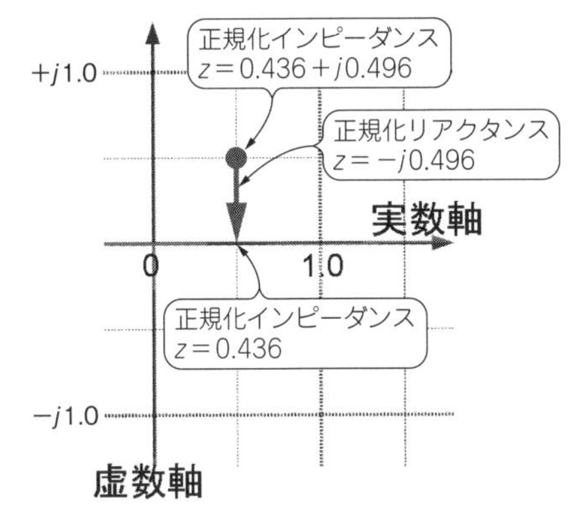

図14 「容量の直列接続」をスミス・チャート（インピーダンス直交座標相当）**上でグラフィカルに足し算してみる**

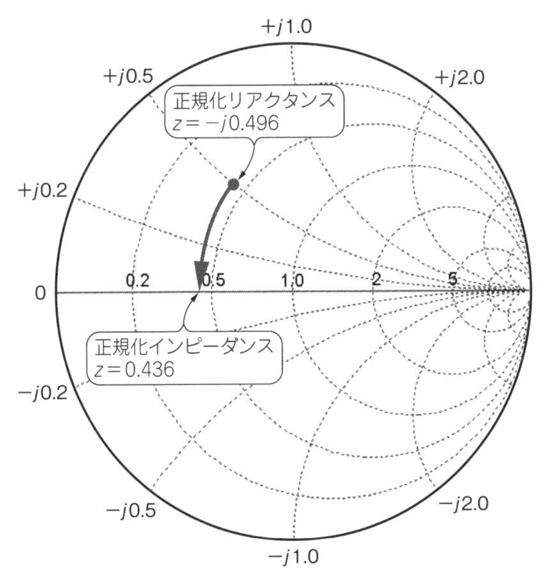

結局は図13の足し算を，スミス・チャート（図14）上で，「なんだかカーブしているぞ」というインピーダンス直交座標に相当する湾曲した軸上を移動させて表現しているわけです．同じことをしているのです．

■ ようやく出てくるイミッタンス・チャート

ここまでの話で

- マッチングをグラフィカルに計算したいなら「足し算」で計算するしかない
- 並列接続はアドミッタンスで考えればアドミッタンス直交座標上で「足し算」でグラフィカルに計算できる
- インピーダンスZ軸とアドミッタンスY軸を相互に活用してグラフィカルに描画で計算するために

$$Y = \frac{1}{Z}$$

という数値変換が必要

- その間を行き来するため，毎度逆数を取っていくことは面倒だ
- Z軸とY軸とがひとつのグラフ上に描かれていたらいいな

それを実現できそうなのが，

図15　Z軸とY軸とがひとつのグラフ上に描かれていたら…を実現するなら，それぞれを重ね合わせればよい

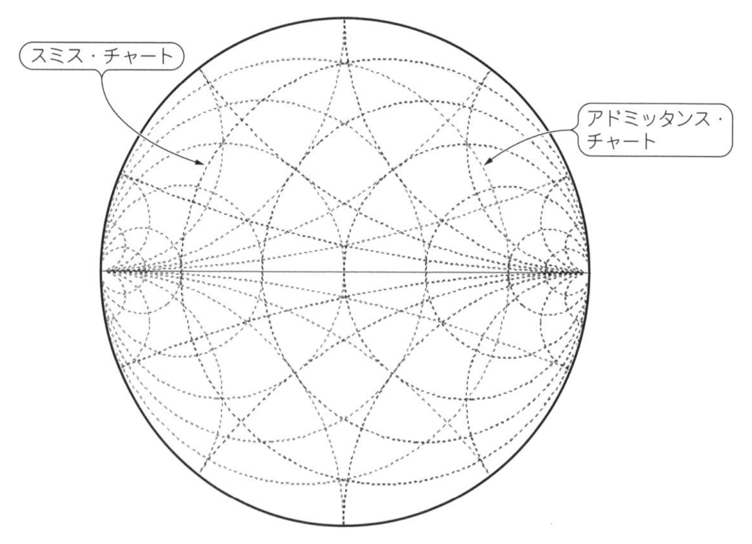

① 反射係数平面
② スミス・チャート（インピーダンス直交座標軸相当）
③ アドミッタンス直交座標軸全体が反射係数で極座標上に変換されたチャート（アドミッタンス・チャート）

という3要素なわけです．結局はこれらを「**図15**のように重ね合わせればいいだけ」の話でありまして…．それがここまででご紹介してきた，**図16**の「イミッタンス・チャート」です（本章第1節の**図18**の再掲）．

このイミッタンス（Immittance）とは，「Impedance + Admittance」から作られた「造語」です．インピーダンスやアドミッタンスも造語なのでしょうが…．

■ リアクタンスとサセプタンスでルート割り出しすればイミッタンス・チャート上でマッチング計算をグラフィカルにおこなえる

ここまでマッチングをとる直並列リアクタンスの数値例（**図8**）は，本章第1節で求めた既知の定数を用いてきました．しかし実際に，ある信号源インピーダンスと，それとは異なる大きさの負荷インピーダンスとマッチングを取っていくときは，それぞれのリアクタンス（サセプタンス）は「未知」なわけです．

● マッチング演習をやってみる

この未知のリアクタンス（サセプタンス）を求めるには，ここまでの話を応用すればよいだけです．イミッタンス・チャート上で，インピーダンス直交座標軸とアドミッタンス直交座標軸に沿ったかたちで「飛行ルート」を選定すればよいだけです．

それではマッチングの取り方を演習形式で，**図16**のイミッタンス・チャートを使って，50 Ωから22 Ωにインピーダンス変換する（マッチングをとる）手順を説明してみましょう．

最初に**図17**のように，信号源と負荷の正規化インピーダンスをプロットします．アドミッタンスも含めて考えていく必要はあるのですが，イミッタンス・チャート上ではインピーダンス表記もアドミッタンス表記も同じ位置なので，どちらもインピーダンスで位置を決めてしまってかまいません．

つづいて**図18**のように2つの点の間を，片方はアドミッタンス軸上を（実際は図中右側の太線の定コンダクタンス値の軸に倣（なら）って），もうひとつはインピーダンス軸上を（実際は図中左側の太線の定純抵抗値の軸に倣って）辿（たど）っていき，2つの線の交点になるところを探します．

さらに**図19**のように，交点から定サセプタンス軸上を辿り（図中右側の太い破線），そこの正規化サセプタンス数値を読みます．チャートの外周円上にこの正規化サセプタンス値が振られています．正規化サセプタンス＝－1.137が読み出せます．

図16　ようやく意味を解き明かせたイミッタンス・チャート（本章第1節の図18再掲）

NAME	TITLE	DWG. NO.
SMITH CHART FORM ZY-01-N	ANALOG INSTRUMENTS COMPANY, NEW PROVIDENCE, N.J. 07974	DATE

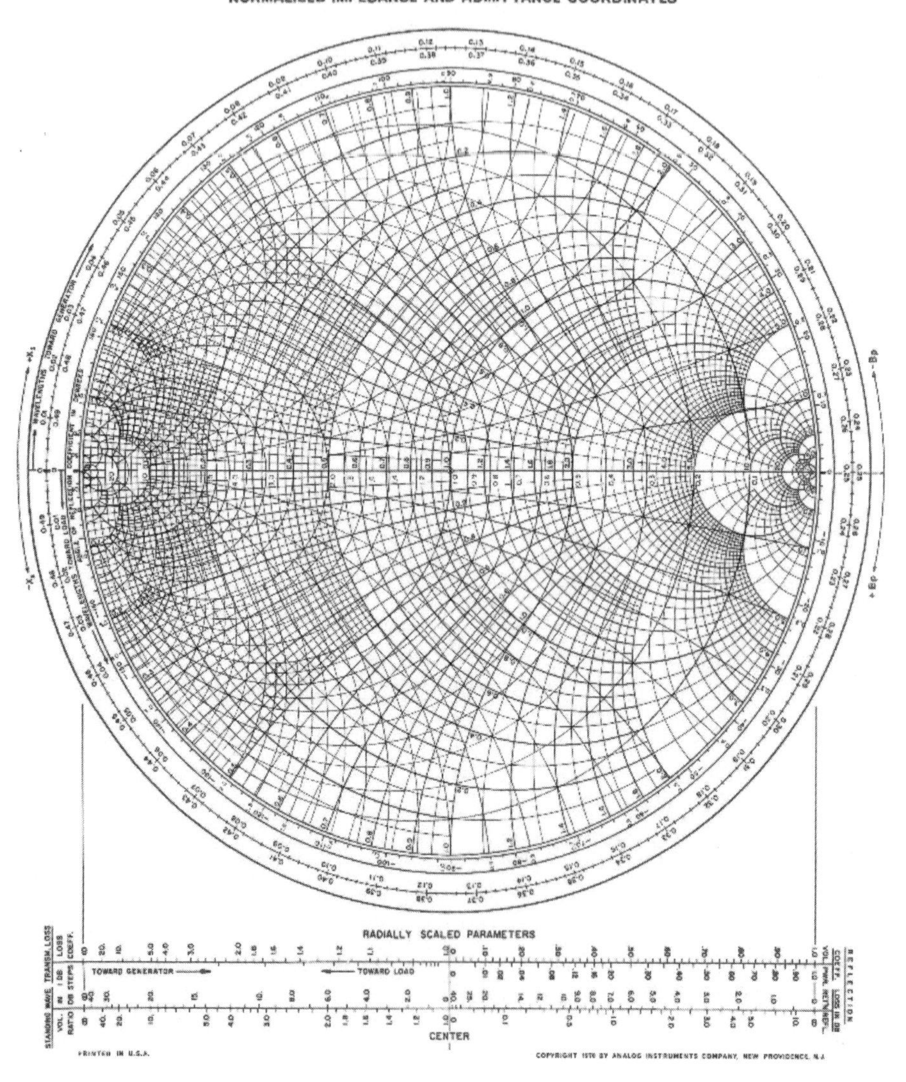

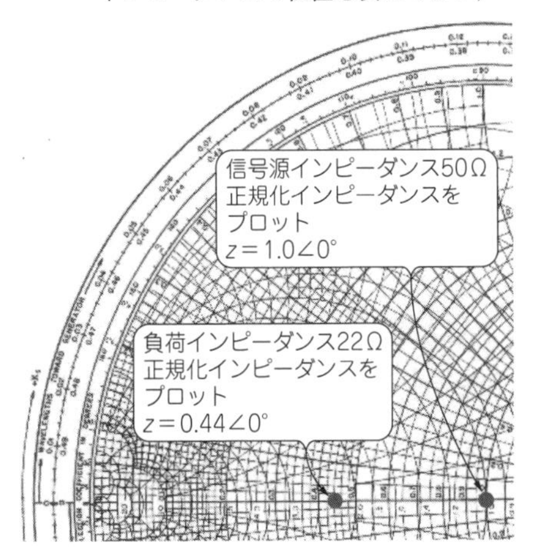

図17 最初に信号源と負荷の正規化インピーダンスをプロットする（インピーダンスもアドミッタンスも同じ位置なのでインピーダンスで位置を決めてよい）

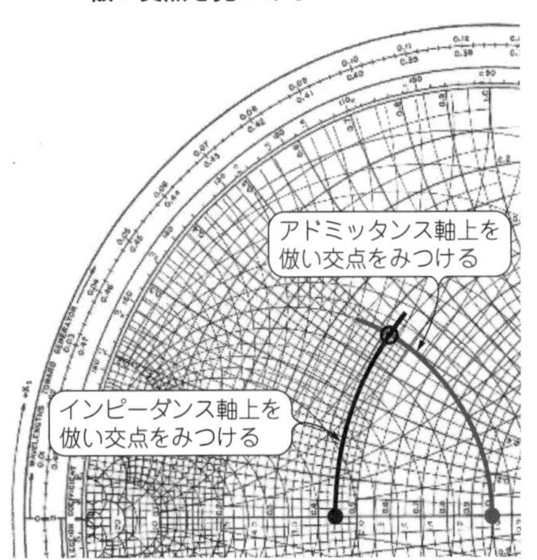

図18 信号源と負荷インピーダンスからインピーダンス軸/アドミッタンス軸上を倣い交点を見つける

同じく，交点から定リアクタンス軸上を辿り（図中左側の太い破線），そこの正規化リアクタンス数値を読みます．チャートの外周円上にこの正規化リアクタンス値「も」振られています．正規化リアクタンス＝0.496が読み出せます．

振られている正規化サセプタンス値と正規化リアクタンス値は，それぞれ同じ目盛り軸上にありますので，ちょっと見づらい（間違えやすい）ので注意してください．

● 得られた値をもとに航路図の上を辿るようにマッチング回路を構成する

イミッタンス・チャート…，ということは，これはチャート（航路図）です．ここまで得られた2つの値（正規化サセプタンス＝－1.137と正規化リアクタンス＝0.496）をナビゲーションとして，まるで航路図の上を辿るように飛行ルート（マッチング回路）を構成すればよいのです．

① たとえば**図17**の50Ωのところからスタートして，交点に到着したいなら
② アドミッタンス・チャートのサセプタンス軸上に沿って1.137だけ進む
③ そうすると交点に到着できる
④ この移動ぶんをリアクタンスで考えれば，50Ω系で＋j43.98Ω（50/1.137）
⑤ 1MHzで考えるなら，7μHのインダクタ
⑥ アドミッタンス・チャートで考えていたので，これは7μHのインダクタの並列接続

図19 交点からリアクタンス軸/サセプタンス軸上を辿り，そこの数値を読む

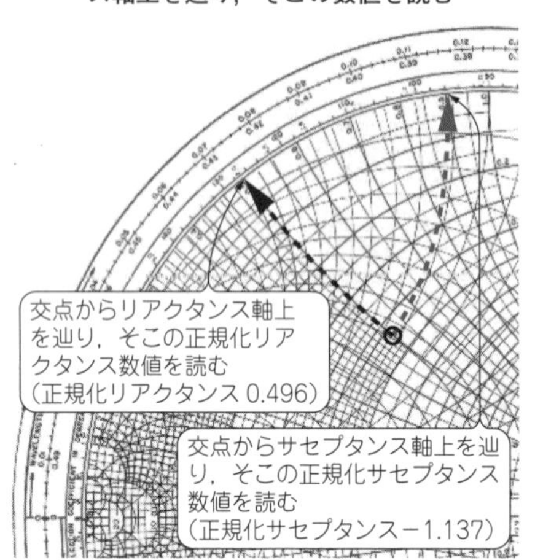

つづいて

⑦ 交点から再スタートし，22 Ω (0.44) に到着したいなら

⑧ スミス・チャート（インピーダンス）のリアクタンス軸上に沿って−0.496だけ進む．下方向に進むので，符号がマイナスとなる

⑨ そうすると22 Ω (0.44) に到着できる

⑩ これは50 Ω系で$-j$24.8 Ω (50 × 0.496) のリアクタンス

⑪ 1 MHzで考えるなら，6.4 nFの容量

⑫ スミス・チャート（インピーダンス）で考えていたので，これは6.4 nFの容量の直列接続

このように，見事に**図8**の定数と符合していることがわかります．これがイミッタンス・チャートの使い方です．面倒な計算をすることはありません．航路図の上を移動していくように図中でグラフィカルに求めれば，マッチング回路を実現することができるのです．

● いろいろなインピーダンス間もイミッタンス・チャートでグラフィカルにマッチングがとれる

ここでは50 Ωと22 Ωとのマッチングを例にとりましたが，他の抵抗値（たとえば100 Ωと33 Ω）のマッチングも全く同じように，図中でグラフィカルに求めることができます．

なお，マッチングをとるもの同士が，インピーダンスとしてリアクタンス（虚数部）をもつものであれば，スミス・チャートのうえで「共役マッチング」としてマッチングをとっていく必要があります．これはページ数の関係で本書では説明を割愛します．

図20 マッチングをとるには「北廻りコース」と「南廻りコース」の2種類がある

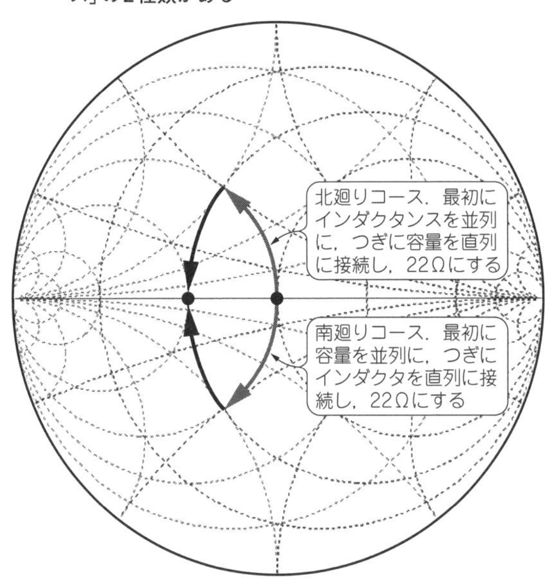

● マッチングは「北廻り」と「南廻り」の2ルートが考えられる

上記の説明では，最初に並列リアクタンス，つづいて直列容量というかたちでインピーダンス変換する（マッチングをとる）演習をやってみました．これは「北廻りコース」ともいえるでしょう（誰もこれまで「北廻り」だなんて表現は使ってこなかったが，ちょっとお遊びで…）．

図を見て気がつくように，最初に並列容量，つづいて直列リアクタンスという「南廻り」のインピーダンス変換（マッチング）の方法もあるのです（**図20**）．

実はこの北廻りと南廻りが，本章第1節の**図5**のハイパス・フィルタ回路構成（前節の**図2**がその周波数特性）と，前節**図3**のローパス・フィルタ回路構成（前節の**図4**がその周波数特性）になるのでした．

まとめ

ようやくこれでスミス・チャート（実際はイミッタンス・チャート）によりインピーダンス変換をする（マッチングをとる）基礎的なところを説明できました．

理解してしまえば別に難しいものではないこと，またとても便利に使えることがご理解いただけたかと思います．

第5章 謎の電流帰還OPアンプ

5-1 「なんだ？このループ・ゲインの変化は！」

■ はじめに

「電流帰還(Current feedback) OPアンプは高速な用途に適している」という話はよく聞くところと思いますが，詳細なしくみまで調べてみたとか，その動作解析をしてみたという機会は，意外と少ないのではないかと思います．そういう私も昔から「電流帰還OPアンプを技術的に深堀りしてみたい」と思っていましたが，最近，背中を押される「とあること」があり，そのネタを考えてみることにしました．

● 意外と世の中は同期している？

この原稿を書き始めたころ，ちょうどある方(といっても弊社のお客さま)とのメールのやり取りが始まりました．

その方とは数年前に，アナログ技術セミナーの大阪会場でセッション終了後に名刺交換させていただきました．ご名刺には「技術士(電気電子部門)」と書いてあります．「ああ，技術士さんなのですね！これはお近い！今後もどうぞよろしくお願いします」とお話ししました．25年ほど前に，会合に出るとよく聞かされた，感じたことが，「名刺にその文字があると親近感を抱く」ということでしたが，このときも同じだったのでした．

最近その方とあらためてメールのやり取りが始まったのですが，2018年のアナログ技術セミナーでもお会いすることができ，技術談義を懇親会席上でさせていただくことができました．それ以降のメールのやりとりで，「セミナーも終わって，これまで手をつけたことがなかった電流帰還OPアンプを…」と差し上げたところ，「ほんとにちょうど同じところで悩んでいる」という返信をいただきました．懇親会席上での技術談義は全く別モノ(ループ・ゲインの測定方法であるミドルブルック法について)だったのですが，偶然というか，同じタイミングで同じところを悩みだしたということ，世の中は同期しているのでは？と思うところでありました….

■ (おさらい)電圧帰還OPアンプ回路でのループ・ゲインと信号増幅率周波数特性

まず手始めに，よく用いられる電圧帰還(Voltage feedback) OPアンプ回路でのループ・ゲインと信号増幅率周波数特性をLTspiceでシミュレーションしてみましょう．

図1は電圧帰還OPアンプAD8601を$G = +10$で設定した増幅系のループ・ゲインを，電圧注入法を用いてLTspiceでシミュレーションする回路図です．信号増幅率Gは

$$G = 1 + \frac{R_2}{R_1} \qquad \cdots\cdots (1)$$

で当然きまりますが，帰還率βはGの逆数として，

$$\beta = \frac{1}{G} = \frac{R_1}{R_1 + R_2} \qquad \cdots\cdots (2)$$

です．R_1とR_2の比が等しければ，帰還率βは当然同じになります．そのため抵抗値を変えても(比が等しいかぎり)ループ・ゲインは変わりません．

図1のシミュレーション回路では，帰還抵抗R_1，R_2を.stepコマンドで7ステップ変化させ，それぞれのループ・ゲインをシミュレーションしてみました[V(VOUT)/V(VFB)を計算させる]．R_1とR_2の比は等しいまま，つまりβは一定です．

シミュレーション結果を**図2**に示します．ループの切れるクロスオーバ周波数以下では，

図1　電圧帰還OPアンプAD8601の回路のループ・ゲインをLTspiceでシミュレーションする回路

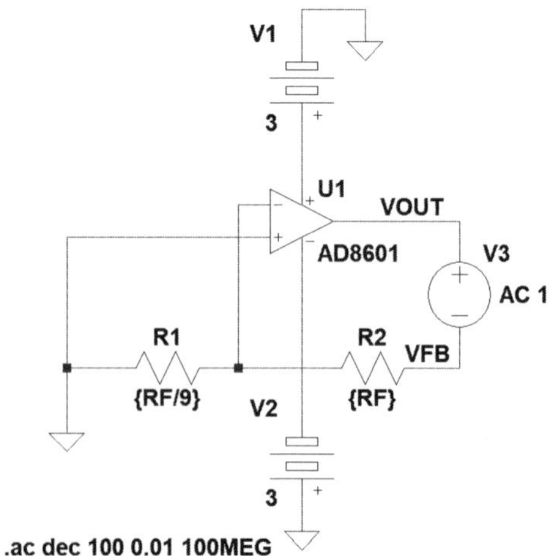

図2 図1のシミュレーション結果．異なる抵抗値であっても同じループ・ゲインが得られている（R_F = 100，200，500，1 k，2 k，5 k，10 kΩ）

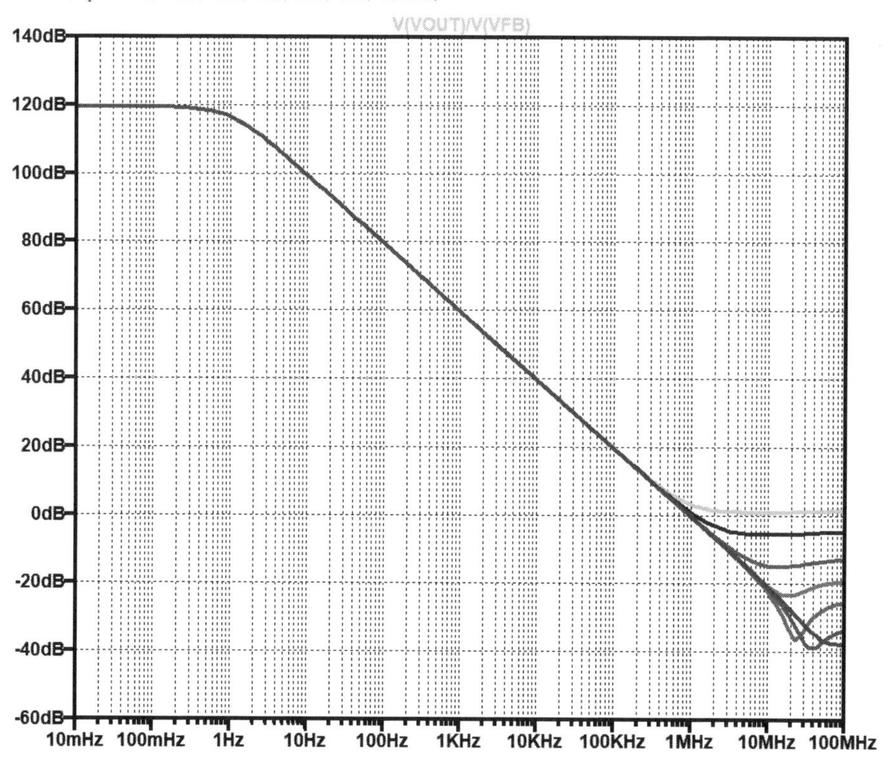

どの抵抗値であっても同じループ・ゲインが得られていることがわかります．これは「そりゃそうだ」と頷(うなづ)かれる方が多いかと思います．クロスオーバ周波数より上，つまりループ・ゲインが0 dBより低いところでは，AD8601の出力インピーダンスと帰還抵抗の関係などで（電圧注入法の誤差もあるようだが）ループ・ゲインの大きさが抵抗値によって変わってはいますけれども…．

● 電流帰還OPアンプAD811の回路でループ・ゲインをシミュレーションしてみる

同じ条件で電流帰還OPアンプAD811[33]を用いてシミュレーションをしてみました．ただし電源電圧はAD811のスペックに合わせて±5 Vにしました．AD811をご紹介しておくと，

● AD811

https://www.analog.com/jp/ad811

【概要】

AD811は，放送品質のビデオ・システム向けに最適化された広帯域電流帰還OPアンプです．AD811は，ゲイン = +2かつR_L = 150 Ωで−3 dB帯域幅 = 120 MHz，微分ゲイン = 0.01 %，微分位相 = 0.01° であるため，すべてのビデオ・システムに対する優れた選択肢になっています．

ということで，高速なビデオ信号用途で使われるOPアンプです．シミュレーション回路は**図1**と同じです．シミュレーション結果を**図3**に示します．

な，なんと！，帰還抵抗の抵抗値が変わると，ループ・ゲインも変わるではありませんか．

図3　電流帰還OPアンプAD811の回路でのシミュレーション結果．帰還抵抗の抵抗値が変わるとループ・ゲインも変わる（上からR_F = 100，200，500，1 k，2 k，5 k，10 kΩ）．**ただし電源電圧は±5 V**

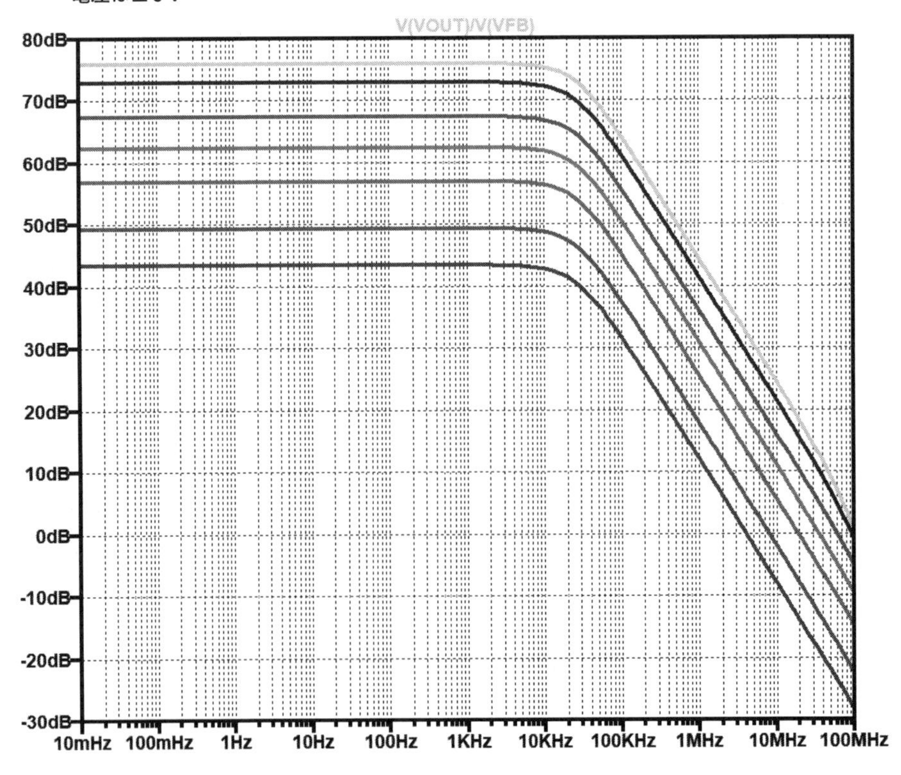

その結果として，ループ・ゲインが1 (0 dB) となるクロスオーバ周波数も変化しています．この「クロスオーバ周波数も変化する」は，電流帰還OPアンプの解析において非常に重要な話で，以降ネタとしてつづいていくのでした….

■ 電流帰還OPアンプでは帰還抵抗でループ・ゲインが変わる

本節ではまず，このようにループ・ゲインという切り口(入り口)から電流帰還OPアンプを探究していきます．

図4に一番基本的な電流帰還OPアンプのブロック図を示します(参考文献(32)のFigure 2から抜粋したもの)．さらにそれをループ・ゲインという視点でより簡潔なブロックにしたものを**図5**に示します．

図4については，追ってあらためて説明をしていきます．図中にある$T(s)$は，反転入力端子に流れる電流量iをV_{OUT}出力の電圧量に変換するためのインピーダンスです．「トランス・インピーダンス」とも呼びます(なお入力電流量iに対して極性が反転している)．ともあれこの辺は，別途詳しく….

つづいて**図5**をご覧ください．ループ・ゲインは，**図4**中のV_{IN} = 0 Vとして，V_{OUT}端子から帰還抵抗R_2の経路を切断し，R_2を経由して出力V_{OUT}に戻ってくる一周のゲインを示

図4　一番基本的な電流帰還OPアンプのブロック図(参考文献(32)のFigure 2より抜粋)

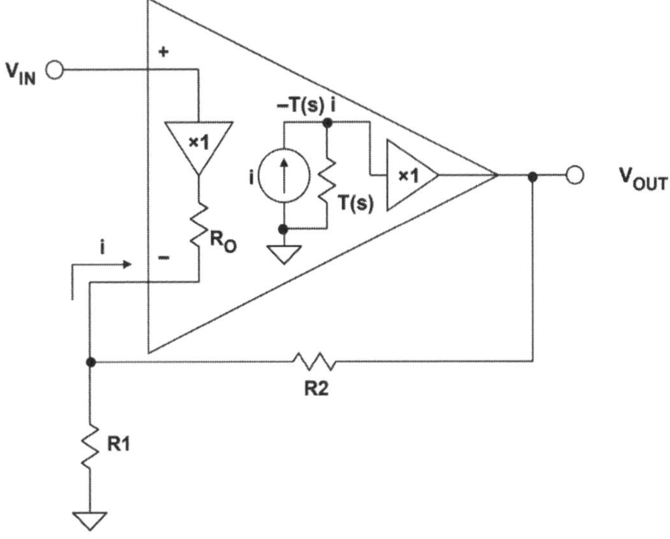

図5　図4のブロック図をループ・ゲインという視点でより簡潔にしたもの

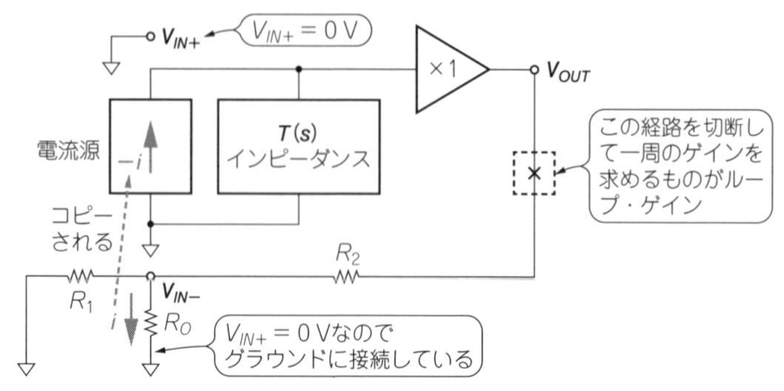

すもので，

$$LG = A \cdot \beta \quad \cdots\cdots (3)$$

として定義されるものです．ここでAは前方への（OPアンプ自体の）増幅率，βは帰還率です．

電流帰還OPアンプの反転入力端子は，**図4**で×1と書いてあるバッファ出力となっているという面白い構造です．**図5**ではこのバッファは記述しておらず，R_Oがそのままグラウンドに接続されているものとして，簡単化してあります（$V_{IN+} = 0$ Vであれば，反転入力端子であるバッファ出力V_{IN-}も同じ電圧になるため）．

一般的にR_Oは低抵抗で，帰還抵抗R_1，R_2よりだいぶ（$R_O \ll R_1$，R_2とは言えないので「だいぶ」にした）小さいので，この検討開始時点では，**図5**のR_Oは無視してしまいましょう．$R_O = 0\ \Omega$ということで，グラウンドにR_2が直接接続されているものとして考えます．そうすると出力V_{OUT}から反転入力端子（このモデルではグラウンド）に流れる電流iは

$$i = \frac{V_{OUT}}{R_2} \quad \cdots\cdots (4)$$

となり，これから帰還率βとして，電圧から電流への変換係数

$$\beta = \frac{i}{V_{OUT}} = \frac{1}{R_2} \quad \cdots\cdots (5)$$

が得られることになります．抵抗の逆数ですから，電流帰還OPアンプ回路における帰還率βとは，コンダクタンス（電気電導率．抵抗やインピーダンスの逆数）になるわけです．

電圧帰還OPアンプ回路においては，帰還率βは帰還抵抗R_1，R_2で得られる抵抗分圧率（減衰率）だったわけですが，面白いものですね．

前方への増幅率Aは，反転入力端子に流れる電流量iがインピーダンス$T(s)$に流れ，

V_{OUT}出力の電圧量に変換されることで得られます．**図4**では$-T(s)$となっていますが，符号がマイナスというのは現実的ではありません．そのため**図5**において，コピーされる電流の極性を$-i$として反転してみました．そうすると

$$A = -T(s) \qquad \cdots\cdots (6)$$

となり，結果的にループ・ゲインは

$$LG = A \cdot \beta = -\frac{T(s)}{R_2} \qquad \cdots\cdots (7)$$

となるのですね…(R_Oを無視した条件で)．つまり**図3**で見てきた「帰還抵抗の抵抗値が変わるとループ・ゲインも変わる」というのが，上記の式(7)からも，帰還抵抗R_2が小さくなるとループ・ゲインが上昇することとして理解できます．電圧帰還OPアンプと電流帰還OPアンプは「似て非なるもの」ということがわかるわけです．

■ 電流帰還OPアンプの構造を見てみる

AD811のデータシートにはその内部構造の記載がありません．簡易等価回路が記載されているデータシートを探したところ，LT1252のデータシート[38]に**図6**のような回路が記載されているのを発見しました．LT1252もご紹介しておきましょう！

図6　LT1252のデータシートに掲載されている電流帰還OPアンプの簡易等価回路

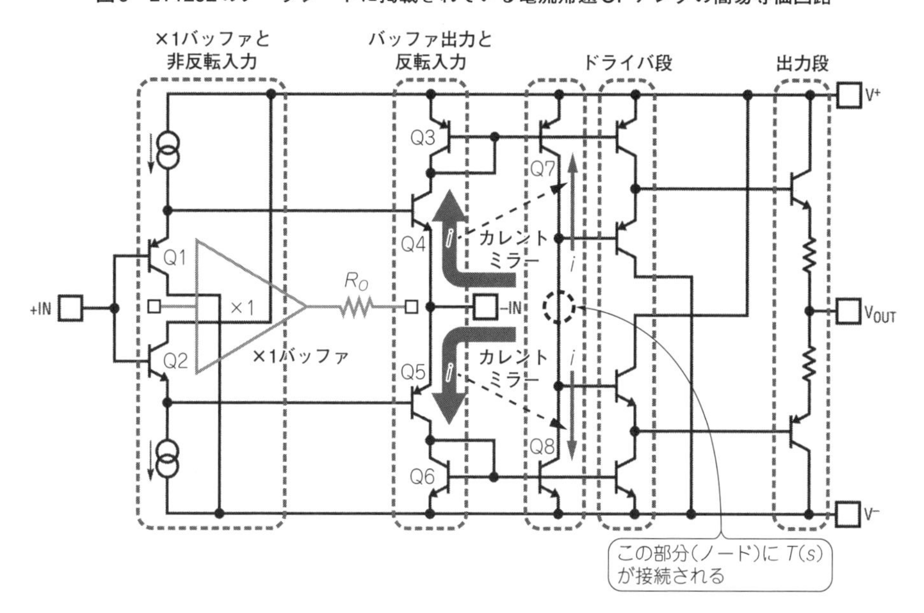

● LT1252

https://www.analog.com/jp/lt1252

【概要】

LT1252はビデオ・アプリケーション用の低コストの電流帰還型アンプです．LT1252は，ケーブルやフィルタなどの低インピーダンス負荷をドライブするのに最適です．このアンプは，バンド幅が広くスルーレートが高いため，PCやワークステーション間でRGB信号を容易にドライブできます．LT1252は直線性が優れているため，コンポジット・ビデオのドライブに理想的なICです．

さて，この**図6**は見事に**図4**と同じ構造になっています．とはいってもインピーダンス$T(s)$については記載がありませんが….

そこでインピーダンス$T(s)$が接続されるべき箇所（ノード）を破線の丸と矢印で示しておきました．各部の動作のしくみを追ってみましょう．

● 入力段の構造

図6の左側部分の入力段（いちばん左の破線の枠）をみてみます．＋INと記載のあるところが非反転入力で，PNP/NPNの2つのトランジスタQ1，Q2のベースに接続されています．それぞれエミッタには電流源が接続されていますので，ベースから見たインピーダンスは十分に高いことになります．「電流帰還OPアンプの非反転入力端子の入力インピーダンスは高い」ということです．

つづいて反転入力端子（左から2番目の枠）ですが，ここは非反転入力に接続されたトランジスタQ1，Q2のエミッタがQ4，Q5のベースに接続されており，そのQ4，Q5のエミッタが－INと記載のある反転入力端子となっています．トランジスタのエミッタは出力インピーダンスが低いことから，電流帰還OPアンプの反転入力端子の入力インピーダンスR_Oは低くなります．「R_OはQ4, Q5のエミッタ出力抵抗（低い抵抗値）が支配的」といえるでしょう．

● 入力段から電流がカレント・ミラーでコピーされる

Q4，Q5のエミッタ，つまり反転入力端子に流れる電流は，そのほぼすべてがコレクタ側に流れることになります．このようすは**図6**にも，左から2番目の枠内の太い矢印と，その中にiとして記載しておきました．

このコレクタ側に流れる電流は，さらにQ3，Q6に流れていきます．このQ3とQ6はそれぞれQ7, Q8とベース同士が接続されており，これによりカレント・ミラー（電流量をコピーする回路）が形成されます．

その結果，Q7とQ8のコレクタ同士が接続されている部分（**図6**に破線の丸で示した，インピーダンス$T(s)$が接続されるべき箇所／ノード）に，反転入力端子に流れる電流iと同量の（極性は反転している）電流iが流れることになります．

● $T(s)$が接続される箇所は

この破線の丸の箇所，「インピーダンス$T(s)$が接続されるべき箇所／ノード」を考えてみます．ここはQ7とQ8のコレクタ同士が接続されています．トランジスタのコレクタは出力インピーダンスが高い端子です．つまりこのノードは出力インピーダンスが高く，Q7，Q8のコレクタは「電流源」だと考えることができるわけです．そこから反転入力端子に流れる電流iと同量の電流が流入出するわけです．

● 電流源と$T(s)$で電圧が生じる

そうすると，ここに接続されたインピーダンス$T(s)$に，反転入力端子に流れる電流と同量の（極性は反転した）電流iが流れることで電圧降下が発生し，

$$V = -i \cdot T(s) \qquad (8)$$

の電圧がこのノード（Q7，Q8のコレクタ）に得られることになります．これが後段のドライバ段と出力段で，×1倍でバッファされ，出力端子V_{OUT}に現れることになります．

よくできていますね….よく考えられているものですね….

■ カレント・ミラーとインピーダンスにより生じる電圧をシミュレーションしてみる

それではこの**図6**の簡易等価回路に相当する回路をLTspiceで作ってみて，カレント・ミラーとインピーダンスにより生じる電圧をシミュレーションしてみましょう．

図7はこのシミュレーション回路です．**図4**の一番基本的な電流帰還OPアンプのブロック図では，インピーダンス$T(s)$は抵抗素子だけがモデル化（図示）されていました．しかし実際にはこの**図7**のように，ドミナント・ポール（オープン・ループ・ゲインが−3 dBにな

図7　図6のカレント・ミラーとインピーダンスにより生じる電圧をシミュレーションしてみる

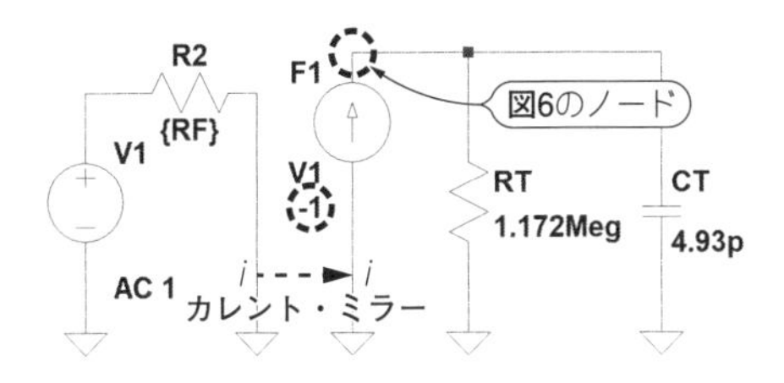

る周波数)を形成するコンデンサC_Tも必要なのです.

DCゲインは抵抗R_Tの大きさで決まり，ドミナント・ポールの周波数f_Pは，R_TとC_Tとで

$$f_P = \frac{1}{2\pi R_T C_T} \qquad \cdots\cdots (9)$$

と決まります．ドミナント・ポールが存在して，その周波数より上で−6 dB/Octaveずつオープン・ループ・ゲインが低下するのは，電圧帰還OPアンプと同じになるわけですね.

● インピーダンス値を設定する

素子定数は**図3**でみたAD811の特性に合わせてみました(特にドミナント・ポールについて)．データシート(33)では$T(s)$ = 0.4 MΩ(typ)と記載されていますが，**図7**の定数は，**図**

図8　図7のシミュレーション結果．図3と同じ条件(R_2 = 100, 200, 500, 1 k, 2 k, 5 k, 10 kΩ)**で.stepコマンドで抵抗値を変化させた**

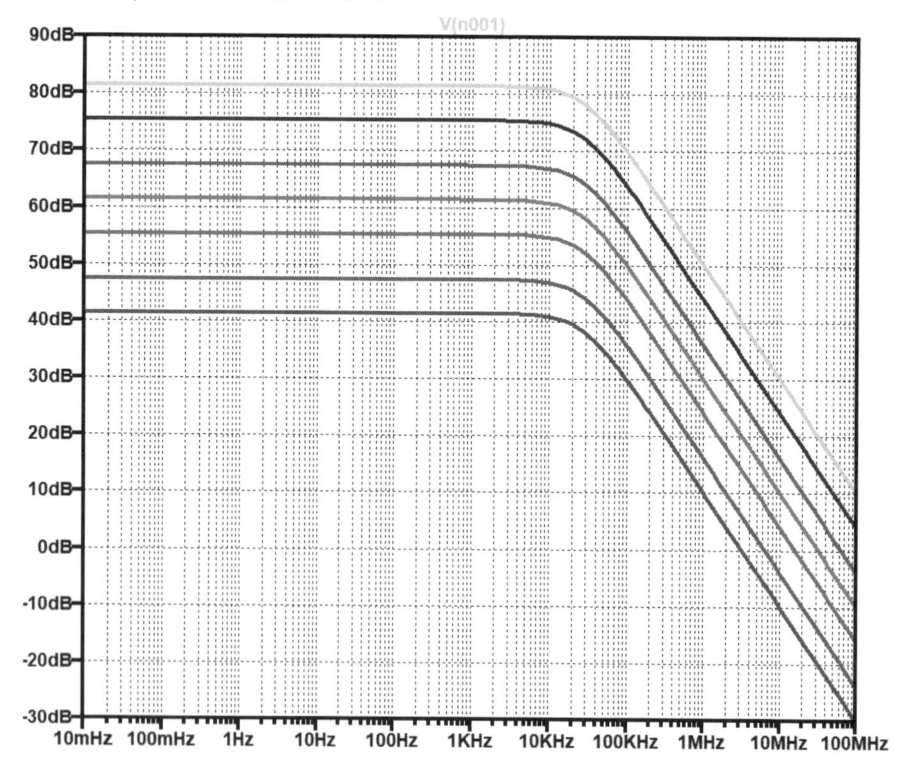

3のシミュレーションで$R_2 = 1\,\mathrm{k}\Omega$の条件で得られた結果から推定しています．また$R_O$はゼロとして構成してあります．$R_2$は変数$R_F$としてステップで変えます．

電流源F_1は，1次側のV_1の回路に流れる電流量を，倍率×−1の電流として流すカレント・ミラー相当となるものです（電流極性が反転するため−1にしている）．

シミュレーション結果を**図8**に示します．**図3**とほぼ同じ答えが得られていることがわかります．なお先の説明のとおり**図3**のR_2が$1\,\mathrm{k}\Omega$の条件，またR_Oもゼロとして回路を構成しているため，他の抵抗値ではAD811の特性（**図3**）とは，増幅率（変換率と言ったほうがいいかも）に差異が生じていることもプロットから確認できます．

■ AD811モドキのループ・ゲインを求めてみる

なんとここまでで，早速AD811の簡易モデル（AD811モドキ）ができてしまいました….早速とか言いながら，実は事前検討数日の結果なのですが…（汗）．

それではこの**図7**（AD811モドキ）の回路をループ・ゲインを得る構成に変えてみて，**図3**と同じループ・ゲインの結果が得られるかどうか，シミュレーションしてみましょう．この答えは，実は何ということはなく，**図8**の結果と当然ながらぴったり同じになるのですが….

図9に，**図3**の特性に相当するはずの，AD811モドキのループ・ゲインを求める回路を示します．各素子の部品番号や回路図上のレイアウトは（比較しやすいように）**図1**と同じに

図9　図7のシミュレーション回路を図3のループ・ゲインの構成に変更してループ・ゲインをシミュレーションしてみる（R_F = 100, 200, 500, 1 k, 2 k, 5 k, 10 kΩで.stepコマンドで抵抗値を変化）．**非反転入力はV_1のマイナス側だが用意していない**

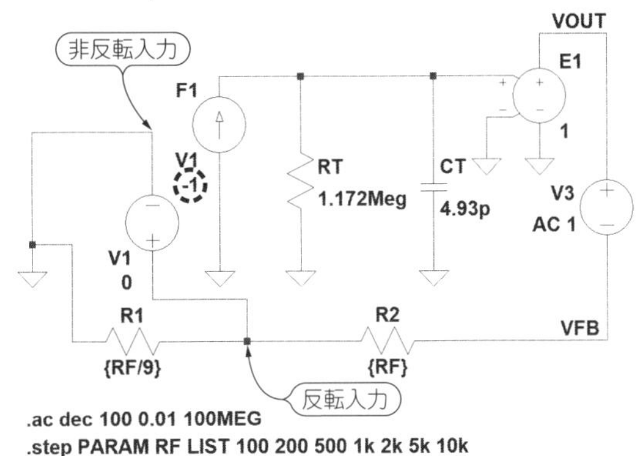

図10　図9のシミュレーション結果(上からR_2 = 100, 200, 500, 1 k, 2 k, 5 k, 10 kΩ)

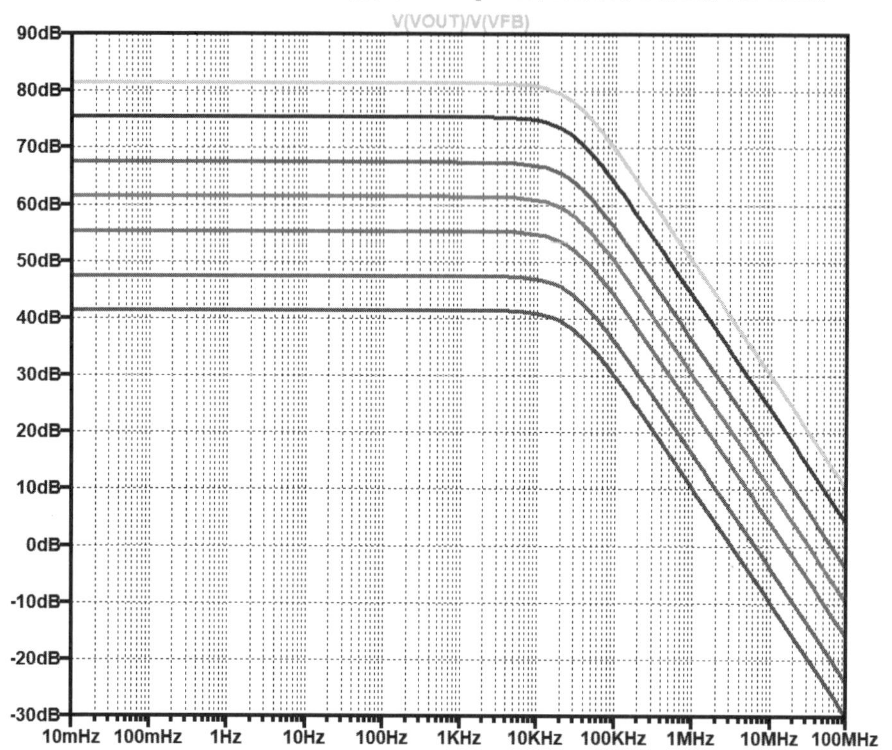

してあります．ここでもR_Oをゼロとして回路を構成しています．

図10にシミュレーション結果を示します．**図3**の結果とほぼ同様かつ**図8**の結果とぴったり同じになりました．

■ 電流帰還OPアンプの簡易モデルができた

これで電流帰還OPアンプの単純な原理モデルを作ることができました．この原理モデルを基準として，以降でいろいろなシミュレーションができるようになりました．

AD811などホンモノの電流帰還OPアンプで解析検討を進めていってもよいのかもしれませんが，やはりそれでは説得力に欠けるので(結果と説明の間に緩衝材があるようなかたちなのでクリアではないため)あまりよろしくありません．

原理モデルがあれば，明確に理論検討ができるわけです．

■ 最後におまけ「Fモデルの使い方」

最後におまけというか，LTspiceを使ううえで少しひっかかりがちなところの解決方法をご紹介しておきましょう．

カレント・ミラーを実現するためにFモデル（Current Dependent Current Source）を用いました．これはLTspiceでの呼び方で，一般的なSPICEではCurrent Controlled Current Source; CCCSと呼ばれています（「Fモデル」という記号定義は同じだが）．

LTspiceのFモデルは**図7**や**図9**で見たように，シンボルとしては2端子しかありません．これをLTspiceのSchematic Editor（回路図エディタ）上でどのように設定すればよいか，少し戸惑ってしまいます．LTspiceのヘルプでは

```
Syntax: Fxxx n+ n- <Vnam> <gain>
```

と記載がありますが，これではわかりません….

Fシンボルを右クリックすると，**図11**のようなダイアログ・ボックスが表示されます．ここでValueとValue2というフィールドが見えます．このValueに電流量を参照する電圧源（つまりカレント・ミラーの電流検出側）の部品番号（Syntaxでは`<Vnam>`）を記述し，Value2に変換倍率（Syntaxでは`<gain>`）を記述すればよいのです．

なおSchematic上でValue，Value2が表示されるように，一番右側のVis.（Visualizeもしくは Visibleの意味だと思われるが）に「X」のチェックを入れておきます．

図11　Fモデルのパラメータ設定方法

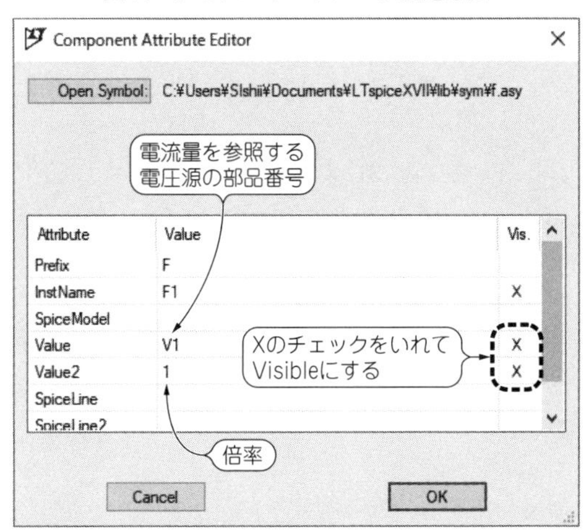

5-2 電流帰還OPアンプって利得帯域幅積が一定ではないの？

■ はじめに

前節では，電流帰還OPアンプ回路についてそのループ・ゲインをまず考え，ループ・ゲインが帰還抵抗R_2に反比例していることを示しました．本節では電流帰還OPアンプのクローズド・ループ増幅率（信号増幅率もしくは伝達関数．以降では伝達関数と呼ぶことにする）周波数特性について考えてみたいと思います．

しかし「電流帰還」…，よくできていますね…．よく考えられているものですね．「先達（せんだつ）」というのはアタマ良いひとたちだなと深く感じるところです．

● またどうでもよいトリビア探究心がむくむくと

こうなると，「電流帰還という考え方は，誰が，いつ頃に発明したのか？」という，またどうでもよいトリビア探究心がむくむくと沸き上がってきます…．

ちなみにトランジスタ回路でエミッタに抵抗を接続することも「電流帰還」と呼ばれますね．英語ではEmitter Degenerationといいます．いつだったか覚えていませんが，英日翻訳をするときにこの「Emitter Degeneration」という単語を初めてみて，「ディ？じぇねレーしょん？」「これは何？」と思ったものでした．ネットでサーチしてエミッタ負帰還のことだとわかりました．

さて，閑話休題ということで，「誰が，いつ頃」という本題に戻ってみましょう．

参考文献(30)によると，Comlinearにいた David A. Nelsonが発明しCLC103というハイブリッドICで1982年に製品化されたそうです．1982年…．そのとき私は，ちょうど高校を卒業し，アパート住まいを始めていました．「そんなに古い発明ではないのね」と思う一方で，「若い方は『そんなに昔なんだ』と思うのだろうな」と平成生まれの子供をもつ私としては思ったりするのでした．

特許も出願されており，参考文献(31)で見ることができます（以下に引用する）．発明者はDavid A. Nelson and Kenneth R. Sallerとなっています．特許登録番号はU.S. Patent 4,502,020．タイトルは「Settling time reduction in wide-band direct-coupled transistor amplifiers」（広帯域DC結合トランジスタ・アンプにおけるセトリング時間の低減法）というもので，本文中にはCurrent Feedbackという用語が多用されています．Abstract(31)には以下の文が記載されています．これで1文ですから，アメリカでも特許の言い回しのというのは…，と思うところです（笑）

Abstract

A wide-band direct-coupled transistor amplifier exhibits greatly improved settling time characteristics as the result of circuitry permitting the use of current feedback rather than voltage feedback in order to reduce the sensitivity of settling time and bandwidth to feedback elements without thereby affecting the manner in which feedback is applied externally by the user, reducing the sensitivity of settling time to the effects of temperature, eliminating saturation and turn-off problems within the amplifier that are related to bias control, to large input signals, and to high frequency input signals or those having fast rise times, and minimizing the sensitivity of settling time to power supply voltages.（ここでピリオド）

がんばって訳してみましょう（汗）.

【要約】

本発明は，電圧帰還手段を採用せず，帰還要素に依存するセトリング時間と帯域幅への変化感度を低減させることを成す電流帰還手段を代替手段としてその回路構成に採用することを考案することで，当該電圧帰還増幅器にあった，回路設計者が外部に帰還を構成することで生ずる回路動作（manner）に関わる影響を付与することなく，温度変化の影響により生ずるセトリング時間変化への感度特性を低減なさせしめ，バイアス制御や大信号入力ならびに高周波入力信号，もしくはそれら信号が含有する高速の立ち上り時間に起因する従来の増幅回路に内在する飽和やターンオフ問題を排除し，供給電源電圧変動によるセトリング時間変化への感度を低減なさせしめる性能をもち，係るセトリング時間特性の顕著な改善を示す広帯域DC結合トランジスタ増幅器を提供するものである．（ここで読点）

…

特許出願文章的に訳してみました（笑）．これまで一文が長いと，「これは言語なのか？」とも思ってしまいます（笑）．翻訳にかなりの時間を割いてしまいましたが，以下の太字（bold）にしたところをとっかかりとして訳してみました．

A wide-band direct-coupled transistor amplifier exhibits greatly improved settling time characteristics,

as the result of circuitry permitting the use of current feedback,

rather than voltage feedback,

in order to reduce the sensitivity of settling time and bandwidth to feedback elements,

1）without thereby **affecting** the manner in which feedback is applied externally by the user,

2) **reducing** the sensitivity of settling time to the effects of temperature,
3) **eliminating** saturation and turn-off problems within the amplifier that are related to bias control, to large input signals, and to high frequency input signals or those having fast rise times, **and**
4) **minimizing** the sensitivity of settling time to power supply voltages.

,とandで列挙(enumerate)だと読み解きました．しかしこんな文章は日本語でもトホホですね…．without therebyは特許(法律？)表現のようで，単純にnotで置き換えればよいようです．

■ 電圧帰還OPアンプでの伝達関数周波数特性

図1は帰還回路をもつ増幅系のブロック図です．$A(f)$はOPアンプ自体の増幅率(fは周波数)，帰還率βは電圧帰還OPアンプであれば，これまで説明してきたとおり，

$$\beta = \frac{R_1}{R_1 + R_2} \quad \cdots\cdots (1)$$

です．これより得られるこの帰還増幅系の伝達関数$H(f)$は

$$H(f) = \frac{V_{OUT}}{V_{IN}} = \frac{A(f)}{1 + A(f)\beta} \quad \cdots\cdots (2)$$

となることも多くの方がご存じのことかと思います．この式を変形してみましょう．まず分母・分子を$A(f)$で割ります．

$$H(f) = \frac{A(f)/A(f)}{[1+A(f)\beta]/A(f)} = \frac{1}{\dfrac{1}{A(f)} + \beta} \quad \cdots\cdots (3)$$

さらに分母・分子をβで割ります．

$$H(f) = \frac{1/\beta}{\left[\dfrac{1}{A(f)} + \beta\right]/\beta} = \frac{1/\beta}{\left[\dfrac{1}{A(f)\beta} + 1\right]} \quad \cdots\cdots (4)$$

図1　帰還回路をもつ増幅系のブロック図

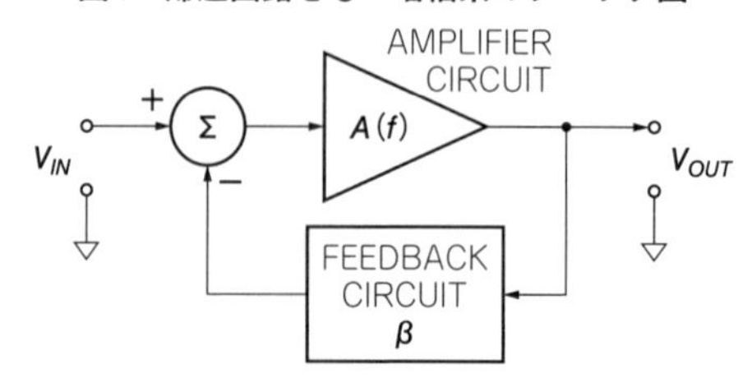

分子の$1/\beta$を式(1)で置き換えてみると,

$$H(f)=\frac{\dfrac{R_1+R_2}{R_1}}{\dfrac{1}{A(f)\beta}+1}=\frac{1+\dfrac{R_2}{R_1}}{\dfrac{1}{A(f)\beta}+1}=\frac{G}{1+\dfrac{G}{A(f)}} \quad \cdots\cdots (5)$$

Gはこの回路で本来得られるべき(非反転回路としての)増幅率で

$$G=1+\frac{R_2}{R_1}=\frac{1}{\beta} \quad \cdots\cdots (6)$$

この式(5)の分子のGが「この回路の本来の増幅率」だと考えてください．以降では区分けがわかるように「目論見増幅率」と表現します．なお$A(f)\cdot\beta$がループ・ゲインになります．

一方で式(5)の分母の

$$1+\frac{G}{A(f)} \quad \cdots\cdots (7)$$

は目論見増幅率Gが増加すると，大きさも増加することになります．また$A(f)$も周波数f

図2 電圧帰還OPアンプAD8601を用いて目論見増幅率Gを変えて周波数特性を確認するシミュレーション回路(G = 0 dB, 10 dB, 20 dB, 30 dB, 40 dB, 50 dB)

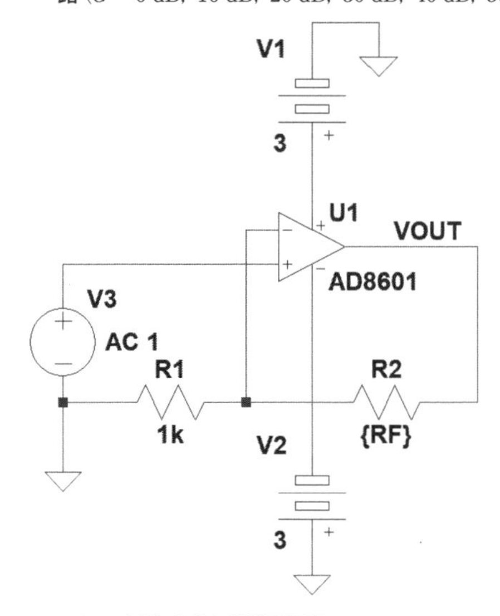

が増加すれば低下してくることになり，式(7)の大きさも増加します．

ここである電圧帰還OPアンプを採用したとすれば，Gの条件は変われども，当然ながら$A(f)$の変化状況は変わりません．そうすれば，

「目論見増幅率Gが増大すると，式(5)の分母の大きさが増加する」

ということになり，

「目論見増幅率Gの増大で，式(5)の$H(f)$のカットオフ周波数［伝達関数$H(f)$が低減しはじめる周波数］が低くなってくる」

ということになります．

● 電圧帰還OPアンプAD8601で周波数特性をシミュレーションしてみる

図2の電圧帰還OPアンプAD8601（前節で用いたもの）の回路で，帰還抵抗R_2を.stepコ

図3　図2のシミュレーション結果．電圧帰還OPアンプAD8601を用いて目論見増幅率Gを変えると周波数特性が変化する

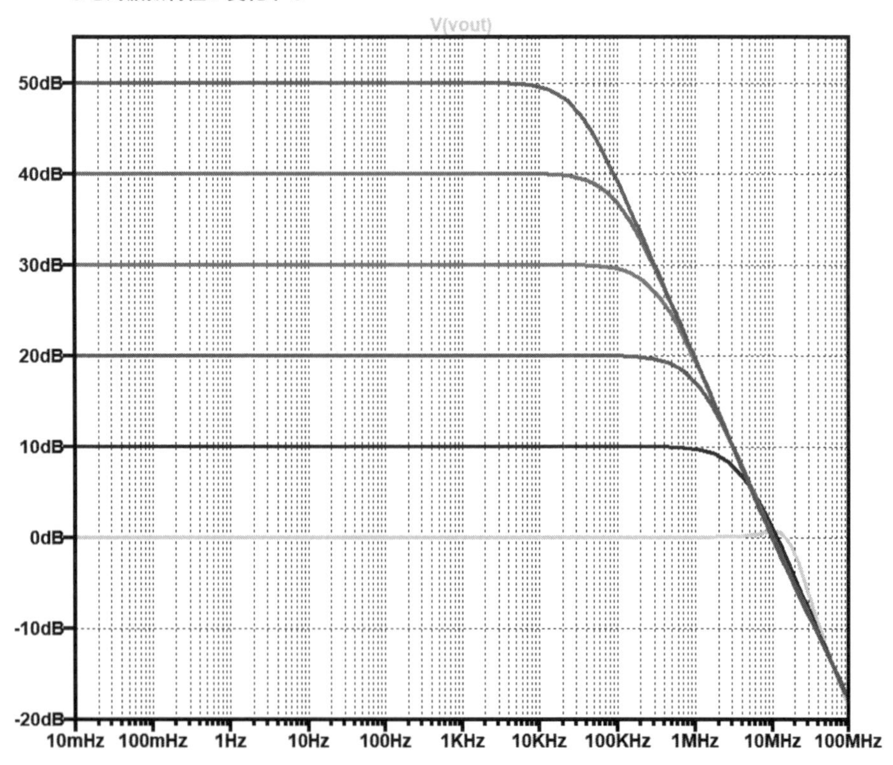

マンドで6ステップ変化させることで目論見増幅率Gを変化させ(G = 0 dB, 10 dB, 20 dB, 30 dB, 40 dB, 50 dB), 周波数特性の変化をLTspiceで見たようすを**図3**に示します. 当然のごとく, よく見るOPアンプ増幅回路の周波数特性になっていることがわかります. これを「利得帯域幅積(Gain Bandwidth Product; GBW)が一定」と説明することは, ご存じの方も多いでしょう.

■ 電流帰還OPアンプでの伝達関数周波数特性

● 電流帰還OPアンプAD811で周波数特性をシミュレーションしてみる

同じ条件で, 電流帰還OPアンプAD811を用いてシミュレーションしてみましょう. 電源電圧はAD811のスペックに合わせて±5 Vにしました. シミュレーション回路を**図4**に示します.

電流帰還OPアンプでは帰還抵抗R_2の大きさに最適推奨値があります. これは以降で理由を示していきますが, 前節でも「電流帰還OPアンプでは帰還抵抗でループ・ゲインが変わる」として, そのことをチラ見せしていました….

図4 電流帰還OPアンプAD811を用いて目論見増幅率を変えて周波数特性を確認するシミュレーション回路(G = 0 dB, 10 dB, 20 dB, 30 dB, 40 dB, 50 dB)

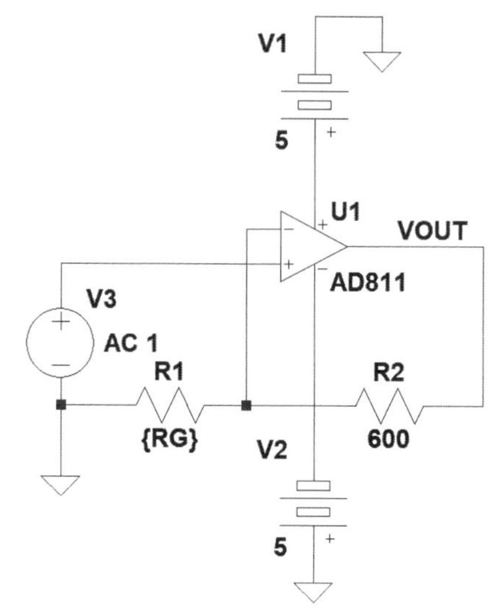

図5 図4のシミュレーション結果．電流帰還OPアンプAD811を用いて目論見増幅率を変えると$G=20$ dB程度までは周波数特性が変化しない

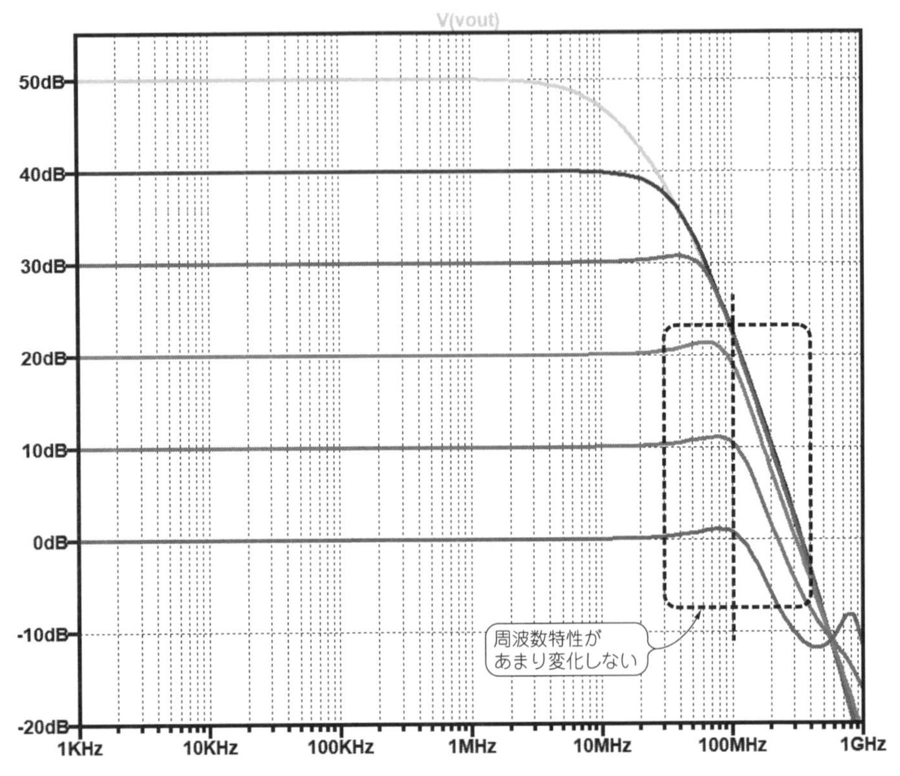

シミュレーション結果を図5に示します．$G=20$ dB程度までの条件では，な，なんと，周波数特性はほとんど同じままです…．電圧帰還OPアンプとは異なる特性ですね…．「利得帯域幅積(GBW)はGにより一定ではない」ということになります．

● 電流帰還OPアンプの入出力伝達関数を求めてみる

図6に再掲した前節の図4の一番基本的な電流帰還OPアンプのブロック図において，R_Oを無視して回路の入出力伝達関数$H(f)$を求めてみます．反転入力端子に流れる電流は，キルヒホッフの電流則より

$$i=\frac{V_{OUT}-V_{IN}}{R_2}-\frac{V_{IN}}{R_1} \qquad \cdots\cdots (8)$$

また電流量iがインピーダンス(トランス・インピーダンス)$T(s)$に流れることにより，

図6 一番基本的な電流帰還OPアンプのブロック図（参考文献(32)のFigure 2より抜粋．前節の**図4**と同じ）

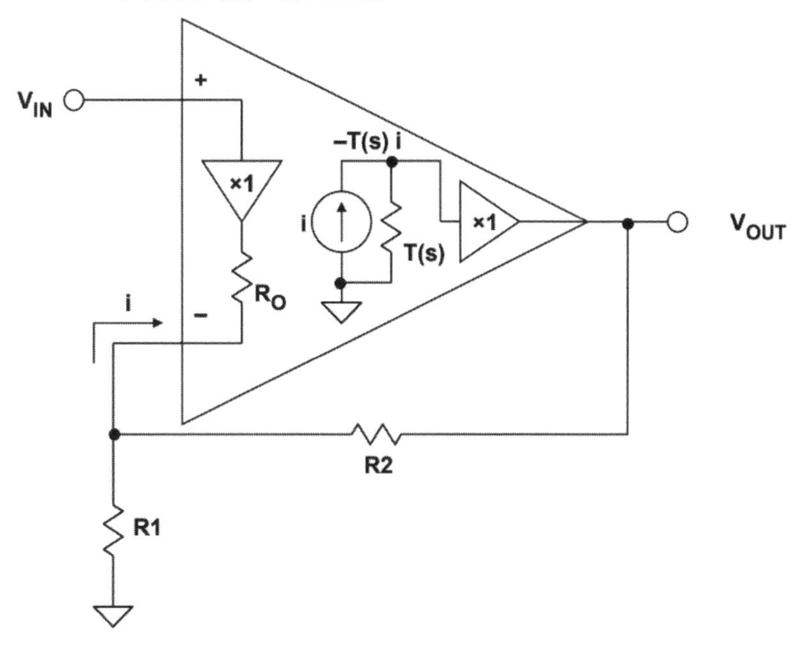

V_{OUT}出力の電圧量

$$V_{OUT} = -T(s) \cdot i \qquad (9)$$

に変換されます．この図では，反転入力端子に電流が流れ込む極性をプラスと定義し，それをインピーダンス$T(s)$が逆極性で電流・電圧変換するよう定義されていることから，マイナスの符号になっています．

式(9)を式(8)に代入し，変形させると

$$\frac{V_{OUT}}{T(s)} + \frac{V_{OUT}}{R_2} = \frac{V_{IN}}{R_2} + \frac{V_{IN}}{R_1}$$

$$\left[\frac{1}{T(s)} + \frac{1}{R_2}\right] V_{OUT} = \left(\frac{1}{R_2} + \frac{1}{R_1}\right) V_{IN}$$

$$\left[\frac{R_2 + T(s)}{R_2 T(s)}\right] V_{OUT} = \left(\frac{R_1 + R_2}{R_1 R_2}\right) V_{IN}$$

$$H(s) = \frac{V_{OUT}}{V_{IN}} = \left(\frac{R_1 + R_2}{R_1 R_2}\right)\left[\frac{R_2 T(s)}{R_2 + T(s)}\right] = \left(1 + \frac{R_2}{R_1}\right)\left[\frac{T(s)}{R_2 + T(s)}\right]$$

$$= \frac{\dfrac{1 + \dfrac{R_2}{R_1}}{}}{\dfrac{R_2 + T(s)}{T(s)}} = \frac{G}{1 + \dfrac{R_2}{T(s)}} \quad \cdots\cdots (10)$$

ここでsはラプラス演算子（定常状態なら，$s = j\omega = j2\pi f$とおける）なので，

$$H(f) = \frac{G}{1 + \dfrac{R_2}{T(f)}} = \frac{G}{1 - \dfrac{1}{LG}} \quad \cdots\cdots (11)$$

というかたちで電流帰還OPアンプの伝達関数周波数特性を定義することができます．ここでLGはループ・ゲインで

$$LG = A \cdot \beta = -\frac{T(f)}{R_2} \quad \cdots\cdots (12)$$

● 2つの伝達関数を比較してみる

それでは電圧帰還増幅の伝達関数［式(5)］と電流帰還増幅の伝達関数［式(11)］を比較してみましょう．

電圧帰還増幅は

$$H(f) = \frac{G}{1 + \dfrac{G}{A(f)}} \quad \cdots\cdots (5)\text{再掲}$$

であり「目論見増幅率Gの増大によって，$H(f)$のカットオフ周波数が低くなってくる」ということが，式からわかるものでした．

一方で電流帰還増幅は

$$H(f) = \frac{G}{1 + \dfrac{R_2}{T(f)}} \quad \cdots\cdots (11)\text{再掲}$$

であり「$H(f)$のカットオフ周波数は目論見増幅率Gには依存しない」ということが，な，なんと…，分母にGが無いことからわかります！ある電流帰還OPアンプを採用したとすれば，その増幅回路の伝達関数特性$H(f)$は，R_2の変化にのみ依存するのですね．

図5を見るとおり，G = 30 dBを超えるあたりではさすがに周波数特性が低下していますが（これは追って理由を考えていく），それ以下のGでは「$H(f)$のカットオフ周波数は目論見増幅率Gには依存しない」結果となっています．

これが電流帰還OPアンプのとても強固な強みなのです．

■ 電流帰還OPアンプ回路での帰還抵抗の選定

電流帰還OPアンプでの一番基本的な帰還抵抗の選定方法は，**図4**の抵抗R_2を，そのOPアンプに対して最適なものとして「一意に決められた大きさ」を使用し，それから目的の目論見増幅率Gが得られるようにR_1を決めることです．

しかし現実には複雑な要素がいろいろと絡み合って（R_Oの影響が大きいと考えられるが），それぞれの目論見増幅率Gに最適な（一意ではない）抵抗値がデータシートに示されています．

図7にAD811のデータシート(33)にTable 3として記述のある「−3 dB Bandwidth vs. Closed-Loop Gain and Resistance Values」というものを示してみました．R_2（**図7**中ではR_{FB}）の最適値は，それぞれClosed-Loop Gain（本書で言うところの目論見増幅率G）ごとに若干ですが変化していることがわかります．

図7 AD811の−3 dB Bandwidth vs. Closed-Loop Gain and Resistance Values（データシートのTable 3を引用(33)）

Table 3. −3 dB Bandwidth vs. Closed-Loop Gain and Resistance Values

V_S = ±15 V Closed-Loop Gain	R_{FB}	R_G	−3 dB BW (MHz)
+1	750 Ω		140
+2	649 Ω	649 Ω	120
+10	511 Ω	56.2 Ω	100
−1	590 Ω	590 Ω	115
−10	511 Ω	51.1 Ω	95
V_S = ±5 V Closed-Loop Gain	**R_{FB}**	**R_G**	**−3 dB BW (MHz)**
+1	619 Ω		80
+2	562 Ω	562 Ω	80
+10	442 Ω	48.7 Ω	65
−1	562 Ω	562 Ω	75
−10	442 Ω	44.2 Ω	65
V_S = ±10 V Closed-Loop Gain	**R_{FB}**	**R_G**	**−3 dB BW (MHz)**
+1	649 Ω		105
+2	590 Ω	590 Ω	105
+10	499 Ω	49.9 Ω	80
−1	590 Ω	590 Ω	105
−10	499 Ω	49.9 Ω	80

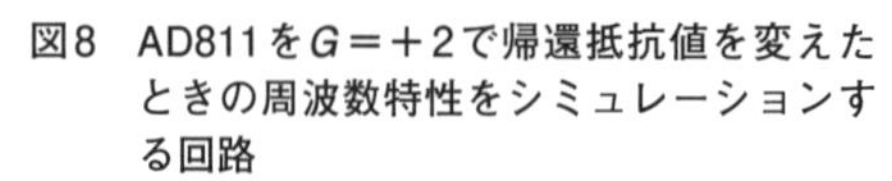

図8 AD811をG＝＋2で帰還抵抗値を変えたときの周波数特性をシミュレーションする回路

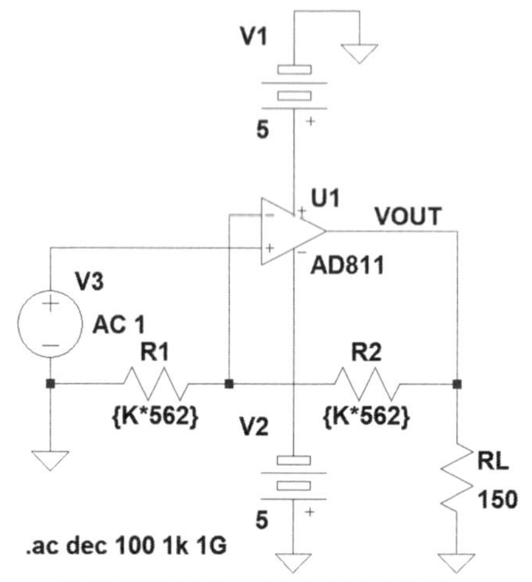

また電源電圧ごとでも最適な抵抗値が変化しているところも興味深いところです．

単純な話をすれば，「データシートどおりの定数をお使いいただくのがベストです」ということなのですが….

● 帰還抵抗値を変えるとどうなるのか？

ここでまたまた「じゃあ，データシートどおりの定数を使わないとどうなるのか？」と思うのではないでしょうか．

それをシミュレーションで見てみましょう．この回路図を**図8**に示します．$G = +2$に設定してあります．**図7**に示したTable 3には明示されていませんが，ビデオ用途を考え，またデータシート中の各部に記載のある150 Ωを負荷条件として，$R_L = 150\ \Omega$を接続してあります．基準となるR_2の定数は，同Table(**図7**)において±5 V電源で$G = +2$の設定時の推奨値，562 Ωとしています．R_1も同じ抵抗値です．これらの抵抗値を.paramコマンドで変数kを用いて，0.1倍から10倍まで変化させてみます．特に帰還抵抗R_2の大きさがポイントです．

シミュレーション結果を**図9**に示します．抵抗値(特にR_2)を変化させると，推奨抵抗値の半分の大きさでは大きなピーキングが観測され，抵抗値が大きすぎると周波数特性が適切に得られていないようすがシミュレーション結果からわかります．ピーキングが大きいことは位相余裕が少ないことになり，OPアンプ増幅回路が不安定になってきているということ

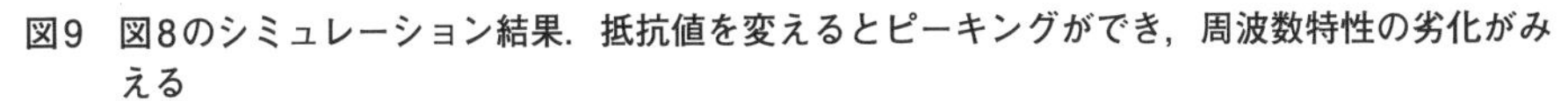

図9　図8のシミュレーション結果．抵抗値を変えるとピーキングができ，周波数特性の劣化がみえる

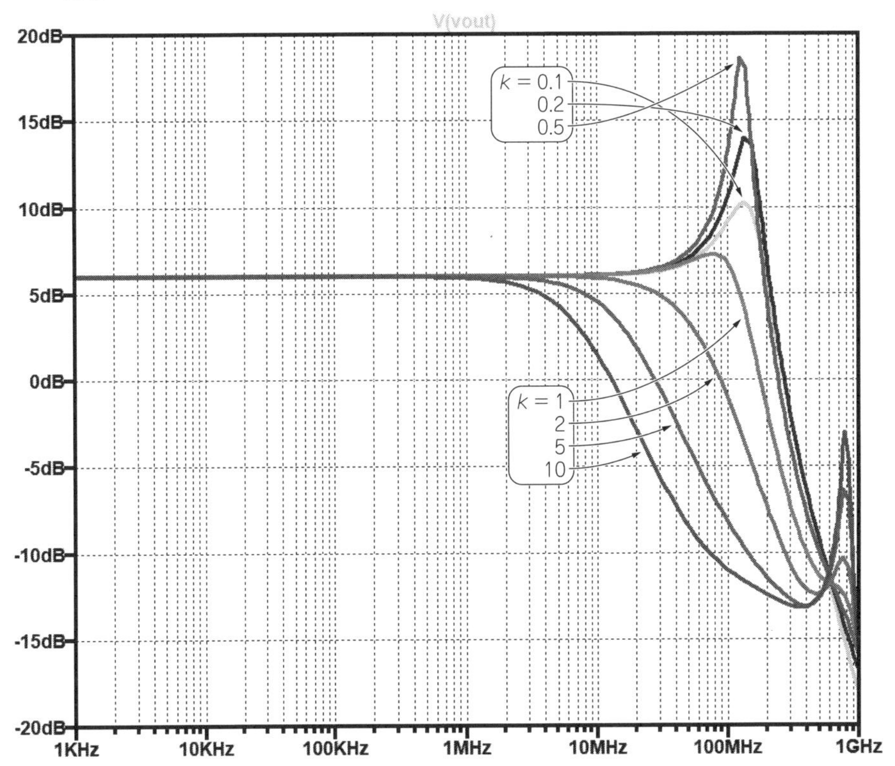

です．

面白いものですね．式(11)のとおり目論見増幅率Gは(それほど高い増幅率でなければ)周波数特性には影響を与えませんが，帰還抵抗の選定では特性に大きな変化がみられるのですね．

抵抗をさらに小さくしていくとピーキングが低減していますが，これは反転入力端子の入力抵抗R_OやOPアンプの出力インピーダンス(データシートによるとオープン・ループ状態で9Ωと小さいものではあるが)などによる影響と考えられます．

● 特性変化の原因はループ・ゲインの変化

図9の特性の大きな変化は，ループ・ゲインの変化が原因です．式(12)から帰還抵抗R_2の大きさを小さくすると，ループ・ゲインが上昇することがわかります．それによりルー

プ・ゲインが1，つまり0dBになるクロスオーバ周波数も上昇し，インピーダンス$T(s)$以外により形成される，ドミナント・ポールよりも高い周波数にある寄生的な要因によるセカンダリ・ポールなどが位相余裕に影響を与えてくることが特性変化の原因です（これは以降で，引き続き考えていく）.

図9の結果から，「① 抵抗値（特にR_2に関して）を小さくしすぎるとピーキングが生じる」し，「② 抵抗値を大きくしすぎると周波数特性が低下する」ということがわかります.

これが「それぞれの目論見増幅率Gに最適な抵抗値（特にR_2の抵抗値）がデータシートに示されています」という話の理由なわけですね.

電流帰還OPアンプを初めて取り扱うときに，この「帰還抵抗R_2の抵抗値には最適値が…」という話を不思議に思うところですが，このように検討してみれば，というか「ループ・ゲインが帰還抵抗R_2の抵抗値により変わるのだ」という事実が理解できれば，「そりゃそうだな」と納得できることではないでしょうか.

■ 電流帰還OPアンプの簡易モデルで評価してみる

前節の**図7**で電流帰還OPアンプの簡易モデルを作りました．これを使って，**図9**で得られたようなピーキングが出るものか見てみましょう．というか，答えを先に言ってしまうと，この簡易モデルは位相回転が90°遅れまでしか至らないので，**図9**で得られたようなピーキングは発生しないのです.

図10　AD811 $G=+2$に相当する回路を簡易モデルを使って形成したシミュレーション回路

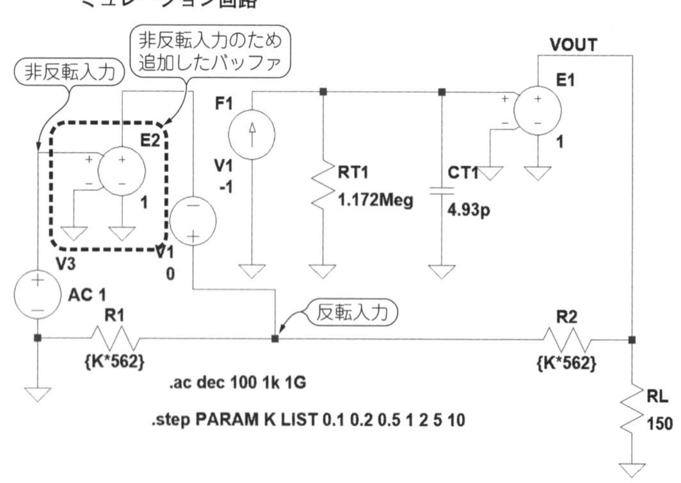

まあそれでも一応やってみましょう．**図10**はこの簡易モデルを使って，**図8**と同じ条件の増幅回路を形成したようすです．

これまでのこの簡易モデルでは，非反転入力はグラウンドに接続されているものとして，表記していませんでした．ここでは信号の入出力特性（伝達関数）を示すために，**図10**に示すようにバッファE_2を追加して高インピーダンスな入力端子を構成し，そこをこのOPアンプ簡易モデルの非反転入力端子としました．

シミュレーション結果を**図11**に示します．抵抗値R_2を変えることで周波数帯域は変化しますが，**図9**で見たようなピーキングは出ていません．このモデルであれば，帰還抵抗を低下させていけば無限に高速な（広帯域な）電流帰還アンプができるわけです（笑）．

これは結局，上記に示したように，この簡易モデルはRC 1個ずつのインピーダンス$T(s)$

図11　図10のシミュレーション結果．抵抗値を変えても帯域幅が変化するのみでピーキングがみえない

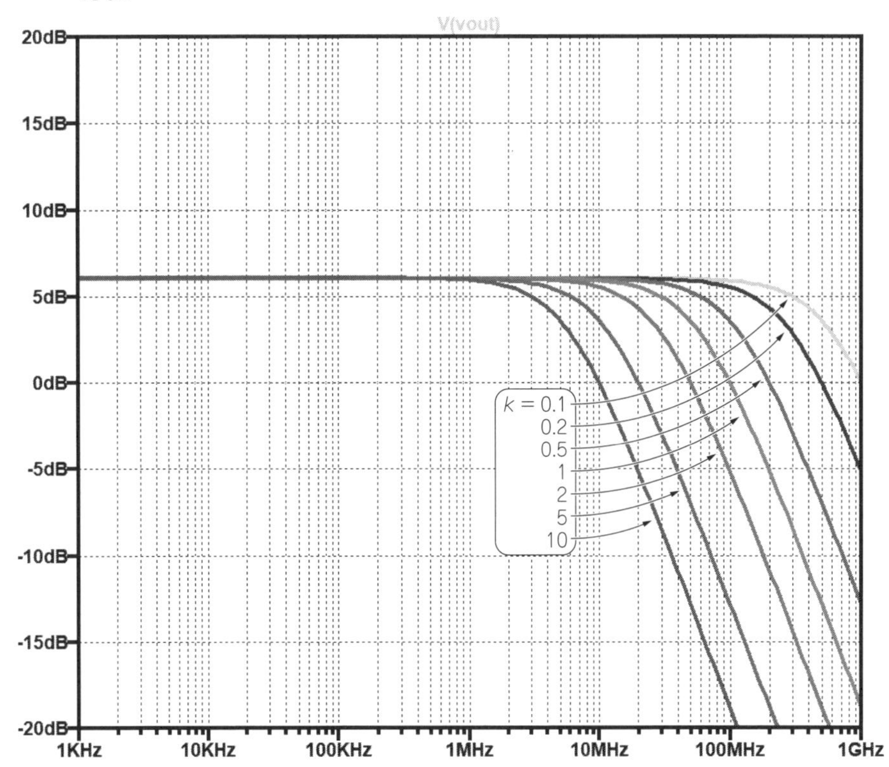

図12　図10のAD811 G＝＋2に相当する簡易モデルのループ・ゲインを測定するシミュレーション回路

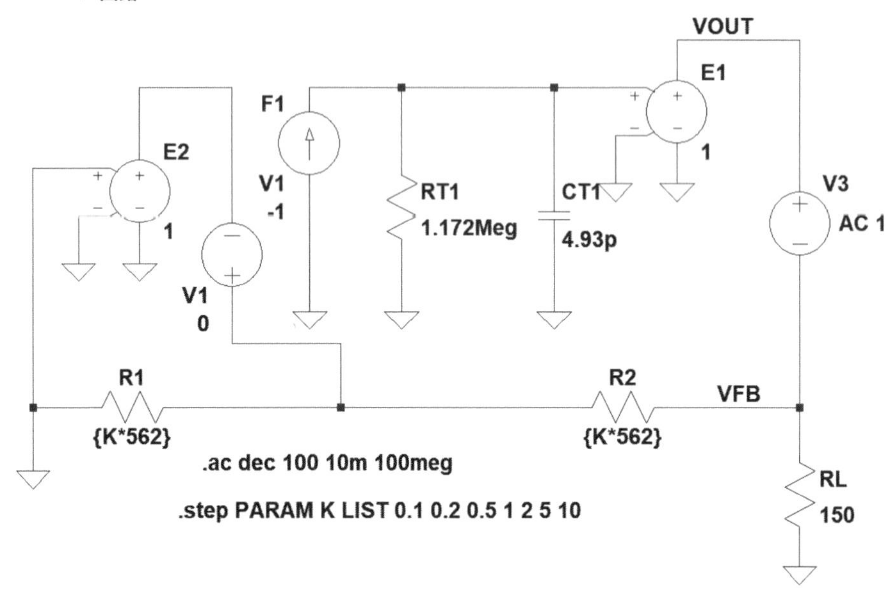

のみしか存在しない1次遅れ系であり，位相遅れが90°までしか回らないので，位相余裕が90°のままで変化しないことから，このような結果になるわけです．

一応，位相余裕もみてみましょう．**図12**は**図10**の回路を，ループ・ゲインを測定する回路に変えてみたものです．シミュレーション結果を**図13**に示します．これは前節の**図8**での抵抗値を変えたシミュレーション結果に，ループ・ゲインの位相特性も表示させたものに相当します．たしかに位相回転が90°遅れまでにとどまっており，位相余裕は90°になっています．

● 簡易モデルではAD811で生じるピーキングを表現できない

この結果からわかることは，この簡易モデルではAD811で生じていた（**図9**で示した）ピーキングを表現できないということです．示したように，位相余裕が90°までしか低下しないので当然ですが…．そうすると**図6**のブロック図は，電流帰還OPアンプの本来のようすを的確にモデル化できていないことになります…．

図13 図12のシミュレーション結果．位相が90°遅れでとどまっており，位相余裕は90°で十分にある（ゲインのプロットは上からk = 0.1, 0.2, 0.5, 1, 2, 5, 10）

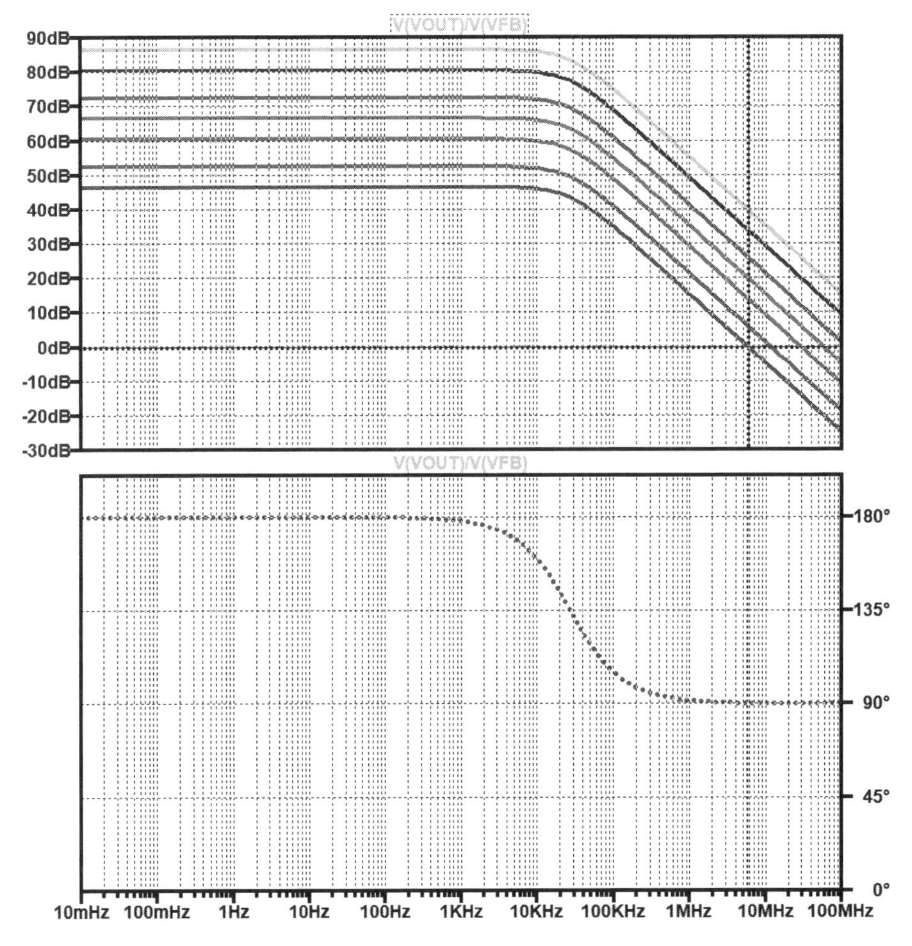

まとめ

この節では，電流帰還OPアンプを用いた増幅回路において，伝達関数周波数特性が目論見増幅率（「目論見」なんて用語を使ったが…）を変えてもあまり変化しないことを説明しました．

また帰還抵抗に最適値が（原理的にはR_2に）あることをAD811のOPアンプでシミュレーションをして確認してみました．抵抗値を小さくしていくと，ループ・ゲインが増大し，位相余裕が低減することが原因となり，ピーキングが生じます．抵抗値を大きくしていくとループ・ゲインが低減することで，周波数特性が劣化します．

抵抗値を小さくしていくと動作が不安定になっていく原因は「位相余裕」だとはお話ししたものの，前節で定義した簡易モデルでは，この位相余裕の低下を表現できていないことも明白となりました．

そこで次節では，この簡易モデルをAD811のパラメータに近づけていくことを考え，帰還抵抗R_2に最適値が確かにあることを，改良型簡易モデルを用いて探究していきたいと思います．

ちなみに最初の特許的表現を書いていくなかで，参考文献(34)のような記事を発見しました．ここでの技術的なネタには何ら関係ありませんけれども，ご紹介しておきます．なお最初の特許的表現は，これまで自らが特許出願したり特許文献を読んだりした経験に基づき記述したもので，参考文献(34)を詳細に参照したものでもありませんけれども….

5-3 触るとやけどするRight Half Plane Zeroに触れてみる

■ はじめに

前節では電流帰還OPアンプAD811[33]を用いたシミュレーションをおこない，帰還抵抗により周波数特性にピーキングが出たり，周波数特性が低下したりすることを見てきました．これにより電流帰還OPアンプでは最適な帰還抵抗値が存在することがわかりました．

しかしそのピーキングのようすは，簡易モデルを使ってのシミュレーションでは得られるものではありませんでした．まだモデル化が不足していたわけです．

そこで本節では，AD811の特性をシミュレーションしながら簡易モデルを少し変更し（高度化し），簡易モデルを用いてもピーキングが生じるようにしてみます．

その中では「触ったらやけどをする」ともいえる（？），右半面ゼロ（Right Half Plane Zero; RHPZ）なんというものも持ち出して簡易モデルを改良してみます．RHPZは個人的にはまだ探究中なのですが…．ともあれ，お楽しみくださいませ（笑）．

■ AD811のセカンダリ・ポールを得てみる

AD811のドミナント・ポールよりも高い周波数にある，「寄生的な要因によるセカンダリ・ポール」の周波数をLTspiceのシミュレーションで得てみましょう．

一般的概念というか，常識的に理解できるOPアンプ内部回路のしくみとして，寄生的な遅れ要素による「セカンダリ・ポール」というものが生じることが多いです．ドミナント・ポールによりOPアンプの主たる特性が決定され，この周波数を超えると－6 dB/Octaveで振幅特性が変化していきますが(位相もゼロ°から−90°遅れに変化していく)，周波数がセカンダリ・ポールを超えると，振幅特性はさらに−6 dB/Octaveの変化が増加し，合計で−12 dB/Octaveで変化するようになります．位相も−90°から−180°遅れに変化していきます．

この位相遅れによって電流帰還OPアンプにおいて，

① ループ・ゲインの位相遅れ特性が形成され
② 帰還抵抗の大きさを小さくしていったとき，前節で見たループ・ゲインのクロスオーバ周波数が上昇することで
③ 位相余裕が低下し
④ 前節の**図9**のようにゲインのピーキングが観測される…

という推測ができます．

● セカンダリ・ポールは正しく得られるのか

ループ・ゲインを得る方法を用いて，AD811のセカンダリ・ポールの値を得てみましょう．**図1**はこのシミュレーション回路です．帰還抵抗R_2を1 kΩと大きめにして，電圧注入

図1　電流帰還OPアンプAD811のセカンダリ・ポールを得るためのループ・ゲイン測定シミュレーション回路(R_2 = 1 kΩ)

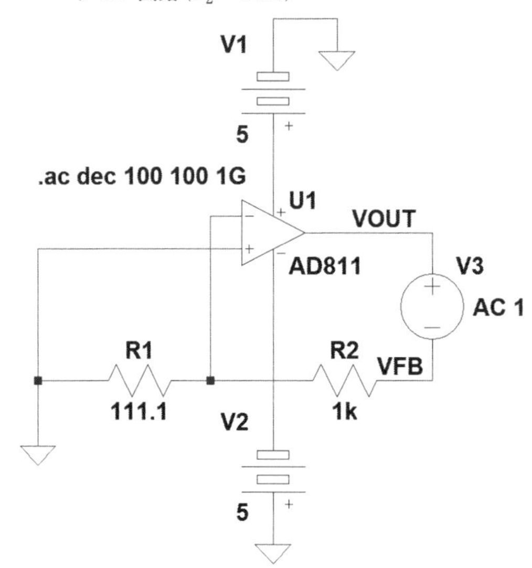

法でも誤差要因の影響が出ないようにしてみました(この「誤差要因」については，ループ・ゲイン測定法を詳解した参考文献(35)，参考文献(36)を参照のこと)．電圧帰還OPアンプであれば，見切り良くR_2を900 Ωにするところでしょうが…(笑)．

図2に振幅特性のシミュレーション結果を，**図3**に位相特性を示します．**図2**の振幅特性を見てみると，1 GHz近くの周波数まで−6 dB/Octave(−20 dB/Decade)で減衰しています．これは前節の**図12**，**図13**で示した，「RC 1個ずつのインピーダンス$T(s)$のみしか存在しない，1次遅れ系と同じではないか？」と予想させるものではないでしょうか．

つまりAD811では，セカンダリ・ポールは(この**図2**の振幅特性からは)「ない」と予想されます…．うーむ，それではなぜゲインのピーキングが観測されたのでしょうか．

図2 図1のシミュレーション結果(振幅)．この結果からセカンダリ・ポールを得られるはずだったが…，振幅は−6 dB/Octaveのままだ

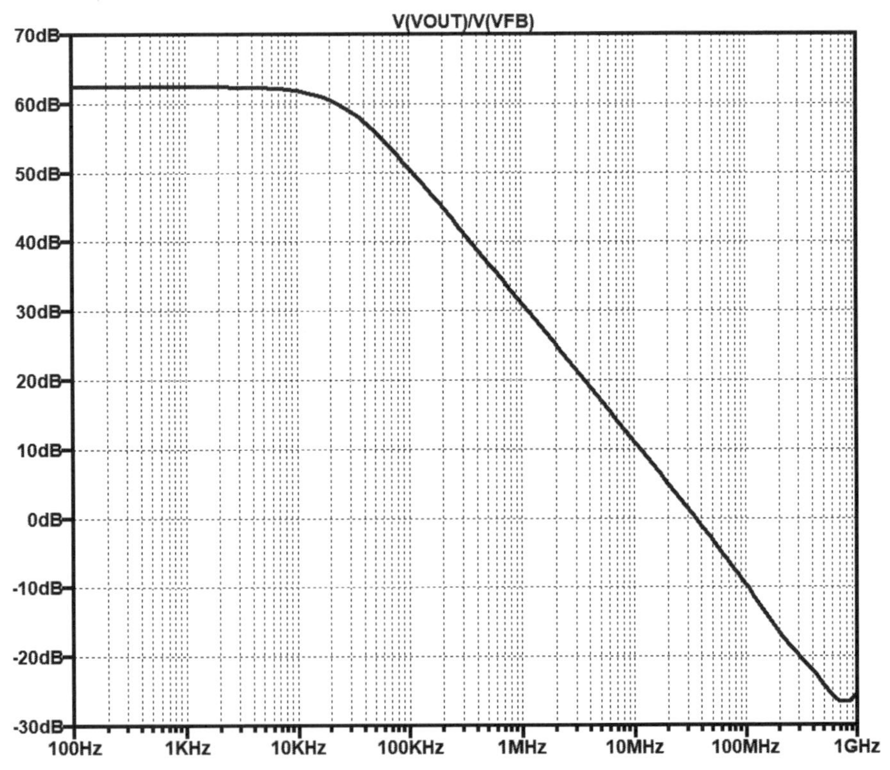

● 位相だけが大きく遅れているぞ！

しかし**図3**の位相特性を見ていただくと，前節の**図13**で確認できるような単純な－90°位相遅れではなく，10 MHzあたりから，さらに位相が遅れてくることがわかります．

この**図3**を最初に見たと仮定すると，この位相特性から感じることは，「数10 MHzあたりにセカンダリ・ポールを持つ系ではないか？」ということです．しかし再度，**図2**に戻ってみると，振幅特性は－6 dB/Octave（－20 dB/Decade）で減衰しています．これは一体どういうことでしょうか．

また**図3**の10 MHzから上あたりの位相遅れは，ドミナント・ポールによる位相遅れより急しゅんであることに気がつきます．その位相遅れも－90°から－180°に変化するのではなく，さらに90°遅れて－270°（もしくはそれ以上）になっています．これはそれこそ，どういうことでしょうか．

図3　図1のシミュレーション結果（位相）．**この結果からすると位相は大きく遅れているぞ…**

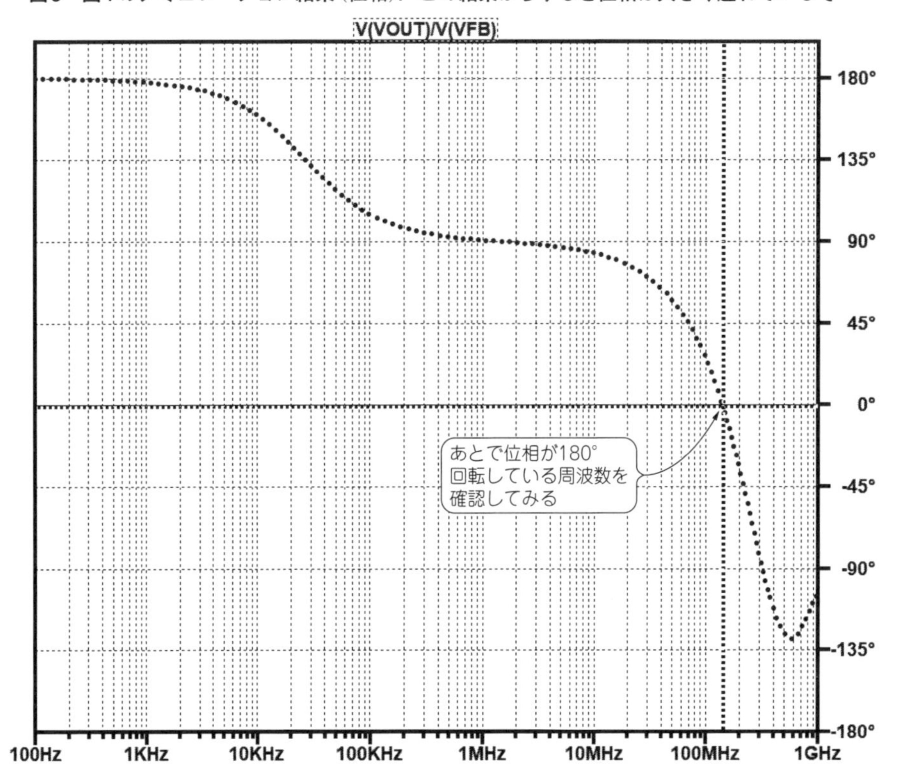

■ これはRight Half Plane Zeroがあると考えられる

ラプラス変換を使った回路解析，特にここでは伝達関数を考えるうえで，さきのドミナント・ポール，もっと簡単にいえば「-3 dBになる周波数」というのは，ポール（極）というもので形成されます．

系の伝達関数の周波数特性を，ラプラス演算子sをもちいて

$$H(s) = \frac{1}{s + k_P} \quad \cdots\cdots (1)$$

と表せたとき，この分母がゼロとなる［$H(s)$が無限大となる］ときのsをs_Pとすると

$$s = s_P = -k_P \quad \cdots\cdots (2)$$

となります．これが「ポール（極）」で，RC 1次ローパス・フィルタではポールは

$$s_P = -\frac{1}{RC} \quad \cdots\cdots (3)$$

となります．この単位は角周波数［rad/sec］なので，周波数［Hz］を得るためには，この大きさを2πで割ります．

ポールは1次の位相遅れ要素になります．

● ゼロは分子の項であり，かつプラスになるものがRHPZ

一方で系の伝達関数に

$$H(s) = s - k_Z \quad \cdots\cdots (4)$$

という項があったとすると，これはsが大きくなるにしたがい，その大きさ［ベクトルのノルムである$|H(s)|$］が大きくなり，位相は遅れていくことになります．

式(4)がゼロになる角周波数をゼロ（零）と呼びます．この式(4)がゼロとなるsは

$$s_Z = +k_Z \quad \cdots\cdots (5)$$

となり「プラス」の大きさになります．これをラプラス平面で（難しいことは理解いただかなくても，「ふーん」で構わない），中心から右側（Right）の半平面（Half Plane）にあるゼロ（Zero）として，Right Half Plane Zero（RHPZ）と呼びます．

ここでたとえば，伝達関数が

$$H(s) = \frac{s - k_Z}{s + k_P} \quad \cdots\cdots (6)$$

で，$|k_P| = |k_Z|$であったならば，$H(s)$はsに関わりなく，その大きさは$|H(s)| = 1$となります．分母により得られる位相は，sに応じて0から$-90°$に遅れていくものとなり，分子により得られる位相も，sに応じて$+180°$から$+90°$に遅れていくという不思議な動きになります．

● ポールとRHPZが同じ周波数のLaplaceモデルでシミュレーションしてみる

これをシミュレーションしてみましょう．**図4**は式(6)においてポールとRHPZの周波数をともども1 Hz (2π rad/sec)としてLTspiceでシミュレーションしてみる回路です．Laplace Transform Functionを

```
laplace((s-6.283)/(s+6.283))
```

と設定します．**図5**にシミュレーション結果を示します．振幅レベルは変化していませんね．位相については，伝達関数の分母と分子それぞれから得られる位相を足し算したものが，伝達関数全体の位相量となります．$s = 0$では伝達関数の位相は+180°(分子から+180°位相が得られ，分母から0°位相が得られるから)となり，$s = +\infty$では0°(分子から+90°位相が得られ，分母から−90°位相が得られるから)に変化しています．

この**図5**では位相が直流での+180°から，周波数が上昇してきたとき90°回転して+90°位相になっているのが，確かにポールとRHPZの周波数である，1 Hz (2π rad/sec)となっています．この周波数ではポールとRHPZそれぞれの位相回転が45°ずつということです．

図3のAD811の位相特性に式(6)の適用を画策することを考えてみると，必要な位相変化は，スタートである直流で0°位相，周波数が上昇してくると−180°位相だと考えられます(進みのない，遅れ要素のみとして考えると)．これに適合させるためには，式(6)，実際は**図4**においてLaplace Transform Functionを反転させたかたちにして，

```
laplace(-1*(s-6.283)/(s+6.283))
```

とすれば，**図6**が得られることになります．こうすると無事に0°位相からスタートして，−180°位相に変化していくように構成できます．90°位相が遅れるところが1 Hz (2π rad/sec)です．この図は，**図3**においてドミナント・ポールで形成されている90°遅れ位相に，10 MHzより上において足し算されるかたちで見えていた位相変化にかなり近いことがわかります．

また**図6**では振幅特性は変化していませんから，増幅系にこの成分があっても，ドミナン

図4　ポールとRHPZが同じ周波数のLaplaceモデルでシミュレーションしてみる回路(回路と言えるのか…)

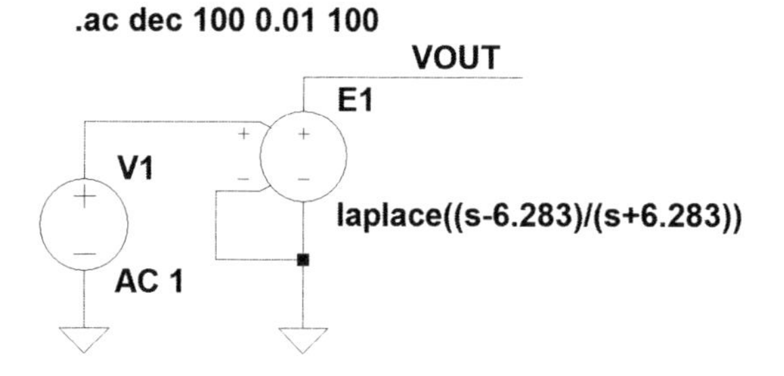

図5　図4のシミュレーション結果．振幅は変化しないが位相は＋180°から0°にかけて変化している

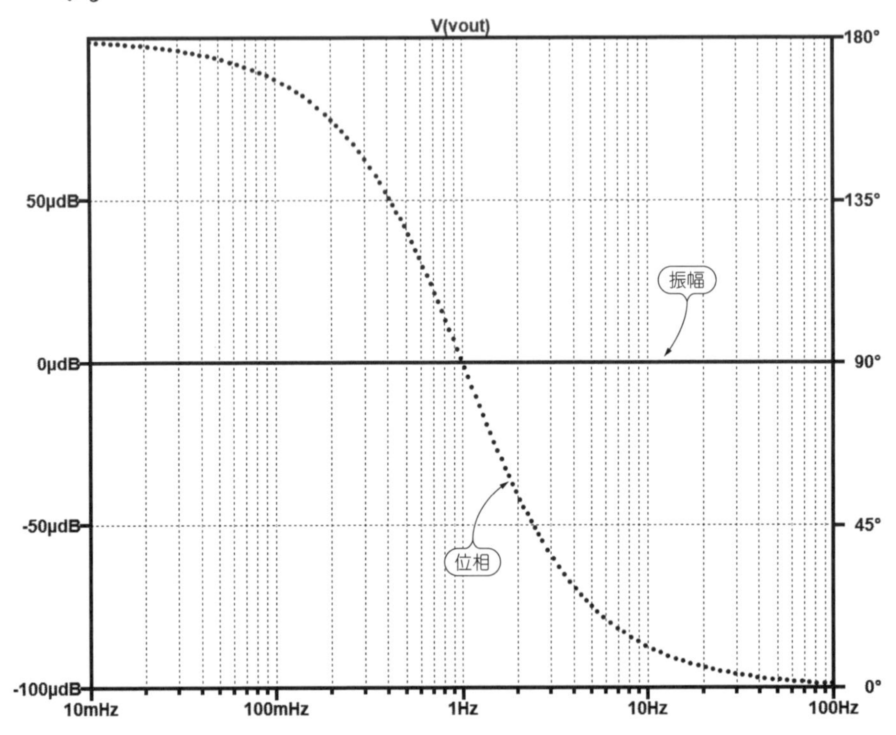

ト・ポールで得られる振幅特性には影響を与えないことがわかります．

● セカンダリ・ポールとRHPZの位相遅れが足し算されて位相が−90°遅れる周波数

上記までの検討で，**図2**のAD811の振幅周波数特性は10 MHzを超えても6 dB/Octaveを維持する変動であり，一方で**図3**の位相の周波数特性は大きく変化していることがわかりました．そしてそれはAD811のセカンダリ・ポールとRHPZの周波数が等しくなっている状態として（そうなるように構成されていると考えたほうがよいが），式(6)を当てはめられそうだとわかりました．

ということで，**図3**のドミナント・ポールで位相が−90°に漸近(ぜんきん)している状態から，さらに90°位相が遅れた（全体で−180°になる）周波数が，「セカンダリ・ポールとRHPZが等しくなっている周波数」となります．

この「90°位相が遅れた」というのは，（繰り返すが）その周波数において，セカンダリ・ポー

図6　図4のLaplaceモデルを「−1倍」すると0°位相からスタートする

V(vout)
0°
-45°
-90°
-135°
-180°
50μdB
0μdB
-50μdB
-100μdB
10mHz
100mHz
1Hz
10Hz
100Hz
位相は0°から
スタートする
振幅
位相

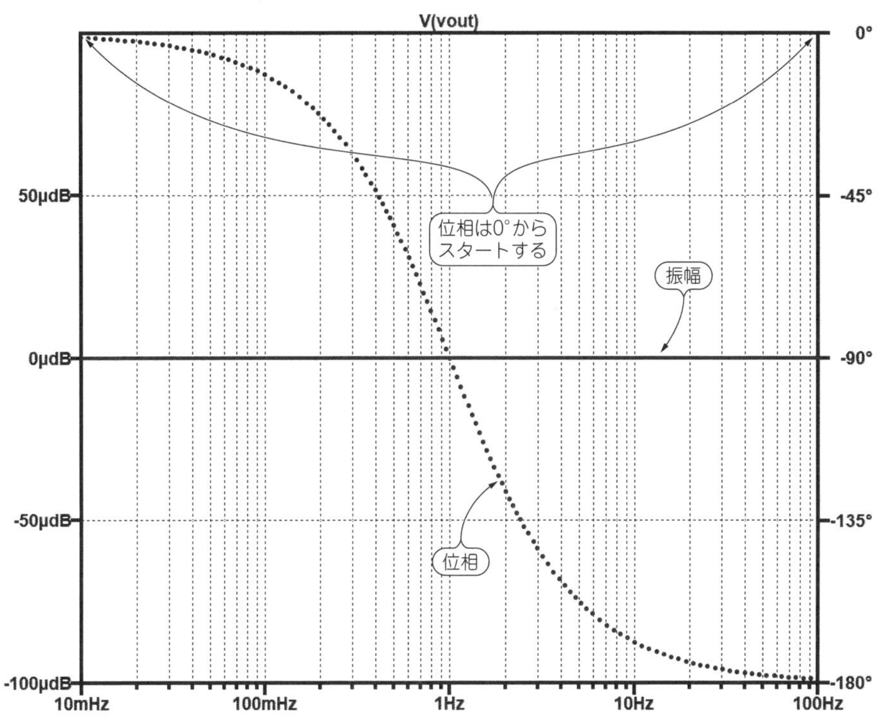

図7　図3の位相が180°回ったところの周波数をみてみる

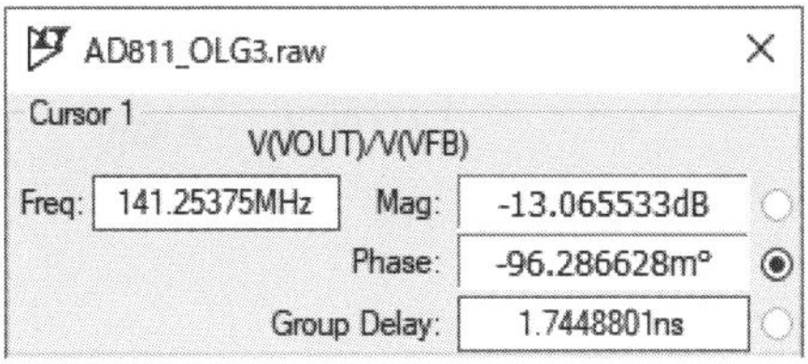

AD811_OLG3.raw
Cursor 1
V(VOUT)/V(VFB)
Freq:
141.25375MHz
Mag:
-13.065533dB
Phase:
-96.286628m°
Group Delay:
1.7448801ns

ルで45°の遅れ，RHPZで45°の遅れ，この足し算で計90°遅れとなるものです．

この周波数は，AD811のオープン・ループ・ゲインの位相が180°遅れる周波数（180°からスタートなので0°のところ）に相当するわけですが，ここを**図3**上でマーカを使って測定してみました．その結果が**図7**ですが，141 MHzになっています．

あらためて**図2**に戻ってみると，この141 MHz付近で振幅特性は（若干うねってはいるものの）特に大きく変化せずに−6 dB/Octaveを維持しています．これらのことからAD811のセカンダリ・ポールとRHPZの周波数が141 MHzでほぼ同じであり，振幅特性への影響は式(6)のセカンダリ・ポールとRHPZが打ち消しあったかたちに（つまり影響を与えない），また位相特性への影響は**図6**が足しあわされたかたちになると想定できます．

■ 簡易モデルを改良してAD811に合わせこんでみる

前節で作った簡易モデルに対して，ここまで得られたところのセカンダリ・ポールとRHPZを加えてみましょう．

このループ・ゲインをシミュレーションする回路を**図8**に示します．加える回路は**図4**のLaplace Transform Functionを141 MHzに周波数変更したものです．E_1に直接この設定を

図8　AD811に合わせこむようにセカンダリ・ポールとRHPZを加えて改良した簡易モデルによるループ・ゲイン測定シミュレーション回路（R_2 = 1 kΩ）

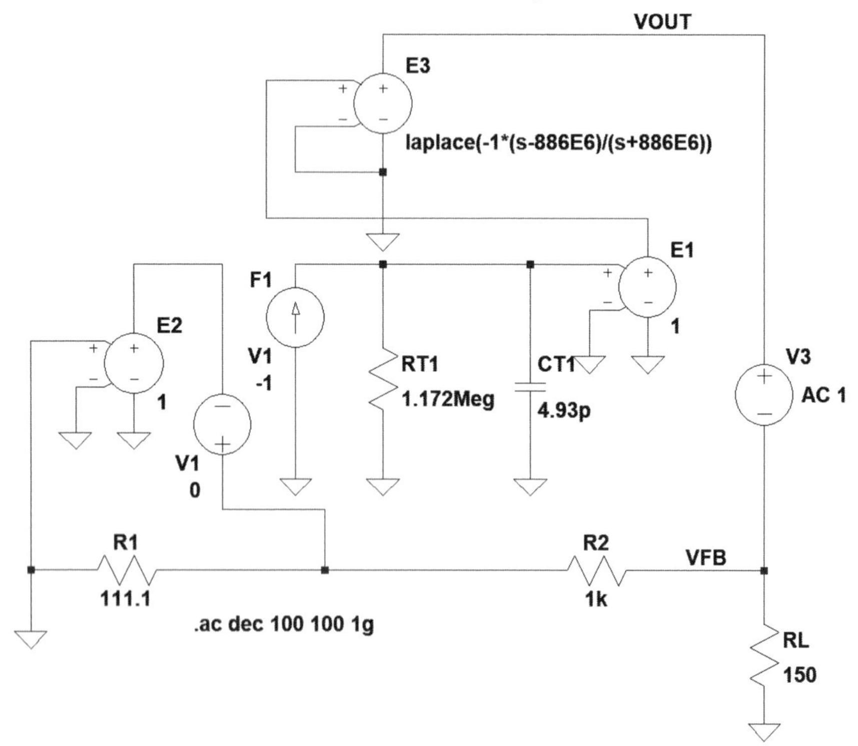

してもよいでしょうが，視認性を意識してわざと別置のE_3として

```
laplace(-1*(s-886E6)/(s+886E6))
```

と設定してみました．141 MHzを角周波数として886 Mrad/secにしてあります．

● AD811に近い特性が得られた

これにより得られたシミュレーション結果を**図9**に示します．低い周波数では180°位相となっており，20 kHz付近のドミナント・ポールで180° − 45° = 135°程度になってます．つづいてセカンダリ・ポールとRHPZによりさらに位相が遅れてきて，セカンダリ・ポールとRHPZをイコールとして設定した周波数141 MHzにおいて180° − 90° − 90° = 0°程度になっていることがわかります．

そしてこの**図9**の結果はAD811のループ・ゲインの位相特性のシミュレーション結果(**図**

図9　図8のループ・ゲインの位相特性．図3とだいぶ近い

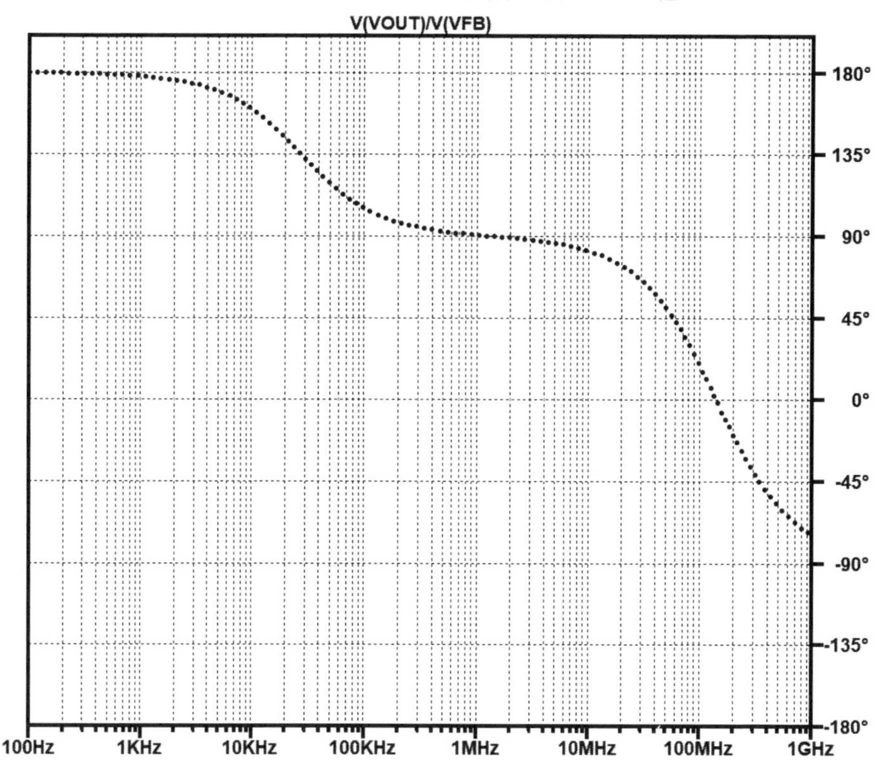

図10 図8のループ・ゲインの振幅特性．図2とだいぶ近い

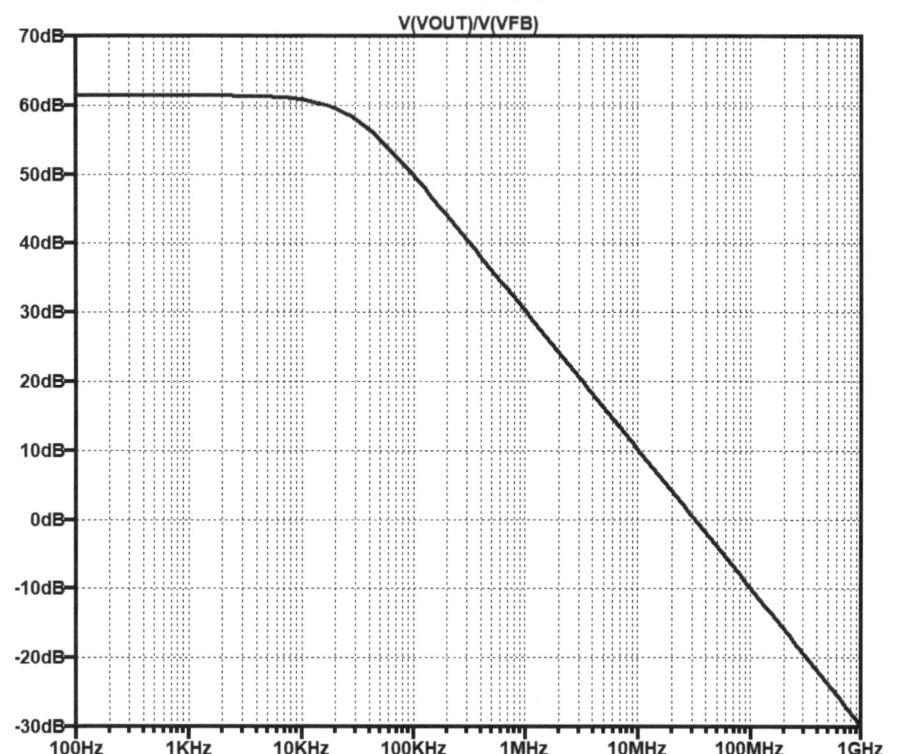

3）とかなり近いこともわかります．

また一応ループ・ゲインの振幅特性のシミュレーション結果も**図10**に示します．これもAD811のループ・ゲイン振幅特性シミュレーション結果（**図2**）とかなり近くなっています．**図5**などで示してきたように，セカンダリ・ポールとRHPZの周波数を同一として設定していることから，高域での振幅周波数特性は−6 dB/Octaveを維持したままになっています．

■ 改良した簡易モデルで周波数特性のピーキングのようすをシミュレーションしてみる

それではこの改良した簡易モデルを用いて，前節で示した，AD811を$G = +2$として帰還抵抗値を変えたとき，周波数特性にピーキングが出るようすを再現してみましょう．比較

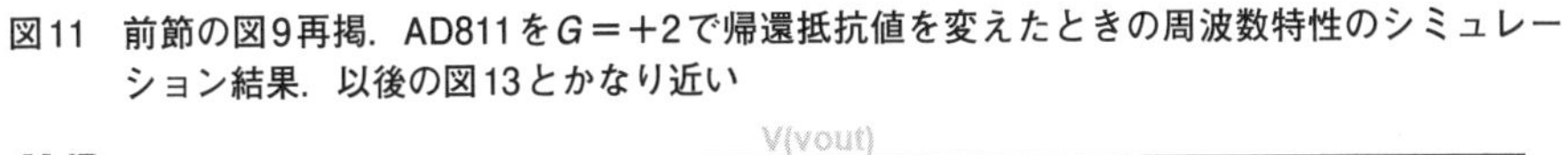

図11 前節の図9再掲．AD811を$G=+2$で帰還抵抗値を変えたときの周波数特性のシミュレーション結果．以後の図13とかなり近い

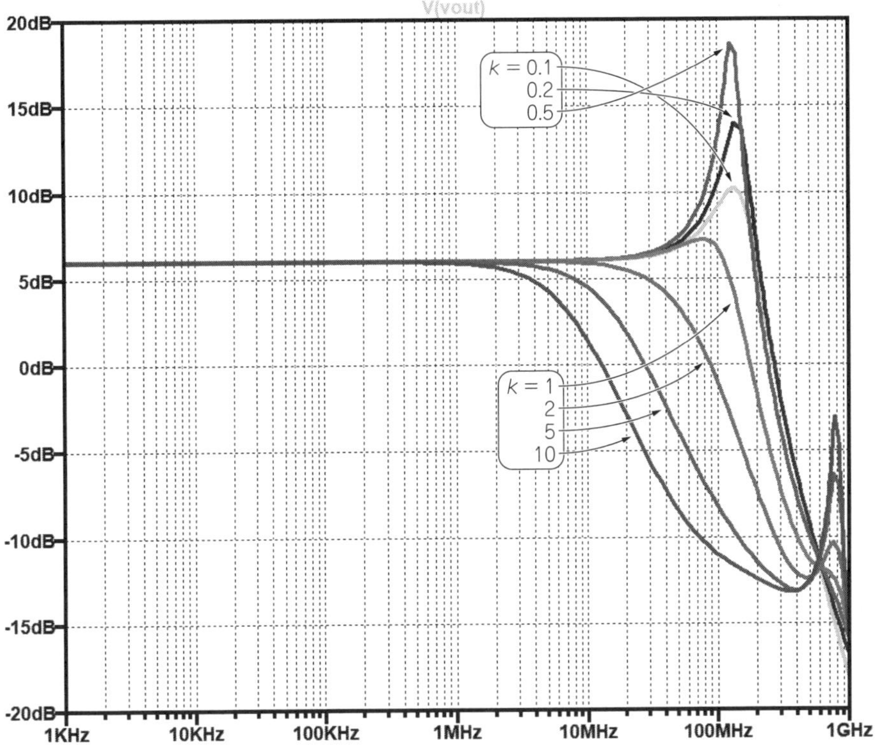

検討のため，本章第2節の**図9**のAD811での特性図を，**図11**として再掲します．

つづいてここまでAD811に合わせこむように改良してきた簡易モデルを用いた回路の伝達関数つまり周波数特性をシミュレーションする回路を，**図12**に示します．帰還抵抗を係数kで変化させるのは，本章第2節でAD811の回路に対しておこなったシミュレーション（同節の**図8**）と同じ設定です．

シミュレーション結果を**図13**に示します．**図11**では1 GHz付近で別のピークが観測できますが，ここは無視したとして，**図13**の改良版簡易モデルのシミュレーション結果と，**図11**のAD811のシミュレーション結果とはかなり近いことがわかります．「セカンダリ・ポールとRHPZを付帯させただけ」ともいえる簡易モデルですが，電流帰還OPアンプの動作をかなりのところまでモデル化できました．

図12　AD811に合わせこむように改良した簡易モデルによる伝達関数の周波数特性シミュレーション回路（R_1，R_2を係数kで変化）

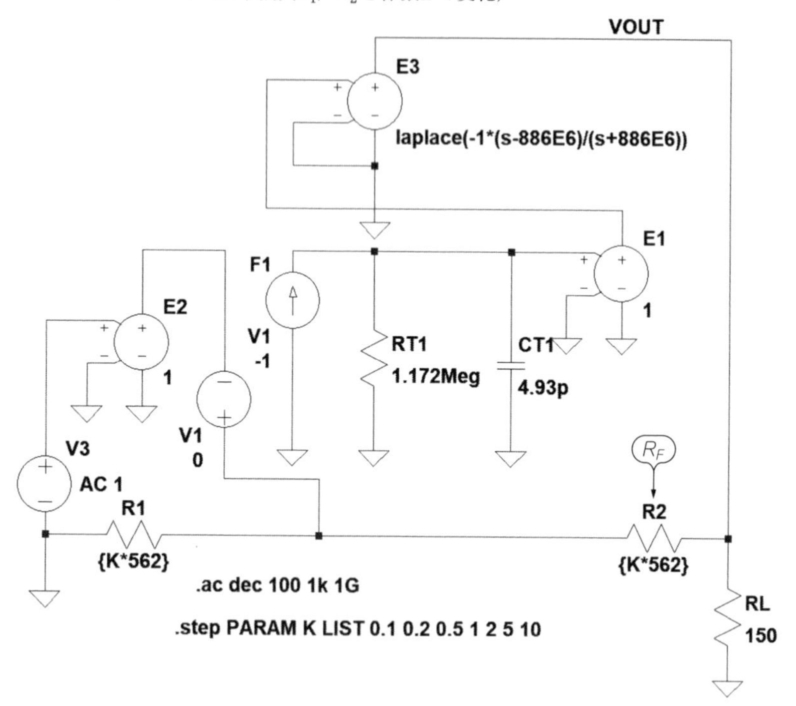

まとめ

「触ったらやけどをする」ともいえるRHPZを用いることで，OPアンプ本来のオープン・ループ・ゲインの周波数特性を模倣できることがわかりました．

RHPZは電流帰還OPアンプの解析における本質論ではないわけですが，ゲイン・ピーキングと位相余裕を考慮するうえで導入が必要なものなのでした．電圧帰還OPアンプにおいても同様な周波数特性（振幅・位相）を見ることがあります．セカンダリ・ポールとRHPZは，高速OPアンプ全般で現れるものと考えていた方がよさそうです．

セカンダリ・ポールとRHPZとで簡易モデルを構成して，シミュレーションで確認してみることで，AD811の特性に近い結果が得られることもわかりました．AD811のモデルと改良版簡易モデルそれぞれの高域でのループ・ゲインの周波数特性も，振幅は－6 dB/Octaveの変化を維持しており，位相は（高域で）180°大きく回っていることをシミュレーション結果から確認できました．

図13　図12のシミュレーション結果

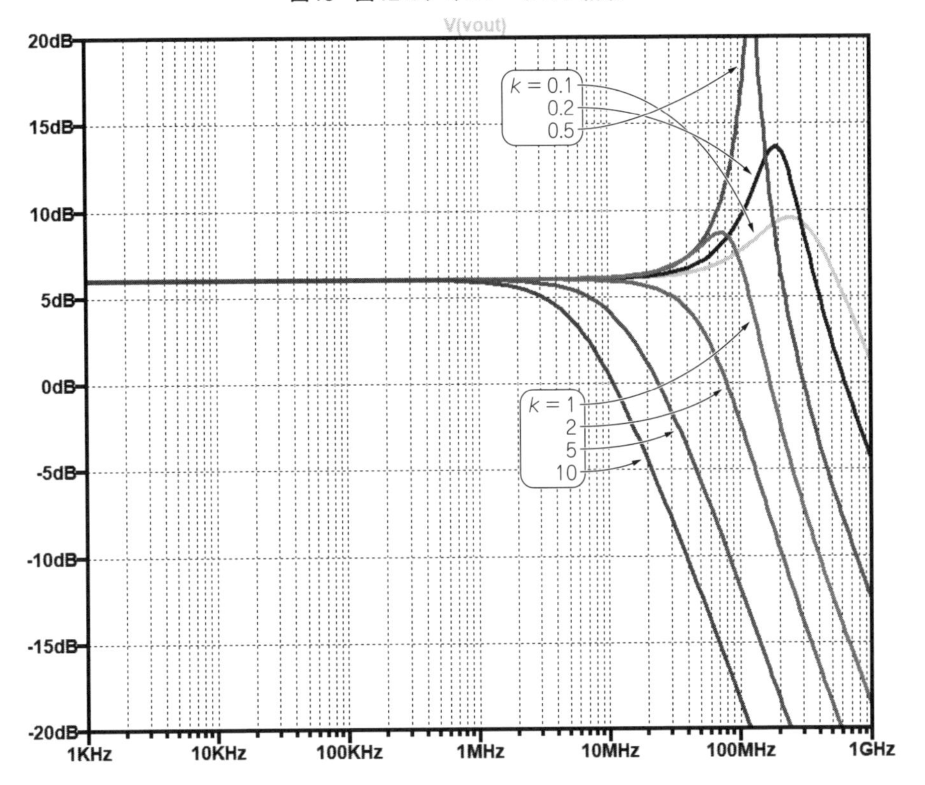

RHPZが存在せずセカンダリ・ポールだけがあるなら，高域で振幅は－12 dB/Octaveで変化し，位相は高域で90°の遅れしか追加されないはずです．セカンダリ・ポールだけではAD811の高域特性を表現できていないこともおわかりいただけたかと思います．

RHPZは個人的にはまだ探究中なので，納得できるところまでまとまったら，別の機会にぜひご紹介したいと思います．

5-4　付帯要素による周波数特性の変化と安定性の変化を考える

■ はじめに

前節では「触ったらやけどをする」ともいえる，右半面ゼロ（Right Half Plane Zero;

RHPZ）なんというものを用いて，AD811の簡易モデルを構成してみました．RHPZは通常のOPアンプ回路でも構成することができますが，その多くの例としてはスイッチング電源で出てきます．

● 奥さまから電子回路技術に対する情熱を教えていただき

そのスイッチング電源といえば，スイッチング電源技術で著名な筆者の方がいらっしゃいました．その方は2017年10月に逝去され，そのことをある同報メールから知ることになりました．

その方は以前CQ出版とトランジスタ技術紙上でおこなった，「アナログ回路デザイン・コンテスト」において，導入記事の筆者として執筆いただき，その際にもキックオフ会でいろいろとディスカッションさせていただいたものでした．またそれ以降も，アナログ・デバイセズがEDN社のサイト上で運営していた「アナログ電子回路コミュニティ」という電子掲示板でも多くの，それも深い技術的知見にあふれる内容の書き込みをしていただきました．その投稿を読んでいると「いぶし銀という言葉がふさわしい」と感じたものでした．

そんな数年前のとある日，この方からメールをいただきました．なんと「オーム社から出た（私の執筆した）『6日でマスター！電子回路の基本66』を購入した」というメールでした．そして「全部読んだ．ここここが間違っている／誤植がある／表現が適切でない」と記載がありました．普通なら少しは嫌な気持ちもするものでしょうが，このようなハイクラスのエンジニアの方に，こんな初歩的な拙書をすべて読んでいただき，さらにそれに対してご指摘をいただいたことは，感謝以外の何物でもありませんでした（間違っていた部分すべては正誤表をオーム社ウェブ・サイトで掲載しています）．

メールには続けて書いてあります．「君はアナログ電子回路コミュニティで私のことを『先生』とか『大先生』とか書いてくれているが，『先生』とは馬鹿を指しているのだ．『大先生』とは大馬鹿のことを指すのだ．○○チャンと呼んでよい」とのこと．この方の謙虚さをも感じさせていただいたものでした．

逝去された報をうけ，長く「一度はお線香を」と思っておりました．2018年7月に知人から住所と奥さまの連絡先を教えてもらい，信州旅行にいくことを口実に妻を連れだし，お線香をあげに（それが旅行の主目的）ご自宅を訪問させていただきました．奥さまからご本人の電子技術に対する情熱と謙虚さを伺い，あらためて，あらためて，その偉大さに敬服した次第でした．そしてその戒名がすばらしい….出していただいたメロンもとてもおいしいものでありました．

ご冥福をお祈りしております（合掌）．

● RHPZの話題は終わりにして

ここまでRHPZを用いてAD811[(33)]の簡易モデルを作ってみました．RHPZに関する話題は終わりにして，電流帰還OPアンプの別ネタに踏み込んでみます．

■ 反転入力端子に存在する入力抵抗を考慮した伝達関数をもとめてみる

図1は参考文献(32)に掲載されている，ここまでも示してきた一番基本的な電流帰還OPアンプのブロック図です(本章第1節の**図4**の再掲)．本章第2節では，この図中の反転入力端子に存在する入力抵抗R_Oを無視して

$$H(s) = \frac{G}{1 + \dfrac{R_2}{T(s)}} \quad \cdots\cdots (1)$$

として伝達関数を求めてみました．ここでGは目的とする目論見増幅率です．$T(s)$は反転入力端子の電流を出力電圧量に変換するためのインピーダンス(トランス・インピーダンス)です．上記の式(1)や参考文献(32)では，変数にはラプラス演算子sが用いられていますが，これは周波数が変数になる，周波数により変化する，という意味を表しているだけです．そのため周波数fを使ってこの式を表しても問題ありません．

図1 一番基本的な電流帰還OPアンプのブロック図(参考文献(32)のFigure 2より抜粋．本章第1節の**図4**の再掲)

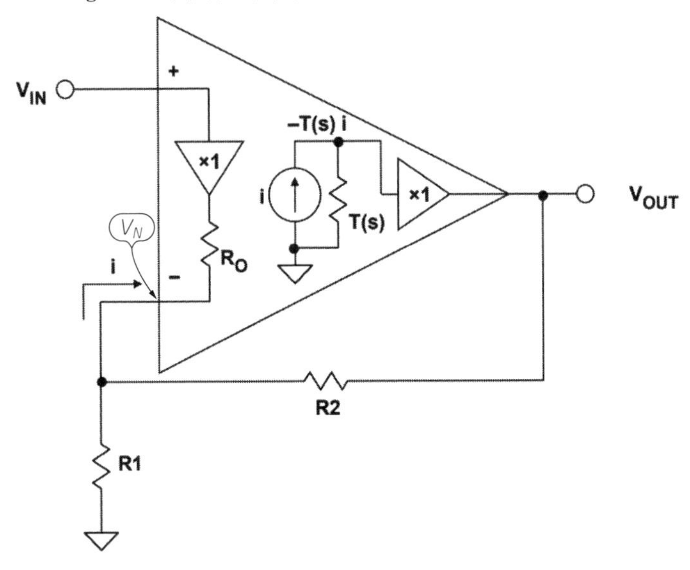

それではここまで無視してきた，この入力抵抗R_Oを考慮した伝達関数を求めてみましょう．

参考文献(32)には，電流帰還OPアンプにおいて入力抵抗R_Oを考慮した伝達関数の式が記載されています．それは

$$H(s)=\frac{G}{1+\dfrac{R_2}{T(s)}\left(1+\dfrac{R_O}{R_1}+\dfrac{R_O}{R_2}\right)} \quad\cdots\cdots (2)$$

これが以降に求めていくものの答えなわけですが(汗)，このなりたちを考えてみます．

● 伝達関数を求めてみる

図1の反転入力端子に流れる電流はキルヒホッフの電流則より

$$i=\frac{V_{OUT}-V_N}{R_2}-\frac{V_N}{R_1} \quad\cdots\cdots (3)$$

ここにR_Oを付加してみます．V_Nは反転入力端子の端子電圧であり，非反転入力端子の電圧をV_{IN}とすると

$$V_N-V_{IN}=iR_O \quad\cdots\cdots (4)$$

となります．この式(3)と式(4)からV_Nを消去すれば，

$$i=\frac{V_{OUT}-iR_O-V_{IN}}{R_2}-\frac{iR_O+V_{IN}}{R_1} \quad\cdots\cdots (5)$$

電流iでまとめて

$$i+\frac{iR_O}{R_2}+\frac{iR_O}{R_1}=\frac{V_{OUT}-V_{IN}}{R_2}-\frac{V_{IN}}{R_1} \quad\cdots\cdots (6)$$

ここで図1の関係

$$V_{OUT}=-T(s)\cdot i \quad\cdots\cdots (7)$$

を用いれば，

$$-\frac{V_{OUT}}{T(s)}\left(1+\frac{R_O}{R_2}+\frac{R_O}{R_1}\right)=\frac{V_{OUT}-V_{IN}}{R_2}-\frac{V_{IN}}{R_1}$$

$$-\frac{V_{OUT}}{T(s)}\left[1+\left(\frac{1}{R_2}+\frac{1}{R_1}\right)R_O\right]-\frac{V_{OUT}}{R_2}=-\left(\frac{1}{R_2}+\frac{1}{R_1}\right)V_{IN}$$

$$\frac{V_{OUT}}{V_{IN}}=\frac{\dfrac{1}{R_1}+\dfrac{1}{R_2}}{\dfrac{1}{R_2}+\dfrac{1}{T(s)}\left[1+\left(\dfrac{1}{R_1}+\dfrac{1}{R_2}\right)R_O\right]}$$

つづいて分母・分子にR_2を掛けます．

$$\frac{V_{OUT}}{V_{IN}}=\frac{\dfrac{1}{R_1}+\dfrac{1}{R_2}}{\dfrac{1}{R_2}+\dfrac{1}{T(s)}\left[1+\left(\dfrac{1}{R_1}+\dfrac{1}{R_2}\right)R_O\right]}\cdot\frac{R_2}{R_2} \quad \cdots\cdots (8)$$

ここで

$$H(s)=\frac{V_{OUT}}{V_{IN}} \quad \cdots\cdots (9)$$

として伝達関数を定義すれば，

$$H(s)=\frac{1+\dfrac{R_2}{R_1}}{1+\dfrac{R_2}{T(s)}\left[1+\left(\dfrac{1}{R_1}+\dfrac{1}{R_2}\right)R_O\right]} \quad \cdots\cdots (10)$$

回路の目論見増幅率（と本書では表現している…）を

$$G=1+\frac{R_2}{R_1} \quad \cdots\cdots (11)$$

と定義すれば，

$$H(s)=\frac{G}{1+\dfrac{R_2}{T(s)}\left[1+\left(\dfrac{1}{R_1}+\dfrac{1}{R_2}\right)R_O\right]} \quad \cdots\cdots (12)$$

たしかに式(2)が導かれます．ここで$R_O=0$とすれば式(1)が導かれます．また

$$H(s)=\frac{G}{1+\dfrac{R_2}{T(s)}\left(1+\dfrac{R_O}{R_1//R_2}\right)} \quad \cdots\cdots (13)$$

として，R_1とR_2との並列接続とも書き直すことができます．

ここでR_1とR_2を大きくすれば，R_Oの影響を低減できると式(13)は示していますが，本章第2節での検討や，式(13)の分母側の左のR_2からも，R_2を大きくすることで帰還率が低下し，伝達関数の周波数特性が劣化してしまうことがわかります．そのため，やはりR_Oは小さければ小さいほうがよいわけです．

■ 入力抵抗の影響を考えてみる

R_Oの影響度は，

$$e=\frac{R_O}{R_1//R_2} \quad \cdots\cdots (14)$$

です．「直観的に」考えれば，$R_O < R_1//R_2$でしょうから，eは「れい・てん・なにがし」です．

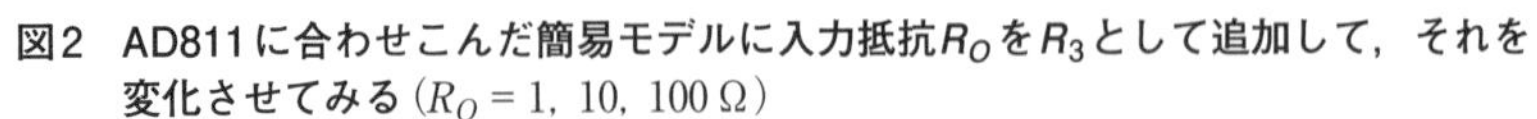
図2　AD811に合わせこんだ簡易モデルに入力抵抗R_OをR_3として追加して，それを変化させてみる（R_O = 1，10，100 Ω）

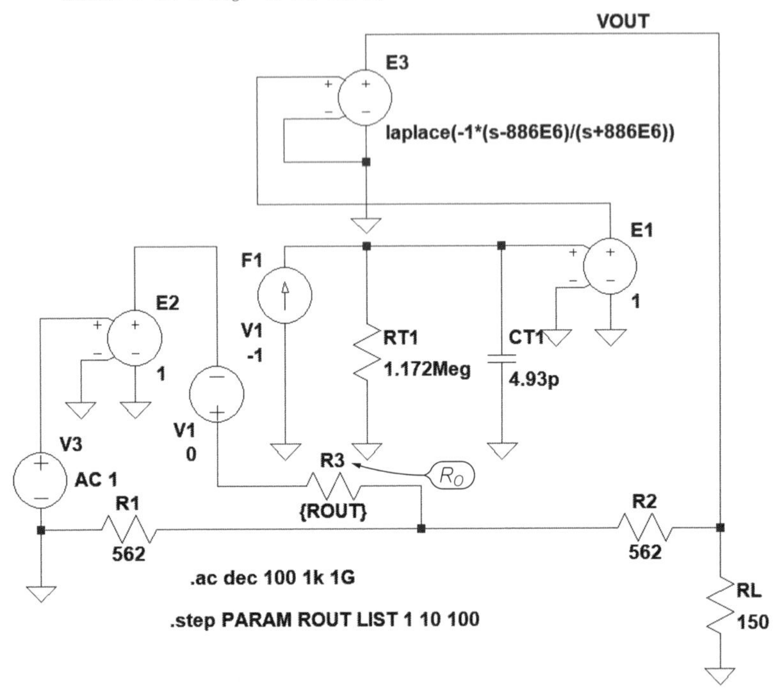

とても大きな影響度が出るわけでもなさそうです….

このようすをLTspiceでシミュレーションしてみます．シミュレーションする回路を**図2**に示します．これはAD811に合わせこんだ簡易モデルである前節の**図11**に対して，入力抵抗R_Oを追加したものです．

ここでR_Oを変化させてみます（図中ではR_3）．帰還抵抗は$R_1 = R_2 = 562\ \Omega$です．$R_O = 1$，10，100 Ωと変化させますが，これは式(14)での$e = 0.0036$，0.036，0.36に相当します．

シミュレーション結果を**図3**に示します．反転入力の入力抵抗R_Oが100 Ωになっても，周波数特性の劣化が思いのほか少ないことがわかりました….

「なんだよ，これなら入力抵抗がぼちぼちあっても影響がすくないじゃん」とも思われることでしょう．しかし電流帰還OPアンプの帰還抵抗は，目論見増幅率を変える場合でもR_2側は固定とし，R_1側を変化させるということを思い出していただければと思うのです….それがここでのストーリーでありまして….

図3 図2のシミュレーション結果(R_O = 1, 10, 100 Ω)

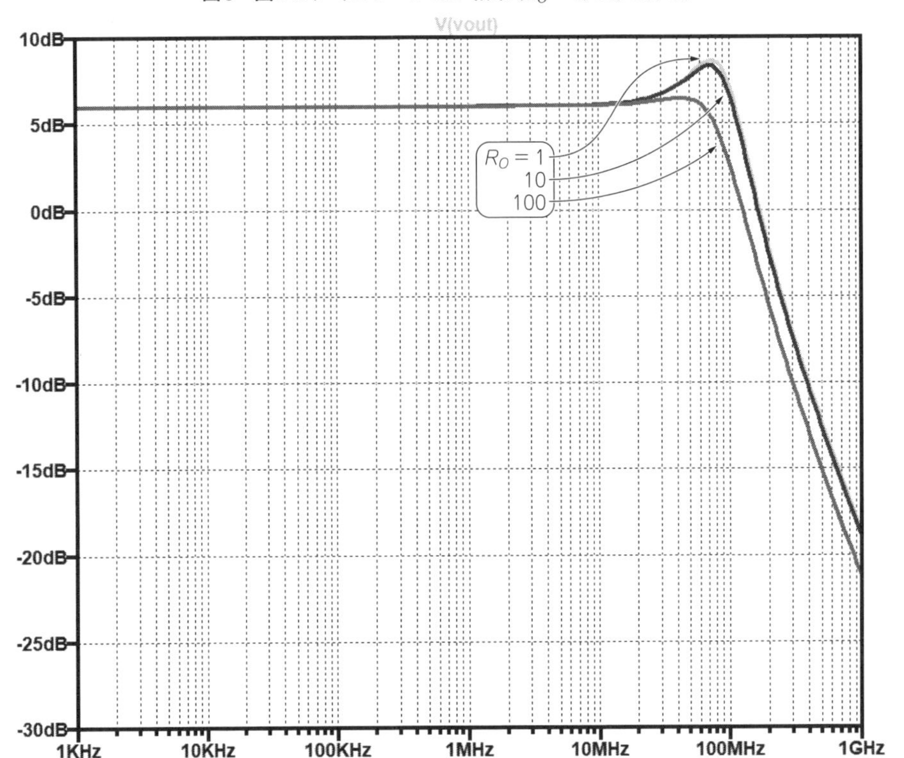

● 目論見増幅率を大きくすると入力抵抗で周波数特性が悪化する

ということで，R_O = 100 Ωにして目論見増幅率Gを変化させてみましょう．シミュレーションする回路を**図4**に示します．結果を**図5**に示します．

本章第2節の**図5**の結果と異なり，高域の特性が大幅に劣化していることがわかります．これは目論見増幅率Gを上昇させるために，(R_2が固定であることから)R_1の大きさを低下させることで，式(14)において$R_1 // R_2$が低下し，結果的に影響度eが大きくなってくるということです．このシミュレーションでG = 1000であればR_1 = 0.56 Ωとなり，その結果e = 179になり影響度が，「な，なんと！」相当大きくなることもわかります．目論見増幅率Gを上昇させるとR_Oの影響度が高くなるわけです．

図4　図2の回路をR_O＝100Ωで固定にして目論見増幅率Gを変化させてみる(G = 2, 10, 100, 1000)

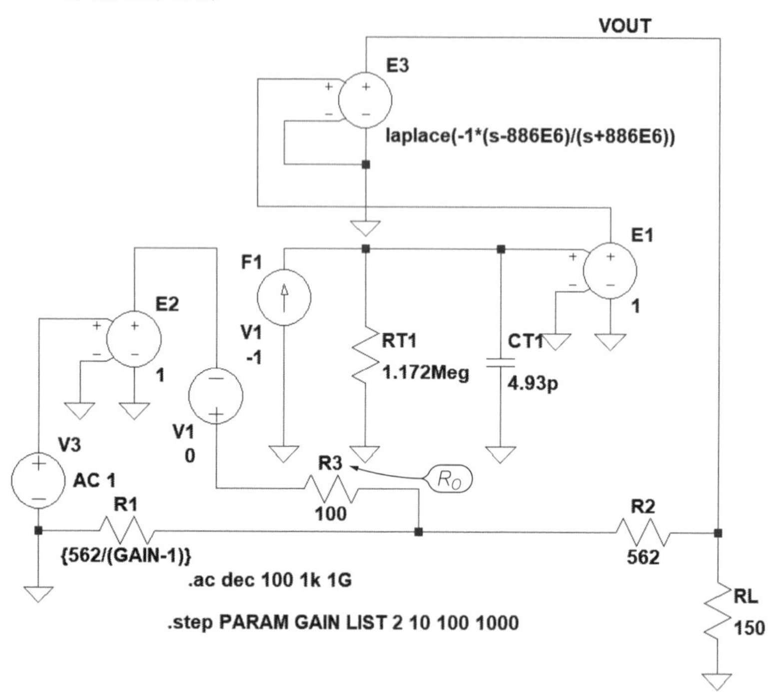

■ ループ・ゲインでも考えてみる

ループ・ゲインで考えてみます．電流帰還OPアンプ自体の増幅率A，つまりトランス・インピーダンス$A = -T(s)$自体は一定なので，以降ではその説明は割愛し，帰還率β

$$\beta = \frac{i}{V_{OUT}} \qquad \cdots\cdots (15)$$

のみを考えます．式(6)から$V_{IN} = 0$とすれば

$$i + \frac{iR_O}{R_1} + \frac{iR_O}{R_2} = \frac{V_{OUT}}{R_2}$$

$$i\left[1 + \left(\frac{1}{R_1} + \frac{1}{R_2}\right)R_O\right] = \frac{V_{OUT}}{R_2} \qquad \cdots\cdots (16)$$

より

図5　図4のシミュレーション結果（$G = 2, 10, 100, 1000$）．目論見増幅率Gを大きくすると周波数特性が大幅に劣化する

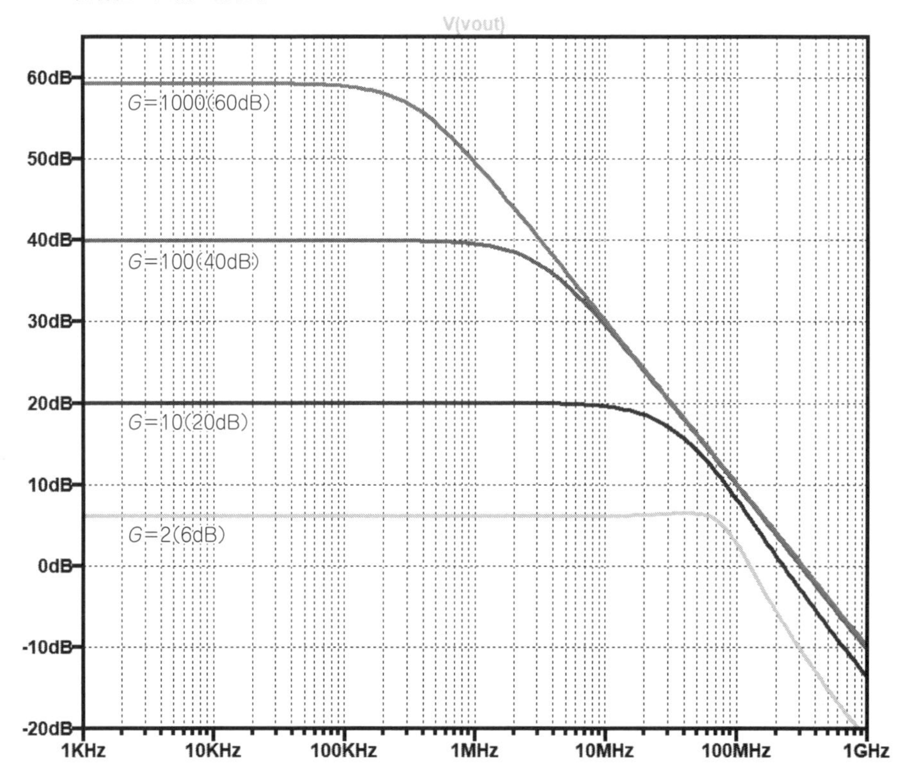

$$\beta = \frac{i}{V_{OUT}} = \frac{1}{R_2\left[1 + \left(\frac{1}{R_1} + \frac{1}{R_2}\right) R_O\right]} \quad \cdots\cdots (17)$$

チェックのため$R_O = 0$としてみれば

$$\beta\Big|_{R_O = 0} = \frac{i}{V_{OUT}} = \frac{1}{R_1} \quad \cdots\cdots (18)$$

となり，本章第1節の式(5)と同じになることがわかります．しかしここでは$R_O \neq 0$ですから，

$$\left(\frac{1}{R_1} + \frac{1}{R_2}\right) R_O \quad \cdots\cdots (19)$$

のぶんに相当するだけ，帰還率βが低下してしまうことがわかります．これは式(14)と同じ

ですね．この影響率は級数展開（等比級数の和の公式）を用いて，

$$\left(\frac{1}{R_1}+\frac{1}{R_2}\right)R_O \ll 1 \qquad \cdots\cdots(20)$$

という条件（ここまでの検討からすれば，かなりの好条件ではあるが．純粋に数学的な計算ネタだとして…）であれば，

$$\beta=\frac{i}{V_{OUT}}\approx\frac{1}{R_2}\left[1-\left(\frac{1}{R_1}+\frac{1}{R_2}\right)R_O\right] \qquad \cdots\cdots(21)$$

と近似できます（繰り返すが，数学的な計算をして戯れてみただけ…）．やっぱりR_Oが小さい方がよいわけですね．

● AD811ではどうなるか

図4は自家製回路だったので，あらためて**図4**に相当するシミュレーション回路をAD811[33]で作って比較してみましょう．**図6**がその回路です．AD811のデータシートによると，反転入力は入力抵抗R_O = 14 Ω（typ）になっています．そこで100 Ωに不足するぶんの86 Ωを反転入力に付加しています．

シミュレーション結果を**図7**に示します．**図5**とかなり近い結果になっていることがわかります．いつもながらですが，最初から答えを用意しているわけではなく，執筆していきな

図6 AD811でR_O＝100 Ω相当として目論見増幅率を変化させてみる（G = 2，10，100，1000）

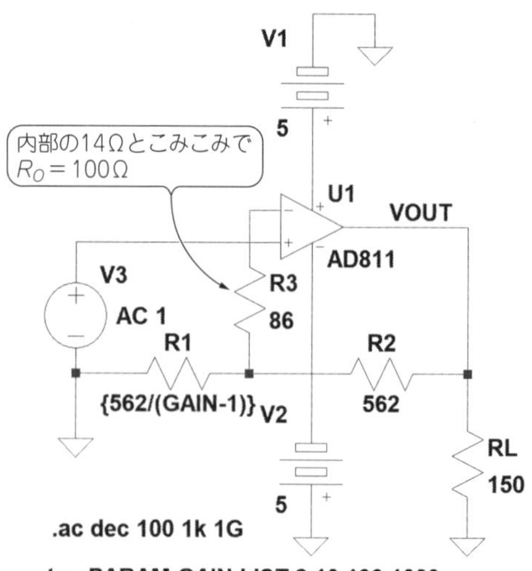

図7 図6のシミュレーション結果（$G = 2, 10, 100, 1000$）．図5とかなり近い特性になっていることがわかる

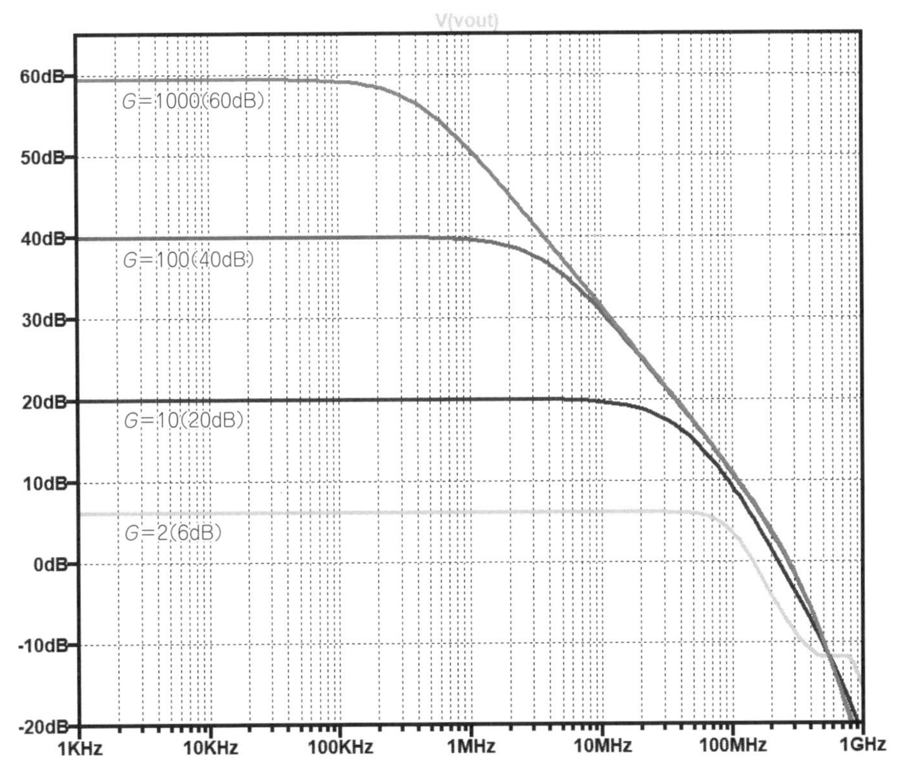

がら探求しているもので，ここでも「なるほどねぇ」と思いながらシミュレーション結果を見ているのでした．

■ 反転入力端子の入力抵抗を小さくすれば周波数特性への影響は低減する

このように反転入力端子の入力抵抗R_Oが回路動作に大きく影響を与えることがわかりました．R_Oが小さければ，極限とすればゼロであれば，電流帰還OPアンプ回路の伝達関数の周波数特性が良好になるわけです．

そのため実際のOPアンプでも，このR_Oが小さくなるように，**図1**の×1と書いてあるバッファ・アンプをボルテージ・フォロワの構成にして，負帰還をかけてアンプの見かけ上の出力インピーダンス，ここで言うところの反転入力端子の入力抵抗R_Oを低減させるテクニッ

クが使われたりするようです（負帰還をかけることにより，ほぼループ・ゲインぶん，実際は$1/(1+A\beta)$だけ出力インピーダンスR_Oを低減できるため）.

■ 入力寄生容量があるとどうなるか

つづいて少し話題を変えて，帰還経路に寄生容量があるケースを考えてみます．最初は反転入力端子の寄生容量です．反転入力端子の寄生容量としては，ここまで説明してきたような構成から考えると，プリント基板の層間容量がまず思いつきます.

● 入力端子間のバッファ・アンプを考えてみると

先に「**図1**の×1と書いてあるバッファ・アンプをボルテージ・フォロワの構成にする」というテクニックがあると説明しました．たしかにこのようにすれば，反転入力端子の入力抵抗R_Oを低減させることができます．ここに入力容量があった場合はどうなるのかを少し考えてみましょう.

このボルテージ・フォロワとして帰還のかかった，入力端子間のバッファ・アンプを見かたを変えてみます．**図8**はそのバッファ・アンプをボルテージ・フォロワとして帰還抵抗も含めてモデル化し，反転入力端子の寄生容量をC_Pとして加えたものです.

これをさらに表現を変えて，**図9**のようにしてみました．帰還抵抗R_1とR_2は，電流帰還OPアンプ出力が低インピーダンスなので，等価的にR_2もグラウンドに接続しているものとなり，R_1とR_2の並列接続で表されます.

図8 ボルテージ・フォロワとして負帰還のかかった入力端子間のバッファ・アンプと入力端子寄生容量C_P

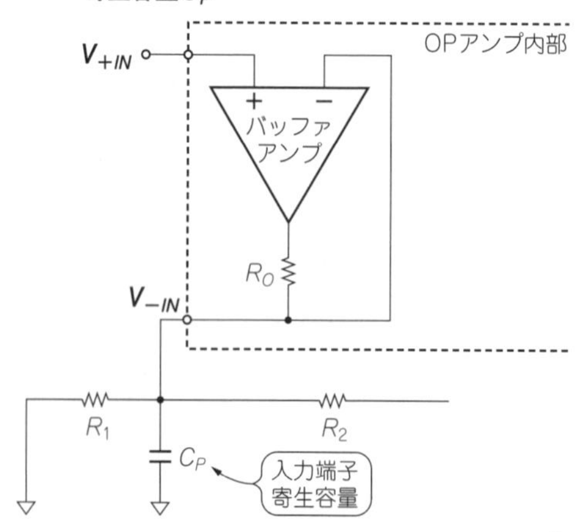

図9 図8の回路を書き換えてみた

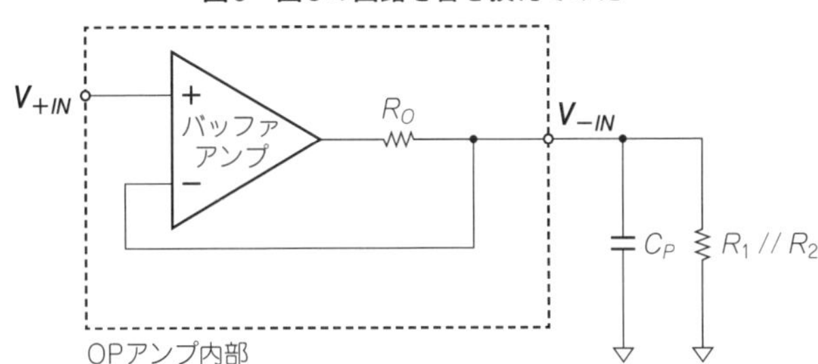

このように書き直してみるとびっくりです…．出力抵抗R_Oのある増幅系（バッファ・アンプ自体のゲインは1より十分大きいとする）が，ボルテージ・フォロアとして100％負帰還をかけられ，さらに出力に容量C_Pがぶらさがっているという回路です…．OPアンプ回路でも「ボルテージ・フォロアで100％負帰還」というのが一番発振しやすい回路ですから，このように寄生容量C_Pがあり負帰還がかかっていると，この部分で局所的な異常発振が生じてしまう危険性があることがわかります．うーむ，電流帰還OPアンプは奥深いです！

なおプリント基板設計において，余計な入力寄生容量を低減させるには，ICのパッド下層のグラウンド・プレーンをその部分だけ抜くというテクニックがあります．

● 入力端子間のバッファ・アンプが健全だとしてさらに考えてみると

上記のように「入力端子間のバッファ・アンプをボルテージ・フォロワの構成にするテクニック」は，局所的な異常発振という問題を孕(はら)んでいることがわかりました（あくまでも可能性だが）．

AD811が入力端子間でボルテージ・フォロワとして帰還が形成されているかはデータシートからは判別できません（スペックとしての反転入力の入力抵抗R_O = 14 Ω（typ）からすれば，帰還が構成されていないと推測されるが）．

つづいてその問題が無い，バッファ・アンプが健全だという状態を仮定して，この寄生容量C_Pが回路動作に対してどのように影響を与えるかを考えてみましょう．

図8のようにR_1とC_Pは並列に接続されていますから，系の帰還率は式（17）を再掲すると

$$\beta = \frac{1}{R_2\left[1+\left(\dfrac{1}{R_1}+\dfrac{1}{R_2}\right)R_O\right]} \qquad \cdots\cdots (22)$$

ここでR_1とC_Pの並列接続であるZ_{IN}を

図10 AD811で寄生容量が付加されたときのループ・ゲインをシミュレーションする回路

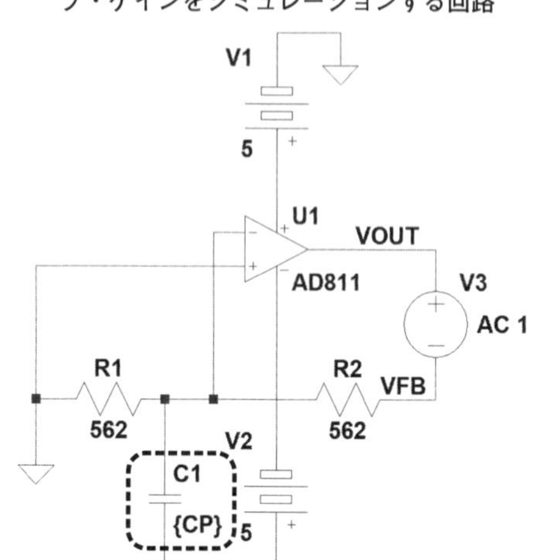

$$Z_{IN} = \frac{\dfrac{R_1}{sC_P}}{R_1 + \dfrac{1}{sC_P}} = \frac{R_1}{sC_P R_1 + 1} \quad \cdots\cdots (23)$$

とします．式(22)に代入してみると，

$$\beta = \frac{1}{R_2\left[1 + \left(\dfrac{sC_P R_1 + 1}{R_1} + \dfrac{1}{R_2}\right) R_O\right]} = \frac{1}{R_2\left[1 + \left(sC_P + \dfrac{1}{R_1} + \dfrac{1}{R_2}\right) R_O\right]} \quad \cdots (24)$$

となり，分母にsがありますから，これはポールが構成される(遅れ要素が構成される)ことになり，寄生容量C_Pにより位相遅れが生じることを意味しています．

以降，単に式で書き進めてもあまり意味がないので，AD811のループ・ゲインのシミュレーションから，位相余裕が現実の回路でどのように変わっていくかをみてみましょう．

図10はAD811を用いた，また寄生容量C_Pが形成されたループ・ゲインのシミュレーション回路です．C_P = 0 pF，1.25 pF，2.5 pF，5 pF，10 pFとしてあります．1.25 pF，2.5 pFあたりがICのパッドで生じる容量レンジのあたりですね．

図11 図10のシミュレーション結果

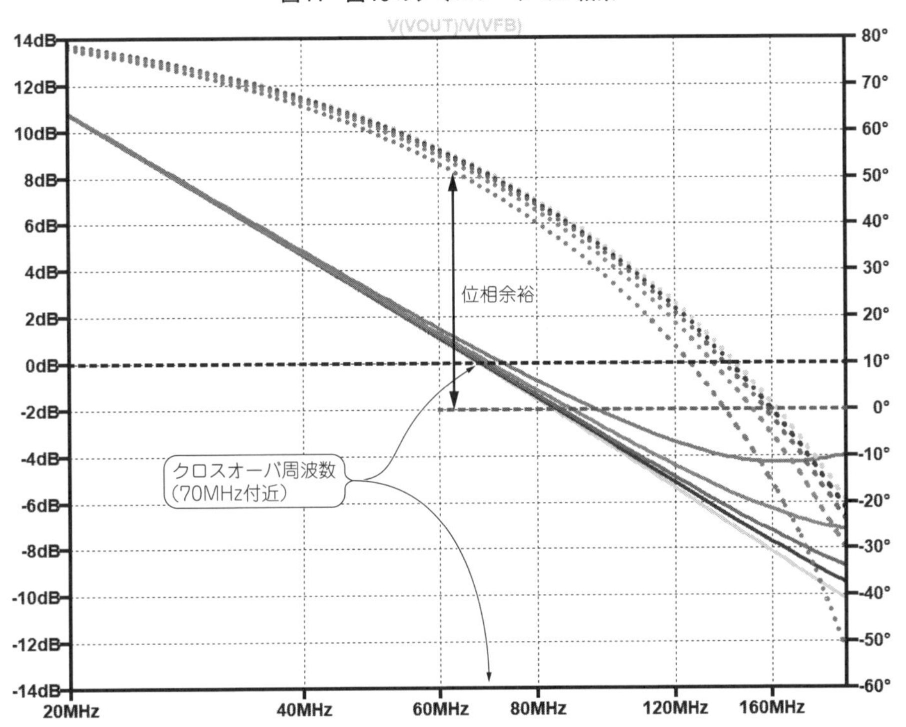

● ポールの周波数は高いところに移動する

シミュレーション結果を**図11**に示します．70 MHz付近でループ・ゲインが0 dBとなるクロスオーバ周波数になっていますが，10 pFであっても位相遅れの増大分はそれほど大きくありません．$R_1 = 562\ \Omega$と$C_P = 10$ pFとでポールが形成されるだろう周波数を計算してみると，28 MHzとなりますが，シミュレーション結果からは，あまり影響を与えるようすもないと気がつきます….

実際のポールの周波数を導出するため，式(24)の分母を取り出し，

$$1 + \left(sC_P + \frac{1}{R_1} + \frac{1}{R_2}\right) R_O = 0$$

から

$$1 + sC_P R_O + \frac{R_O}{R_1} + \frac{R_O}{R_2} = 0$$

$$sC_PR_O = -\left(1 + \frac{R_O}{R_1} + \frac{R_O}{R_2}\right)$$

$$s = -\frac{1}{C_P}\left(\frac{1}{R_O} + \frac{1}{R_1} + \frac{1}{R_2}\right) \cdots\cdots(25)$$

この式(25)からわかることは，ポールの周波数を決めるのは，R_1，R_2だけではなく，R_Oも関係してくるということです．さらにR_Oの大きさはR_1，R_2と比べると小さいため，式(25)中での影響度が大きくなるということです．つまり実際のポールの周波数は，直観的に考えられる帰還抵抗と寄生容量C_Pとで形成されるものより高くなります．R_Oの大きさが深く関わってくるため(目論見増幅率を高くしてR_1を小さくした場合は，以下に示すように少し変わるが)，それと寄生容量C_Pとで生じるポールは高い周波数に移動することになるわけですね．

電流帰還OPアンプの解説では「寄生容量C_Pはできるだけ小さく」という記述がされているものがありますが，このシミュレーション結果は，影響はそれほど大きくなさそうだと想定されるものでありました．

また，電流帰還OPアンプ増幅回路の目論見増幅率を上昇させることを考えれば，帰還抵抗の構成としてR_2を一定にした状態で，R_1を低下させていくわけですから，ポールの周波数がさらに高いところに行くことになります．寄生容量C_Pの影響度はさらに軽減されるだろうと予想できることになります．

■ 電圧帰還OPアンプの帰還容量に相当する容量があるとどうなるか

つづいて，電圧帰還OPアンプでよく用いられる，位相補償用帰還容量を，電流帰還OPアンプで使用した場合にどうなるかシミュレーションで見てみましょう．

電圧帰還OPアンプで位相余裕を増加させる方法，OPアンプを発振させない方法として，**図12**のような回路をよく見かけます．図中に枠で囲んだように補償用帰還容量を接続することで，帰還経路で進み位相を形成し，ループ・ゲインでの位相余裕を改善させるというものです．

まあ難しいことを考えなくても「OPアンプが発振気味なら，ここにコンデンサを入れるといいよ」という，テクニック的な話のものでもあります．

ちなみに**図12**の回路では(電圧帰還OPアンプが使われているとして)，目論見増幅率$G = +2$であるため，大きく位相進みを形成することができず，実は進み位相補償の効果は限定的です．目論見増幅率Gを大きくすると効果が増大してきます．

● 電流帰還OPアンプでは逆効果だ！

ということで，この**図12**の回路を用いて，電流帰還OPアンプAD811で帰還容量C_Fを0 pF，1.25 pF，2.5 pF，5 pF，10 pFとしたループ・ゲインのシミュレーション結果を**図**

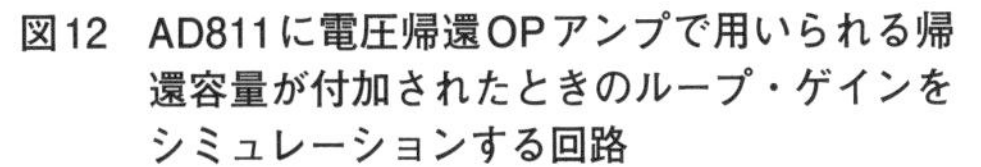
図12　AD811に電圧帰還OPアンプで用いられる帰還容量が付加されたときのループ・ゲインをシミュレーションする回路

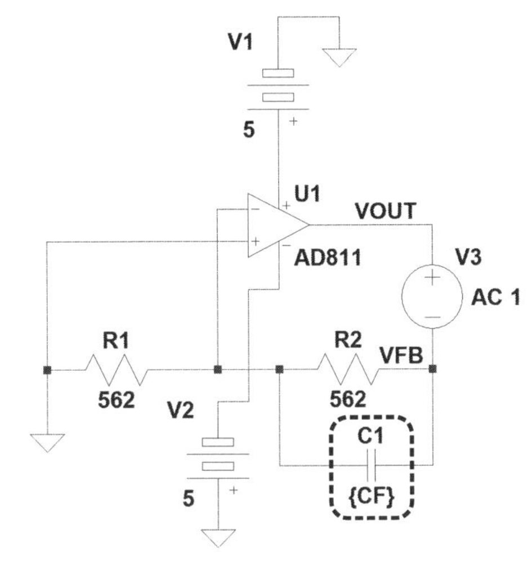

13に示します．ここではクロスオーバ周波数付近を拡大し，10 MHzから1 GHzのあたりでシミュレーションして表示させています．

この結果は驚異的です…．電圧帰還OPアンプとは全く異なっていますね！とくにC_Fが2.5 pFを超えたあたりでは，同図(a)のようにループ・ゲインの振幅が再度持ち上がり，高い周波数にクロスオーバ周波数が移動していることがわかります．さらにやっかいなことに，C_Fを大きくすると同図(b)のように，位相の回転が低い周波数に移動することもわかります．

入力寄生容量C_Pの場合と同じように，ここでも式計算を少しがんばってみると，式(22)を用いて

$$\beta = \frac{1}{Z_F\left[1+\left(\dfrac{1}{R_1}+\dfrac{1}{Z_F}\right)R_O\right]} = \frac{1}{Z_F+\left(\dfrac{Z_F}{R_1}+1\right)R_O}$$

$$= \frac{1}{Z_F\left(1+\dfrac{R_O}{R_1}\right)+R_O} \quad \cdots\cdots(26)$$

図13　図12のシミュレーション結果

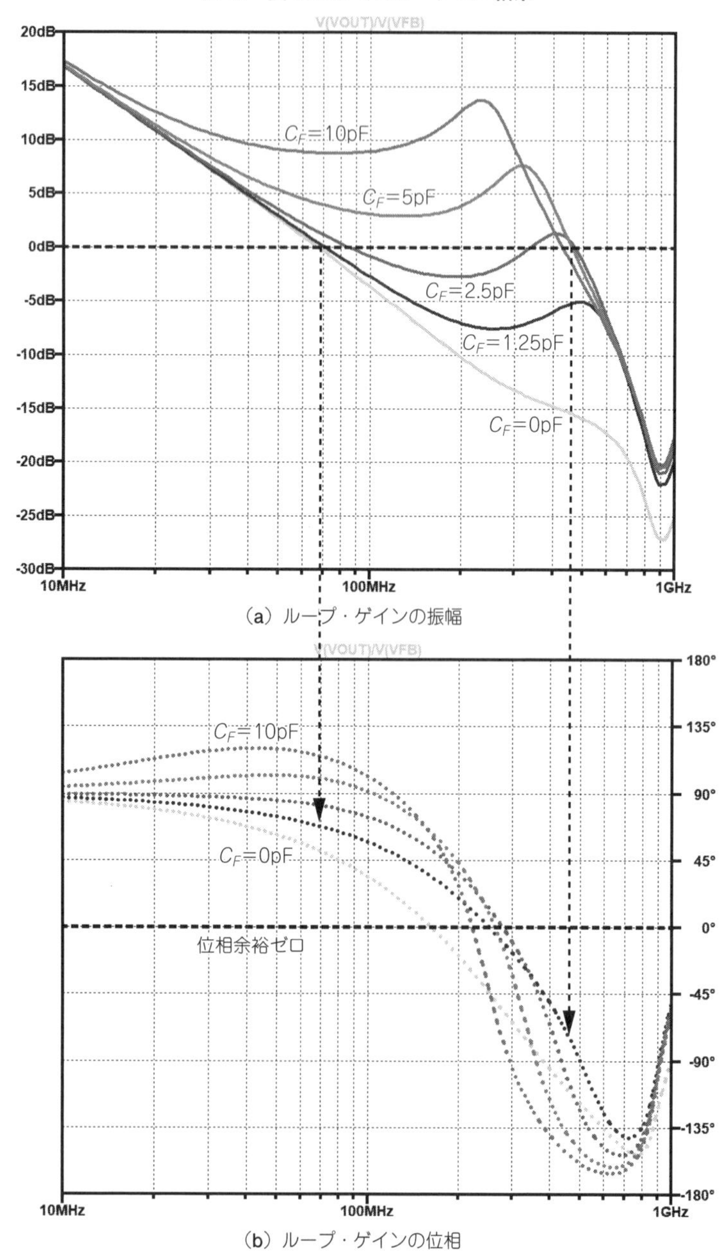

（a）ループ・ゲインの振幅

（b）ループ・ゲインの位相

ここでZ_FはR_2とC_Fの並列接続で

$$Z_F = \frac{\dfrac{R_2}{sC_F}}{R_2 + \dfrac{1}{sC_F}} = \frac{R_2}{sC_F R_2 + 1} \quad \cdots\cdots (27)$$

です．式(26)に代入してみると，

$$\beta = \frac{1}{\dfrac{R_2}{sC_F R_2 + 1}\left(1 + \dfrac{R_O}{R_1}\right) + R_O} = \frac{sC_F R_2 + 1}{R_2\left(1 + \dfrac{R_O}{R_1}\right) + R_O(sC_F R_2 + 1)}$$

$$= \frac{sC_F R_2 + 1}{sC_F R_O R_2 + R_O + R_2\left(1 + \dfrac{R_O}{R_1}\right)} \quad \cdots\cdots (28)$$

となり，ポールがひとつ，ゼロがひとつできることがわかります…．これらが**図13**の結果になっているわけなのですね…．

■ 電流帰還OPアンプにおけるスルー・レート制限

電流帰還OPアンプでは高速なスルー・レートを実現できます．このことを説明して，この電流帰還OPアンプの話題も終わりにしましょう．

● まずは電圧帰還OPアンプでのスルー・レート制限を考える

図14は電圧帰還OPアンプAD8022の簡易等価回路[37]です．

差動増幅回路の下側の定電流回路（左下破線枠）は，一定のテイル電流I_T = 600 μAを流すように動作しています．

差動増幅回路の上側の2つの定電流回路には，同一の定電流I_1，I_2 ($I_1 = I_2$)が流れます．これを650 μAと仮定しましょう．この電流それぞれの一部はQ1，Q2に流れ，のこりがQ3，Q4に流れます．差動増幅回路の非反転入力端子+IN，反転力端子−INの間が同じ電位だと，$I_3 = I_4$ (350 μA)になります．

Q5，Q6とQ7，Q8はカレント・ミラーという回路であり，ここを流れる電流I_5，I_6は等しくなります(350 μA)．I_3とI_4がバランスしていますから，電圧帰還OPアンプの周波数特性（ドミナント・ポール）を決定する補償容量C_{DP}には電流は流れません．

● 差動増幅回路の片側がオフになると補償容量は定電流で充放電される

つづいて**図15**のように，+INと−INの間に電位差が生じ，たとえば大きな電位差によりQ2がオフしたときを考えてみます．Q2に流れる電流がゼロになると，Q1に流れる電流量が

図14　電圧帰還OPアンプAD8022の簡易等価回路[37]（650 μAというのは仮説値）

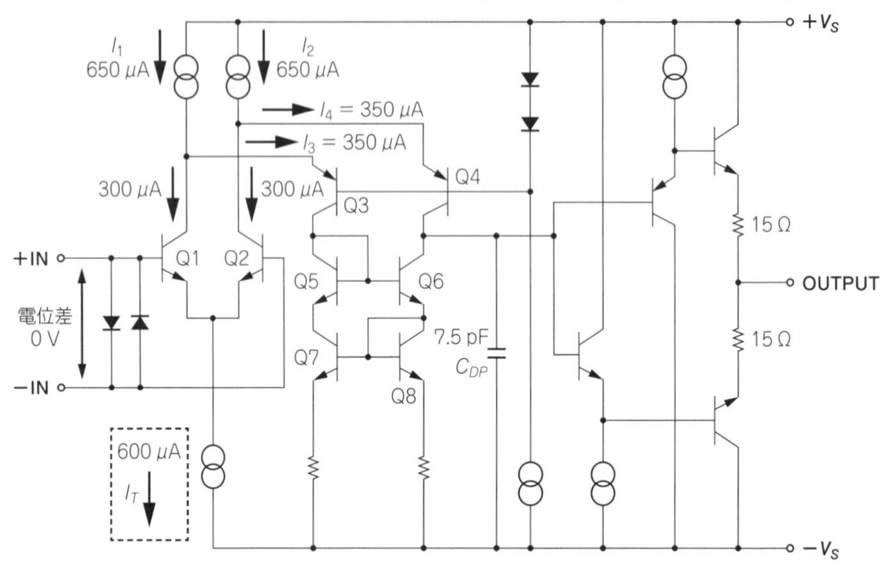

図15　図14において入力に電位差が生じてQ2がオフしQ1に最大電流が流れた状態で容量C_{DP}が充電される

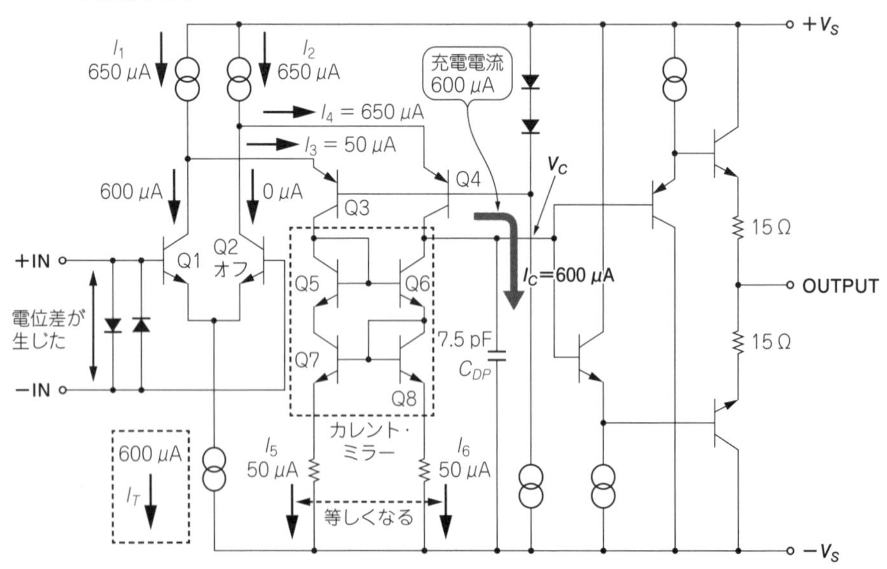

増加し，Q1にテイル電流I_Tの600 μAがすべて流れます．

このときI_3 = 50 μA，I_4 = 650 μAになります．Q5，Q6とQ7，Q8のカレント・ミラーを流れる電流I_5，I_6は等しく，またI_3 = 50 μAであることから，$I_3 = I_5 = I_6$ = 50 μAとなり，I_4 = 650 μAとI_6 = 50 μAの差分(600 μA)が，補償容量C_{DP}[F]を充電する電流I_Cとして形成されます．

この差分600 μAは，いわゆる「回路が振り切った状態」での電流で，テイル電流と等しくなります．これが容量C_{DP}を充電する最大電流となります．容量C_{DP}はこの定電流で充電されることにより，この容量の端子電圧V_Cは

$$V_C(t) = \frac{I_C t}{C_{DP}} \quad \cdots\cdots (29)$$

で時間tに応じて，一定変化で充放電つまり上昇／下降することになります．これがスルー・レートのしくみです．

電圧帰還OPアンプのスルー・レートは，定電流回路(**図14**の左下破線枠)のテイル電流量から決まってくるのです．

● 電流帰還OPアンプではこの制限が存在しない

電流帰還OPアンプでは，**図1**に示したように，またこれまで長く説明してきたように，反転入力端子の電流を出力電圧量に変換するためのトランス・インピーダンス$T(s)$(R_T, C_T)がドミナント・ポールを決定します．しかし，この$T(s)$の容量C_Tを充放電するための(電圧帰還OPアンプで存在する)テイル電流に相当する制限はありません．反転入力端子の電流をカレント・ミラーでコピーした電流で，特に制限なく，$T(s)$の容量C_Tが充放電されるからです．

これにより電流帰還OPアンプは，スルー・レートという点でも高速性能を実現できています．

まとめ

4つの節にわたって説明してまいりました電流帰還OPアンプ．検討を始める前は謎な部分が多いなと思っていましたが，いろいろ検討を進めていくと，基本的な回路理論を応用していけば，かなりのところまで解析ができるということがわかりました．

第6章 高速プリント基板のバイパス

6-1 起動しないパソコンから故障した電解コンデンサを取り出して電気的に解剖してみる

■ はじめに

高速回路について説明してきた本書の最後に，高速プリント基板でのバイパス・コンデンサの話題として，パソコン(Personal Compuer; PC)のマザー・ボード(Mother Board; MB)のコンデンサの話題をご紹介します.

● ある朝，PCが起動しなくなる

某年1月2日，お正月の寒い朝，私個人のPCの電源を入れたら起動しません.「昨日も遅くまで使っていたのに」. ほうっておいて5分後くらいに電源再投入したら，なんとか起動.「ありゃ，これはいよいよ…」. そうなのでした，PCの電解コンデンサの故障なのでした. ネットで調べると，この故障はよくあり，(詳しい人は)電解コンデンサを交換しているようです.

予備で同じPCを準備してあり，HDD (Hard Disk Drive)を入れ替えて事なきをえました. しかし私も「電気屋のはしくれ」. 自分で修理をしてみようと思いたち，また無駄な時間を消費してしまうことになるわけでした.

修理しても，もう一回起動不良が起きたら，諦めて買い直すしかないのかもしれません. 読者の方も重要なデータのバックアップはお忘れなく！

■ 早速PCのコンデンサを交換してみよう！

ということで，このPCのコンデンサを交換してみます. しかし数が40個くらいあり，先行きがどうなるものかと不安がよぎります. 参考用として，ヤフオクで同じMBを探し出しました. 落札したものは，他の臓物は摘出され，ケースとMBのみで2500円のジャンク品です.

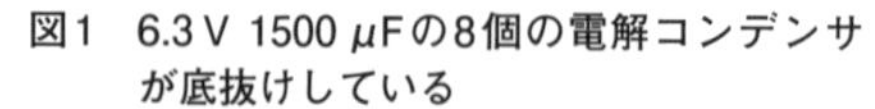

図1　6.3 V 1500 μFの8個の電解コンデンサが底抜けしている

図2　同じPCの別のところ．上側が盛り上がっており，底も抜けている

図3　載っていたアナログ・デバイセズのAD1981B

図1は，並んだ6.3 V 1500 μFの8個の電解コンデンサが底抜けしたようすです．**図2**は，同じPCの別のところのようすです．上側が盛り上がっています．下も抜けています．**図3**は，MB上に載っていたアナログ・デバイセズのIntegrated SoundMAX CODEC AD1981Bでした！

● コンデンサの取り外しは意外と大変

コンデンサの取り外しは意外と大変です．MBは多層基板が使われているため，常温では内層に熱が逃げてしまうので，はんだごてだけだと難しいと思います．ホット・プレートを150 ℃くらいにして，まずは時間をかけて基板（内層）を加熱し，それからはんだごて2本で取り外す必要があります．助手に裏側から引っ張ってもらう必要もあります．

なんとか数個無事にはずせました．ネットで調べると，

http://www.noseseiki.com/drhanda/condensa.html

ここで超良心的な価格でコンデンサの交換をやってくれているのを見つけました．この会社，電子業界でも有名なところですよね．

● ご存じな方もいらっしゃる…

この図1，2の写真を見た方から「これは2001年頃から大騒ぎになった台湾製PCと思います」というコメントをいただきました．また「色からすると日本製の電解コンデンサのようですね」というするどいご指摘でした．そういう私は外国製のコンデンサとばかり思っており，このコメントをもとに再確認したところ，国産メーカの「マーク」を見つけられました．おっしゃるとおりで….

PCだと，コンデンサは結構パンクするものが多いようです．Wikipediaを見ても「不良電解コンデンサ問題」というページもあります(39)．一方でそのページにも書かれていますが，日本メーカはこれらの問題を克服し，近年は性能向上しているとのことです．

なお私のPC自体は日本のメーカのものです．2003年発売開始で，私は中古(注1)で2007年に入手しました．2003年の展示会に出品されていた，「これ欲しい…」とそのとき思った超高級品でした．設計・製造が台湾なのかはわかりません．

● コンデンサの取り外しには助手が必要

都合，3台のPCを修理することとなりました(汗)．

① 1月2日に故障したPC

② ヤフオクで落札した他の臓物は摘出されたPC

③ 予備で準備してあった同型式のPC

③は通常使用に必要ですので，とりあえずそのまま運用を継続させておりました．

春の三連休に，故障した①の1台とヤフオクでゲットした②の1台，つまり2枚のMBのコンデンサ取り外しを「天の声」(家庭の運行が鶴の一声で決まってしまうという意味．笑)に助手をやってもらい，ほとんど終わりにしました．MBをホット・プレートの上に立てて，時間をかけて内層にじっくり熱を伝え，表裏から作業します．

最初は息が合わなかったり，慣れなかったりで，うまく取り外せませんでしたが，慣れてくると面白いように取り外せます．「どう，おもしろくなってきた？」の質問に「全然…」^_^;

注1：私は1980年代前半のFM-8に始まり，以降，かなりの台数のPCを使用してきたが，すべて中古品を臓物を取り換えながら使っていることを誇りとしている(笑)．

図4 取り外した底抜けした電解コンデンサ

図5 プロセッサの上にコンデンサがあり，熱でコンデンサの温度が周囲温度から上昇してしまう

● 取り外したコンデンサや基板のようすを眺めてみる

図4は取り外したコンデンサです．図5は基板上のようすですが，ミニ・タワーのためMBは縦付けです．図5のようにプロセッサの上に問題の電源回路があり，プロセッサの熱が上側に上がってきて，この電源回路（コンデンサ）の温度が周囲温度から上昇してしまうという残念な構造です．

アナログ回路でもそうですが，電子回路部分には過大な熱が加わらないようにレイアウト設計する必要がありますね（高精度回路などが特に）．

MB上のコンデンサは，高容量，低耐圧，おかしそうという「OR」を取って1枚あたり33個交換しました．都合3台ぶんを交換する必要があるので［またハイ・スペックな超Low ESR（Equivalent Series Resistance）コンデンサを購入したので］，発注金額はなんだかんだで1万円近くになってしまいました．まあ購入したのはコンデンサだけではなかったのですが．

■ 取り外したコンデンサを解剖してみる

ということで三連休も終わりとなりました．PCオタクのネタならこれで「めでたしめでたし」で終わりですが，私も「電気屋のはしくれ」．はしくれらしい活動をしてみたいと思います．

● 容量抜けを時定数で測定してみる

パンクしたコンデンサの特性を測定してみました．10Vの電源をステップ源として，

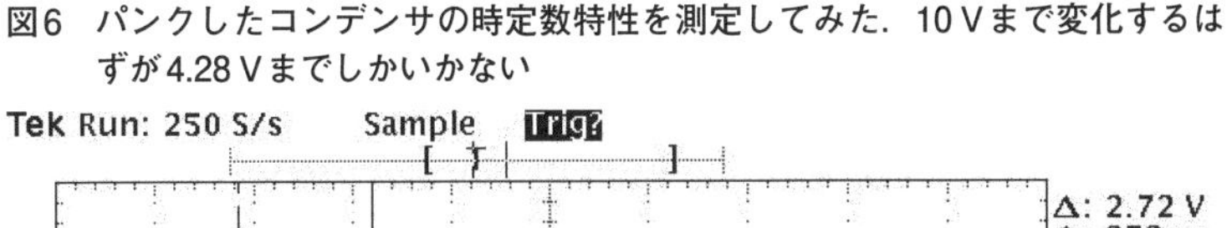

図6 パンクしたコンデンサの時定数特性を測定してみた．10 Vまで変化するはずが4.28 Vまでしかいかない

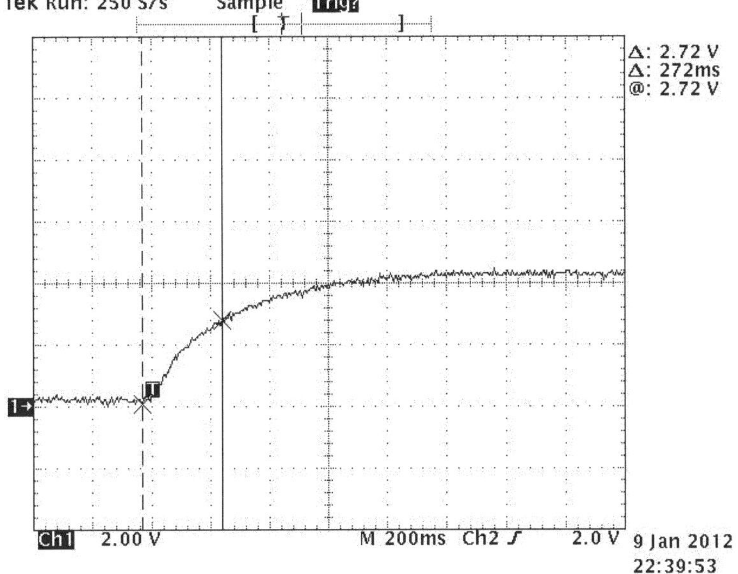

1500 μF 6.3 Vの当該コンデンサと1 kΩの抵抗を使って，63 %（つまり6.3 V）まで上昇する時間（時定数）で容量抜けを確認してみます．

図6がオシロでの応答波形ですが，なんと10 Vを加えても，ピーク電圧が4.28 Vまでしかいきません．1 kΩの抵抗に流れる電流を計算してみると，

$$\frac{10\ \text{V} - 4.28\ \text{V}}{1\ \text{k}\Omega} = 5.72\ \text{mA}$$

となり，5 mA以上のリークがあるようです．

また4.28 Vの63 %は2.7 Vであり，その電圧までの上昇時間は272 ms．つまり272 μF相当の容量，リークが5 mA以上という特性になっています．

● 周波数特性も測定してみる

周波数特性も測定してみました．ネットワーク・アナライザ（ネットアナ）の50 Ω出入力のパスに並列にコンデンサを**図7**のように接続します．容量が大きいので，インダクタンスも小さくする必要もあると思い，こんなふうにしてみました．DCバイアスはナシです．

測定結果を**図8**に示します．REF LEVELが一番上で0 dB，5 dB/divです．やはりなん

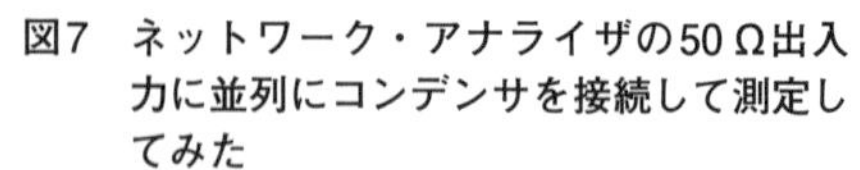

図7 ネットワーク・アナライザの50 Ω出入力に並列にコンデンサを接続して測定してみた

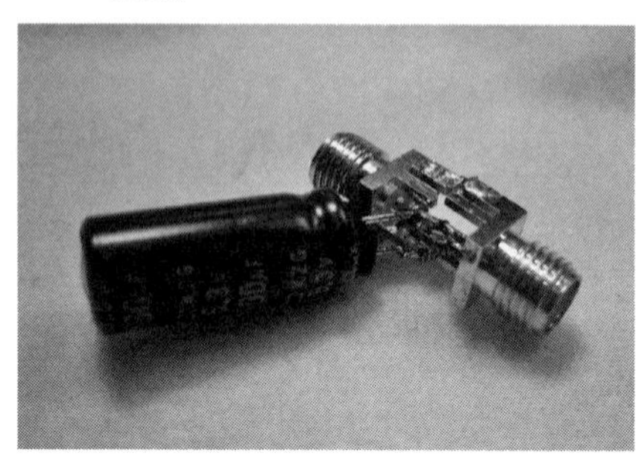

図8 パンクしたコンデンサの周波数特性をネットワーク・アナライザで測定してみた

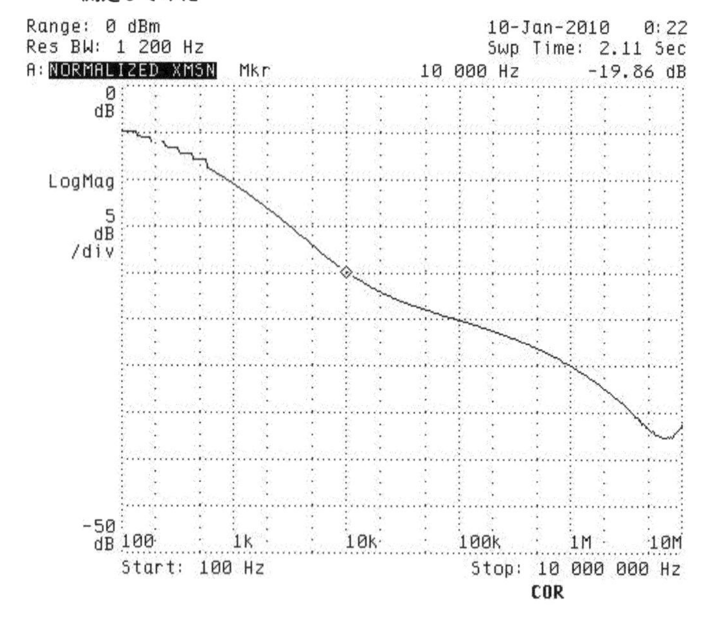

だか変な感じです．

注文してあるハイ・スペックな超Low ESRコンデンサが入手できたら，同じように周波数特性も測定してみたいと思います．しかし余計な仕事を作ってしまったなと改めて思いました….いや，これはこれでシュミのうちでしょうか？(笑)

■ ハイ・スペックな超Low ESRコンデンサが届いた

図6のテストでは10 Vのステップ電圧を入れてみましたが，あらためて考えてみると耐圧6.3 Vでしたね．今更気がつきました．まあ1 kΩでダンプさせているので，もし新品でも（ましてや短時間のテストだし）劣化は大丈夫ではないのかな，とか思いました．

さて某月某日に，千石電商にweb注文してあった超Low ESRコンデンサが多数到着しました．そのうちの1種類の写真を撮影してみました（**図9**）．黒色＋金色ケースなのでなんかよさそうな感じです．これは1500 μF 6.3 V品で74円という結構高めのニチコンHZシリーズというものです．

● 前回と同じ条件で周波数特性を測定してみる

図7，8と同じ条件で測定してみました（**図10**）．ESRが低いのでアウト・レンジになっています．そこで10 dB/divに変えてみました（**図11**）．このプロットからもESRがかなり低いことがわかりますね！[注2]

図11のプロットはフロア（ボトム）部分がノイズ気味ですが，ここを減衰のフロアとして考えると，さてESRは何Ωと計算できるでしょうか？後半で考えてみたいと思います．

1台目をこのコンデンサに交換したところ，**図12**のような壮観な眺めになりました．黒金がきれいです…．このコンデンサを使えば，このPCまだ10年は長生きできそうです．今更ながらMB上にSATA（Serial ATA）のI/F（Interface）があることを発見し[注3]，当時は「ムフフ，まだまだ」と思ったのでした（笑）．

図9　注文してあった超Low ESRコンデンサ
（1500 μF 6.3 V品）

注2：図8，図10，図11のカレンダはズレていますので気にされませぬよう…

注3：さすがに本書執筆時点では，後継のPC…当然のごとくSATAのI/F品を用いている（また中古だが…笑）．

図10　注文した超Low ESRコンデンサ(1500 μF 6.3 V品)の周波数特性を測定してみた(RL = 0 dBm, 5 dB/DIV)

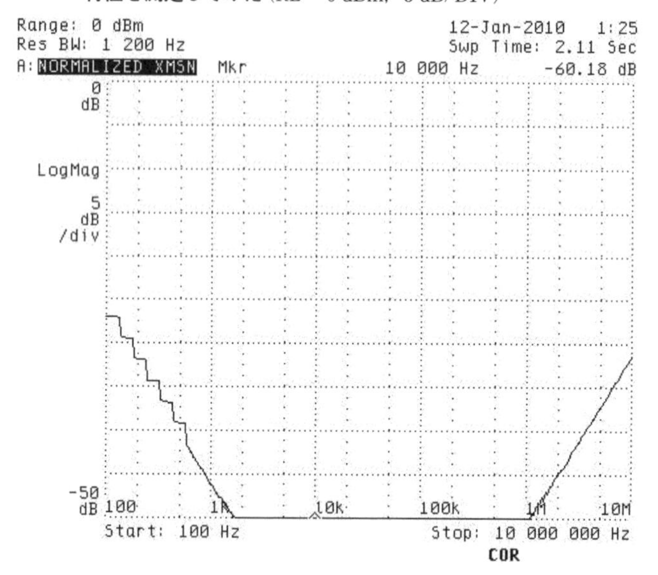

図11　注文した超Low ESRコンデンサ(1500 μF 6.3 V品)の周波数特性を測定してみた(RL = 0 dBm, 10 dB/DIV)

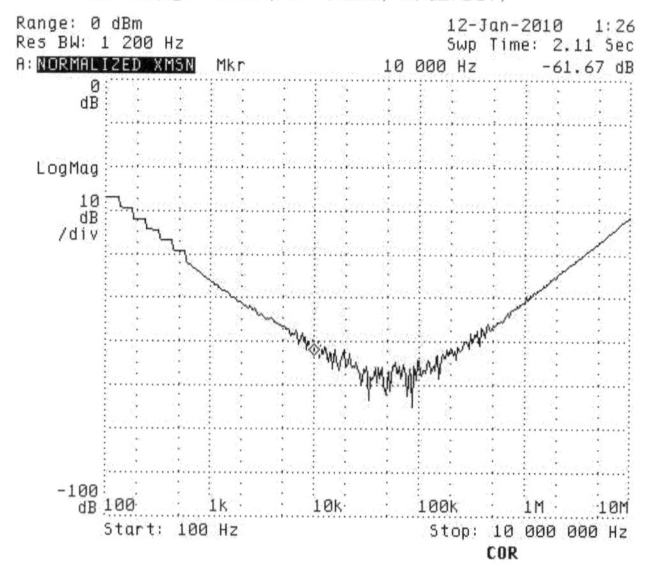

図12　超Low ESRコンデンサに交換した壮観な眺め

■ 黒金のコンデンサが並ぶPCが動く日が楽しみだ

詳しくは確認していませんが，このPCのプロセッサ電源は電圧1.5 Vくらいで80 W程度のようですから，50 A以上のプロセッサ電流のようです．リプル電流は相当なモノのはず，コンデンサがおかしくなってもしょうがないかなと，「電気屋のはしくれ」はちょっと思うのでした．

ここでいう「リプル電流」は，プロセッサのクロック脈動ではなく，スイッチング電源のリプルのことを意図しています．プロセッサのクロック脈動は（**図1**，**図5**の写真のように）プロセッサ周辺にセラミック・コンデンサがばらまかれているので，これで対応というところでしょうか．

80 Wだなんて….アマチュア無線のHF帯（短波帯）なら地球の裏まで飛んでいく電力だ….

● 作業はまだまだ続くのだった

交換作業はまだまだ続きます．ゆっくり作業できる時間もなく，まだTH（Through Hole）にはんだを再度埋め込んだ状態でした．これからTHのはんだ抜き，コンデンサ実装，テストHDDでOSインストール，Prime95（プロセッサ負荷試験）やMEMTEST（メイン・メモリのテスト）でのテスト・ランと続きます．1台目が立ち上るのにあと2週間くらいはかかるかも…というところでした．

いずれにしても黒金のコンデンサが並ぶPCが動くようすを楽しみにしている今日この頃でありました．

● スルーホールのはんだヌキは皆さんどうしているのだろうか

しかしコンデンサ抜き取りまでは良かったのですが，THからのはんだヌキに相当てこずりました．ネットでは「高容量のはんだごてとアミアミのはんだ吸い取り（ソルダ・ウイック）でやりました！」とか書いてありますが，私には無理です….超技です….

私としてはホット・プレート上ではんだ吸い取り器（ソルダ・ウイックではない，「器」）を使って，さらに反対側から助手（前出の「天の声」）に60 Wのコテで熱してもらって漸（ようや）くTHからはんだを抜けました．この設備で「漸く（ようやく）」なのですから，皆さんホントどうやっているのでしょうか？？

特に内層やL1，L4にベタがある，グラウンド・パターンが難しかったです….

■ プロセッサの温度上昇を考える

交換後のPrime95の負荷試験とMEMTESTでのメモリチェックで合計数時間回して問題ありませんでしたから，問題なく実稼動するものと思います．

プロセッサは負荷をかけると消費電力が変わるようです．アイドル状態でヒート・シンクを手で触ると低い温度なのですが，Prime95負荷テストで100 %状態にすると徐々に温度が上がってきます．普通の人なら「あたりまえじゃん」と思うかもしれませんが，ディジタル回路としては，

$$P \propto (k,\ f_{CLK},\ n,\ V^2) \qquad \cdots\cdots (1)$$

として消費電力P [W] が決まってきます．kはゲート活性率，f_{CLK}はプロセッサ内部ロジックの同期クロック周波数です．この2つで流れる電流量Iが決まり，ゲート数nとコア電圧V^2（のはず…電流IもVによって変わるので）が加わり，これらが掛け算…関数式となって，電力Pが決まります．

ここには「プロセッサの負荷状態」の係数はありません．でもかなり温度が変わります．これはたぶん，

- ゲート活性率が変わるのか？
- ダイナミック動作の部分が多いのか？
- クロック・ゲーティングをしているのか？

というところかなと部外者は思います….

● パワーFETも結構熱いものがある

図13はプロセッサ周辺のFET部分ですが，ここで5 Vを1.5 Vにドロップさせています．流れる電流も多いようで結構熱くなります．放熱は内層に逃がして，はんだ面からピンク色の放熱シートでケースに逃がす構造です．でもかなり熱く，内層に熱を逃がせばその周辺のコンデンサの温度も上がってしまいます．どうなのかな？と思いました．

図13 プロセッサ周辺のFETにAmazonで売っていたミニ放熱ブロックを取り付けた．焼け石に水だが，フィンの実装向きはエアフローも考慮してある

そこでAmazonでミニ放熱ブロック（これも**図13**．こんなものがAmazonで売っていること自体もすごいが）を購入し，それをつけてみました．簡易計測で温度を測ってみると，放熱ナシ＝65℃，放熱アリ＝63℃でほとんど変わりません．誤差の範囲です．なーんだと思う一方，内層に回ってピンク色放熱シートに流れる熱量が相当なものなんだな，とも思った次第です．

なお「焼け石に水」ですが，ミニ放熱ブロックのフィンの向きはプロセッサから生じる熱のエア・フローを考慮してこの向きにしてあります（無意味なコダワリ？）

■ なんとか順調に交換作業は進んでいく

引き続きはもう1台のジャンク購入ぶんの改造です．1台目が動くことは確認できたので，このジャンク購入ぶんは，CPU，MEM，ソケット・リテンション，IDEケーブルなど，ジャンク購入時に不足していたものをヤフオクでゲットしていきました．P4 2.6G FSB 800M＝300円，PC2700-512M × 2＝1200円という感じで，ほとんどゴミ値段で完成しそうです（笑）．

代替として使っていたマシンもケースを開けてみましたが，こちらもコンデンサがかなり膨らんでいました．ジャンク品の修理（2台目）後に，コンデンサを交換しようとあらためて思いました．

■ 低ESR固体電解コンデンサも使われていた

少し話題が外れてきましたので，MBで使われていた超Low ESR「固体」電解コンデンサの話題に移ってみたいと思います．

黒金の超Low ESR電解コンデンサはニチコンのUHZ1C152MPM（1500 μF 6.3 V）というものですが，これはESR = 12 mΩmax（10 mm × 12.5 mm品）のようです．これが8個並列になっていますので，全体で1 mΩちょっと程度になっていると推測します．

それプラス，図14のようなコンデンサがついていました．680 4Vと書いてありました．「これは何だろう？」とネットでサーチしながら考えていました．ケース上のマークが日本ケミコンに似てはいたのですが，単なる「四角」にしか見えず，そこまで気がつきませんでした．いろいろサーチした結果，日本ケミコンの「APSA4R0ELL561MHB5S 560 μF 4 V品」ということがわかりました．それで四角マークを「ああ，なるほど」と思ったのでした．現品もRSコンポーネンツでゲットし，交換することができました．

● この固体電解コンデンサはESRがとても低い！

これは「CONDUCTIVE POLYMER ALUMINUM SOLID CAPACITORS（導電性高分子アルミ固体電解コンデンサ）」という固体コンデンサで，さきのUHZ1C152MPMのESR = 12 mΩmaxと比べて，1個で7 mΩmaxというものです．有名なSANYO OSコンと同類なもののようですね．

これが2個ついていました．これはIntelのリファレンス・デザインで決められているのかなと，これも思ったものでした．

図14　超低ESRの導電性高分子アルミ固体電解コンデンサ

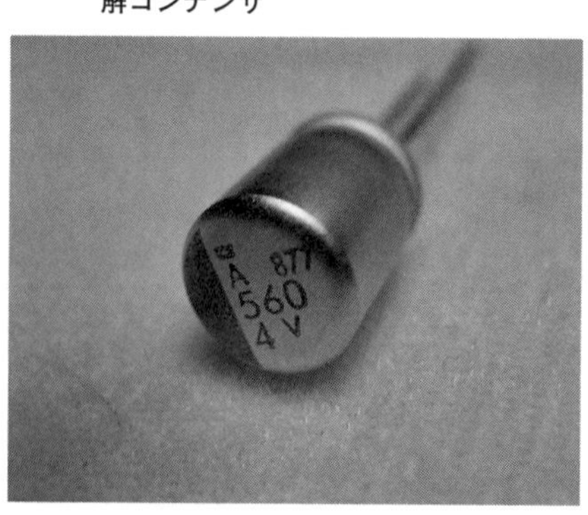

■ さきのネットワーク・アナライザの結果からESRを求めてみる

中盤のあたりで「さてESRは何Ωと計算できるでしょうか？」とクイズを出させていただきました．ここでいよいよ実際にその答えを求めてみます．

図15はネットワーク・アナライザ（以降「ネットアナ」と呼ぶ）を超簡単にADIsimPE上でモデル化したものです．ネットアナはこのように，信号源と信号源抵抗R_S，ネットワーク（回路）を経由した電力を測定する負荷抵抗R_Lにて構成されているものです．このR_SとR_Lの間に，測定対象DUT (Device Under Test) であるコンデンサを並列に接続します．

原理的には，ネットアナの信号源の大きさはいくらでもよく，さいしょに**図15**のように接続して，そのときR_Lに生じた電力レベルを0 dBとして設定します．これを「スルー校正（スルー・キャリブレーション）」といいます．

とはいえADIsimPEでのモデル化では，この校正プロセスはありませんから，このように接続したときにR_Lに0 dBm (1 mW) が発生するように，信号源の大きさを設定してあります（そのため$1/\sqrt{5}$ Vにしてある）．

一応確認してみましょう．**図16**に**図15**の状態のR_Lで得られる電力を示します．正しく1 mW (0 dBmになる) が得られていることがわかります．

● 手計算を最初にやってみる

まずは**図11**のネットアナでの実測結果から，手計算で考えてみましょう．この手計算のための等価回路として，**図17**にネットアナでの測定系のモデルを示します．ADIsimPEで実際にシミュレーションしてみる回路にもなります．

コンデンサのESR (R_{ESR}) は$R_L = R_S = 50\ \Omega$と比較して非常に小さいものです．

そのためネットアナ信号源から，その信号源インピーダンス$R_S = 50\ \Omega$とコンデンサの

図15　ネットアナでの測定をシミュレーション系として用意してみた

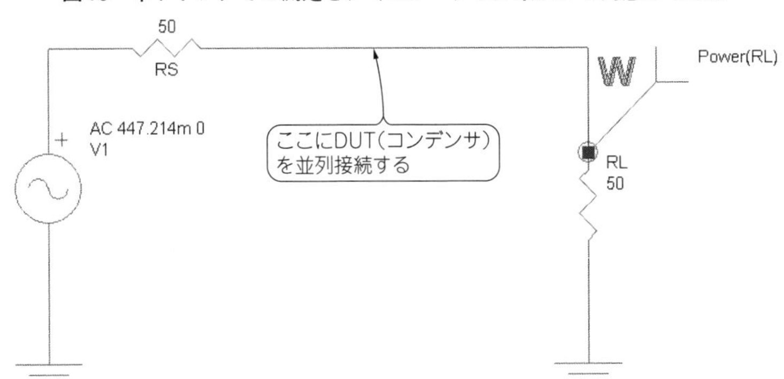

図16　図15の系でシミュレーションしてみた．1 mW（0 dBm）が得られている

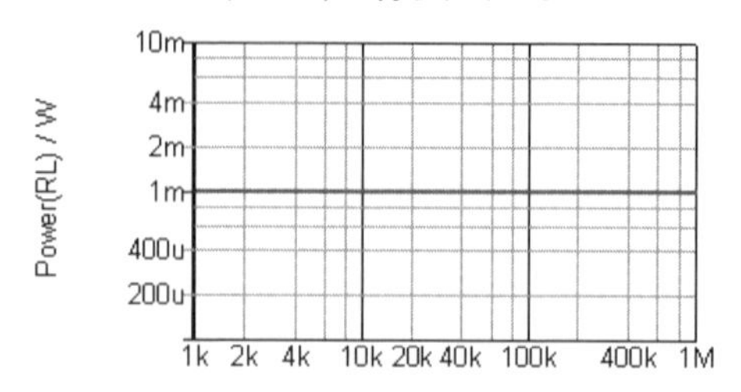

図17　シミュレーション系にDUTとなるコンデンサのESRを接続してみた

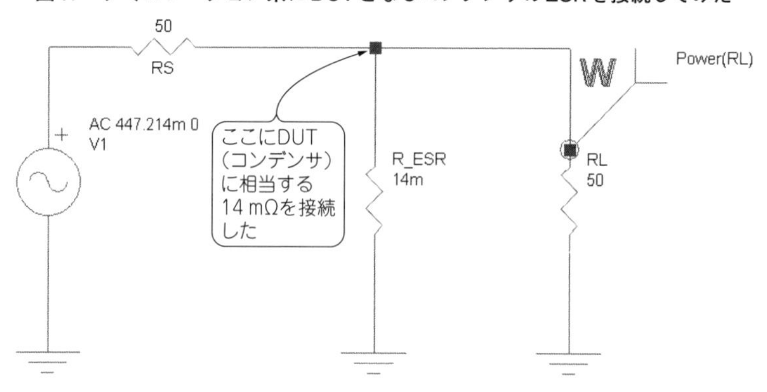

ESRと負荷抵抗R_Lとの分圧により，ESRの端子（負荷抵抗R_Lの端子でもある）に生じる電圧は，

$$V_{RL} = \frac{\dfrac{R_{ESR} R_L}{R_{ESR} + R_L}}{\dfrac{R_{ESR} R_L}{R_{ESR} + R_L} + R_S} V_{SRC} \quad \cdots\cdots (2)$$

$R_{ESR} \ll 50\ \Omega$なわけですから，ESRの端子間に得られる電圧は「R_Lの影響により電圧が低下することなく」ほぼそのままネットアナの負荷側$R_L = 50\ \Omega$に加わることになります．つまり，

$$V_{RL} \approx \frac{R_{ESR}}{R_{ESR} + R_S} V_{SRC} \quad \cdots\cdots (3)$$

と簡単にでき，一方で校正を取った状態というのは，$R_L = R_S = 50\ \Omega$となり，上記の式同様に計算すると，

$$V_{RL} = \frac{R_L}{R_L + R_S} V_{SRC} = \frac{1}{2} V_{SRC} \quad \cdots\cdots (4)$$

となります．たとえばネットアナが1 Vを基準(0 dB)に校正されていれば，このときの信号源電圧は「$V_{SRC} = 2$ V」になります(この「2倍」という考え方が高周波回路では大切)．

つまり**図11**の結果が「−65 dB」ということは，$-65\ \mathrm{dB} = 20 \log (V_{RL}/1\ \mathrm{V})$ですので[1 Vを基準(0 dB)に校正されているので分母はこうなる]，

$$V_{RL} = 0.000562\ \mathrm{V}$$

であり，再度，式(3)を簡略化して

$$V_{RL} \approx \frac{R_{ESR}}{R_{ESR} + R_S} 2\ \mathrm{V} \approx \frac{R_{ESR}}{R_S} 2\ \mathrm{V} \quad \cdots\cdots (5)$$

とすれば，$R_S = 50\ \Omega$なので，式を変形して値を代入すると，

$$R_{ESR} = \frac{V_{RL} R_S}{2\ \mathrm{V}} = 14\ \mathrm{m\Omega} \quad \cdots\cdots (6)$$

となりESRが14 mΩ程度になると計算できます．これは黒金HZシリーズ電解コンのESRmax (12 mΩ)にかなり近い値ですね．測定時での実態は，−65 dBより若干小さい値になっていたのでしょう．

● ADIsimPEで検算してみる

ここまでの流れをあらためて説明しておきます．**図11**でHZシリーズ電解コンのESRの実測結果を示しました．また**図15**にネットアナでの測定系をADIsimPEでモデル化したようすを示しました．

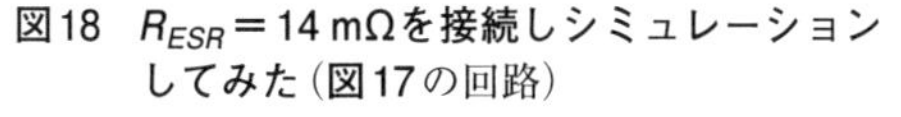

図18　R_{ESR} = 14 mΩを接続しシミュレーションしてみた(図17の回路)

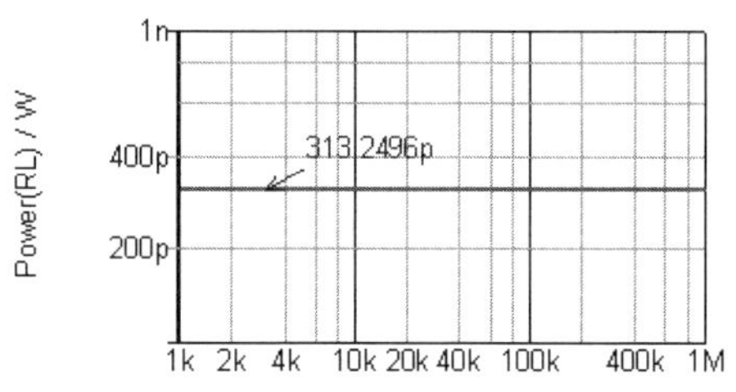

さきの計算結果が「14 mΩ」として得られたので，いよいよここでシミュレーションで検算してみましょう．

図15，**図16**からわかるように，このシミュレーション系ではスルー校正として0 dBmが得られるように設定しています．

図17のようにR_{ESR} = 14 mΩを接続しシミュレーションしてみると，**図18**の結果のように313.25 pW = −65.04 dBmとして答えが得られます．

つまりここまでの手計算での考え方は正しかったということがわかるわけです．

■ まとめにかえて

無事に3台のPCが立ち上がった（復旧した）数日後，福井に居る長男が，旅行先の山形の酒をもって帰ってきました．「合計3台パソコンができるが要るか？」「プロセッサは何？」「P4 2.6Gだよ」「ふっりぃーなぁ．ワード・エクセルならいいんだろうが，オレは要らないよ」とのこと．「10年は使えるぞ！」「かー…！ PCで10年?!（笑）」．さてどうしよう….

現時点ではこれら3台のPCはすべて廃棄し，秋葉原で購入した中古マシンを使用しています（また中古…笑）．

◆参考・引用*文献◆

(1) 東京タワー#FMラジオ放送, Wikipedia, https://ja.wikipedia.org/wiki/東京タワー#FMラジオ放送
(2) InterFM#周波数の変更, Wikipedia, https://ja.wikipedia.org/wiki/InterFM#周波数の変更
(3) すぐ使えるディジタル周波数シンセサイザ基板[DDS搭載], CQ出版社
(4) 乗算型D/Aコンバータ 柔軟性のあるビルディング・ブロック, Analog Devices, http://www.analog.com/media/jp/news-marketing-collateral/solutions-bulletins-brochures/AnalogMultiplyingDACs_jp.pdf
(5) パネルを選んでつなぐだけ「パネルdeボード」, P板.com, https://www.p-ban.com/panel_de_board/
(6) 重要なディテールの分離(あるいは人魚と酢漬けのニシンの昼食), アナログ・デバイセズに寄せられた珍問／難問集, RAQ Issue 3, Analog Devices, http://www.analog.com/jp/education/education-library/raqs/raq_jbryant_isolating_the_key_detail_for_issue3.html
(7) その未使用ピンをどうにかしなさい!, アナログ・デバイセズに寄せられた珍問／難問集, RAQ Issue 70, Analog Devices, http://www.analog.com/jp/education/education-library/raqs/raq_jbryant_unused_pin_issue70.html
(8) 石井 聡; ハイ・パフォーマンス・アナログ回路設計理論と実際, CQ出版社
(9) ADCMP553 Datasheet, Analog Devices
(10) Baoxing Chen, John Wynne, Ronn Kliger; High Speed Digital Isolators Using Microscale On-Chip Transformers, Analog Devices, http://www.analog.com/media/jp/technical-documentation/technical-articles/icoupler_baoxing.pdf
(11) Microstrip and Stripline Design, Tutorial, MT-094, Analog Devices
(12) Eric Bogatin, Signal Integrity - Simplified, Prentice Hall. 邦訳は「エリック・ボガティン; 高速ディジタル信号の伝送技術 シグナルインテグリティ入門, 丸善」
(13) Design Guidelines for Electronic Packaging Utilizing High-Speed Techniques, IPC-D-317A, 1995, The Institute for Interconnecting and Packaging Electronic Circuits.
(14) Design Guide for High-Speed Controlled Impedance Circuit Boards, Standard IPC-2141A, 2004, The Institute for Interconnection and Packaging Electronic Circuits.
(15) H. A. Wheeler; Transmission-Line Properties of a Strip on a Dielectric Sheet on a Plane, IEEE Transactions on Microwave Theory and Techniques, Col. MTT-25, Aug. 1977, pp. 631 - 647.
(16) Microstrip Analysis/Synthesis Calculator, http://mcalc.sourceforge. net/#calc (もしくはWcalc: http://wcalc.sourceforge.net/)
(17) 電球が点灯する順番, 質問!ITmedia, http://qa.itmedia.co.jp/qa615057.html
(18) 電球のつく順番についてなんですが, Yahoo Japan知恵袋, https://detail.chiebukuro.yahoo.co.jp/qa/question_detail/q1226291687
(19) 電気回路の豆電球, 質問!ITmedia, http://qa.itmedia.co.jp/qa1821429.html
(20) Layout Guidelines for MMIC Components, Hittite Application Note, Analog Devices
(21) 石井 聡; 電子回路設計のための電気／無線数学, CQ出版社
(22) 桂井 誠; 基礎電磁気学, オーム社
(23) Howard Johnson, Martin Graham, 須藤 俊夫 監訳; 高速信号ボードの設計 基礎編, 丸善
(24) Howard Johnson, Martin Graham, 須藤 俊夫 監訳; 高速信号ボードの設計 応用編, 丸善
(25) Howard Johnson, Martin Graham; High Speed Digital Design: A Handbook of Black Magic, Prentice Hall.
※(23), (24)の原著はHigh Speed Signal Propagation: Advanced Black Magic, Prentice Hall.
(26) http://godfoot.world.coocan.jp/complex.htm
(27) Smith chart, Wikipedia, https://en.wikipedia.org/wiki/Smith_chart
(28) ハインリヒ・ヘルツ, Wikipedia, https://ja.wikipedia.org/wiki/ハインリヒ・ヘルツ
(29) グリエルモ・マルコーニ, Wikipedia, https://ja.wikipedia.org/wiki/グリエルモ・マルコーニ
(30) Current-feedback operational amplifier, Wikipedia, https://en.wiki pedia.org/wiki/Current-feedback_operational_amplifier
(31) David A. Nelson, Kenneth R. Saller; Settling time reduction in wide-band direct-coupled transistor amplifiers, Patent No. US4502020A, found in Google Patents, https://patents.google.com/patent/US4502020
(32) Tutorial MT-034, Current Feedback (CFB) Op Amps, Analog Devices
(33) AD811 Datasheet, Analog Devices
(34) 横井俊夫; 特許ライティングのための言語学, Japio YEAR BOOK 2009, pp. 148-153, (社)日本特許情報機構, http:// www.japio.or.jp/00yearbook/files/2009book/09_2_08.pdf
(35) 石井 聡; 本格的なMIDDLEBROOK法によるループ・ゲインの測定(前編), TNJ-054, 一緒に学ぼう!石井聡の回路設計Webラボ, アナログ・デバイセズ(2019年8月公開)
(36) 石井 聡; 本格的なMIDDLEBROOK法によるループ・ゲインの測定(後編), TNJ-055, 一緒に学ぼう!石井聡の回路設計Webラボ, アナログ・デバイセズ(2019年9月公開)
(37) AD8022 Datasheet, Analog Devices
(38) LT1252 Datasheet, Analog Devices
(39) 不良電解コンデンサ問題, Wikipedia, https://ja.wikipedia.org/wiki/不良電解コンデンサ問題

索 引

■数字

■A

■B

■C

■D

■E

■F

■G

■H

■I

■J

■K

■L

■ か行

■ さ行

■ た行

■ な行

■ は行

■ ま行

■ や行

■ ら行

著者略歴

石井　聡（いしい・さとる）

1963年　千葉県生まれ.
1985年　第1級無線技術士（旧制度）合格.
1986年　東京農工大学電気工学科卒業，同年電子機器メーカ入社，長く電子回路設計業務に従事.
1994年　技術士（電気・電子部門）合格.
2002年　横浜国立大学大学院博士課程後期（電子情報工学専攻・社会人特別選抜）修了．博士（工学）.
2009年　アナログ・デバイセズ株式会社入社.
2018年　中小企業診断士登録.
現在　同社リージョナルマーケティンググループ セントラルアプリケーションズ マネージャー.

本書に関連するウェブ・サイトをご紹介しておきます，
QRコードも用意しましたので，ご活用ください，

● **アナログ・デバイセズのウェブ・サイト**
http://www.analog.com/jp

● **一緒に学ぼう！石井聡の回路設計WEBラボ**
http://www.analog.com/jp/weblabcq

ハイ・スピード・アナログ回路設計 理論と実際

2019年7月20日　初版発行

著　者　石井 聡
発行人　寺前 裕司
発行所　CQ出版株式会社
〒112-8619　東京都文京区千石4-29-14
電話　03-5395-2123(編集部)
電話　03-5395-2141(販売部)

ISBN978-4-7898-4280-8

(定価はカバーに表示してあります)
乱丁，落丁本はお取り替えします

DTP　西澤 賢一郎
印刷・製本　三晃印刷株式会社
Printed in Japan